スッキリわかる
SQL入門 第3版
ドリル256問付き!

中山清喬／飯田理恵子・著
株式会社 フレアリンク・監修

インプレス

本書をスムーズに読み進めるためのコツ

・PC でもスマホでも、どこでもブラウザ上で SQL を学習できる「dokoQL」を活用すれば、学習環境の準備でつまずくことなく、場所を選ばずに学べるので、今すぐデータベースエンジニアへの一歩を踏み出せます（詳細は p.4 参照）。

・「ちゃんと打ち込んでいるのにうまくいかない」「なぜか警告が出る」などの問題が起きましたら、陥りやすいエラーや落とし穴をまとめた**付録 B「エラー解決・虎の巻」**をご確認いただくと、解決できる場合があります。

●読者特典ダウンロードデータの入手について

「付録 C 特訓ドリル」の解答例は、本書の Web ページでダウンロードできます。データは PDF 形式（印刷可）となっています。

- -

特典は、以下の URL で提供しています。なお、特典入手時にお手元に本書をお持ちでない場合は、特典の入手ができませんのでご注意ください。

　ダウンロード URL：https://book.impress.co.jp/books/1121101090

※ダウンロードには、無料の読者会員システム「CLUB Impress」への登録が必要となります。
※本特典のご利用は、書籍をご購入いただいた方に限ります。
※特典の提供期間は、本書発売より 5 年間です。

本書の内容については正確な記述につとめましたが、著者、株式会社インプレスは本書の内容に一切責任を負いかねますので、あらかじめご了承ください。

本書に掲載している会社名や製品名、サービス名は、各社の商標または登録商標です。本文中に、TM および ® は明記していません。

インプレスの書籍ホームページ

書籍の新刊や正誤表など最新情報を随時更新しております。

https://book.impress.co.jp/

はじめに

　IT の世界にはさまざまなプログラミング言語が存在しますが、SQL ほど共通性があり、可能性を広げてくれる言語はほかにないでしょう。ほとんどのシステム構築において、データベースとの会話には SQL が欠かせないからです。

　著者らは、これまで若手技術者の育成やシステム開発の現場で培ってきた経験をベースに、次の 3 点を特に意識して本書を上梓しました。

1．シンプルだけれど奥深い SQL の世界が楽しく「わかる」

　『スッキリわかる Java 入門』や『スッキリわかる C 言語入門』でも好評の解説メソッドで SQL の世界を紹介しています。副問い合わせや結合、正規化といった初心者がつまずきやすい分野も、楽しくマスターできるでしょう。

2．つまずくことなく、今すぐに、何度でも「試せる」

　いざ SQL を学ぼうとしても、学習環境を整えるためにはデータベース製品のセットアップや、データの準備といった専門的な作業が要求されます。そこで本書では、PC やスマートフォンのブラウザがあれば今すぐに SQL を実行することができるクラウドサービス「dokoQL」を提供しています。

3．自信がつくまで繰り返し「練習できる」

　SQL マスターへの近道は、とにかく手を動かして何度も SQL 文を書いてみることだと、多くの先輩が口を揃えます。たくさん書き、たくさん実行し、SQL 文と実行結果の因果関係を繰り返し体感することで理解が深まっていくはずです。ぜひ、本書の特訓ドリルを積極的に活用してみてください。

　この第 3 版では、最新 DBMS 製品に対応したほか、dokoQL と連携する QR コードを各リストに付記しました。また、データベース設計などの解説をより進化させるとともに、ご好評のドリルにも正規化の問題を追加しています。単純な命令をパズルのように組み合わせることで、驚くほど柔軟で高度なデータ処理を実現できる SQL 特有の深さとおもしろさに、本書を通して出会っていただけたら大変嬉しく思います。

著者

【謝辞】
イラストの高田先生ほか、執筆に協力いただいた森下さん、シリーズの立ち上げに協力いただいた樋田さん、教え方を教えてくれた教え子のみなさん、SQL の腕を磨く機会を与えてくれた各現場をはじめとして、この本に直接的・間接的に関わったすべてのみなさまに心より感謝申し上げます。

どこでもSQLを作成、実行できるクラウドサービス
dokoQL の使い方
どこキューエル

1 dokoQLとは

dokoQLとは、PCやモバイル端末のブラウザだけでSQL文の作成と実行ができるクラウドサービスです。dokoQLを使えば、初心者には難易度の高いDBMSの導入や設定作業をすることなく、いますぐSQLを体験できます。dokoQLを利用するには、下記のURLにアクセスしてください。

※「dokoQL」は株式会社フレアリンクが提供するサービスです。「dokoQL」に関するご質問につきましては、株式会社フレアリンク（https://flairlink.jp）へお問い合わせください。

 dokoQL へのアクセス

https://dokoQL.jp/

2 dokoQLの機能

dokoQLでは、次のような操作を行うことができます。

・SQL文の編集
・実行と実行結果の確認
・本書掲載SQL文の読み込み（ライブラリ）
・ユーザー登録、ログイン、ヘルプなど

※一部機能の利用には、ユーザー登録とログインが必要です。また、技術的制約から、本書掲載のリストであっても実行できないものが存在します。

3 困ったときは

困ったときは、ヘルプ（https://dokoql.jp/help）を参照してください。また、メンテナンスなどでサービスが停止中の場合は、しばらく時間をあけて再度アクセスしてみてください。

sukkiri.jp について

　sukkiri.jp は、「スッキリわかる入門シリーズ」の著者や制作陣が中心となって運営している本シリーズのWebサイトです。書籍に掲載したソースコード（一部）がダウンロードできるほか、ツール類の導入手順やプログラミングの学び方など、学び手のみなさんのお役に立てる情報をお届けしています。

 『スッキリわかる SQL 入門 第3版』のページ

https://sukkiri.jp/books/sukkiri_sql3

 最新の情報を確認できるから、安心ね！

 ## スッキリわかる入門シリーズ

　本書『スッキリわかる SQL 入門 第3版』をはじめとした、プログラミング言語の入門書シリーズ。今後も続刊予定です。

※表紙は変更になる場合があります。

本書の見方

本書には、理解の助けとなるさまざまな用意があります。押さえるべき重要なポイントや覚えておくと便利なトピックなどを要所要所に楽しいデザインで盛り込みました。読み進める際にぜひ活用してください。

吹き出し会話:
みなさんと一緒に学ぶ仲間たち (p.17 参照) が繰り広げる会話です。学びの場や開発現場でありがちな疑問点やひらめき、さらには重要なヒントが含まれていることも。ぜひお見逃しなく!

アイコン:
各アイコンの示す内容については、このページの下「アイコンの種類」でご確認ください。

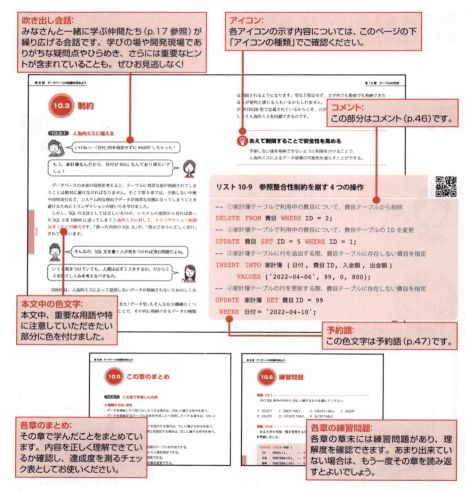

コメント:
この部分はコメント (p.46) です。

本文中の色文字:
本文中、重要な用語や特に注意していただきたい部分に色を付けました。

予約語:
この色文字は予約語 (p.47) です。

各章のまとめ:
その章で学んだことをまとめています。内容を正しく理解できているか確認し、達成度を測るチェック表としてお使いください。

各章の練習問題:
各章の章末には練習問題があり、理解度を確認できます。あまり出来ていない場合は、もう一度その章を読み返すとよいでしょう。

アイコンの種類

 構文紹介と文法上の留意点:
SQL で定められている構文の記述ルール、および文法上の留意点などを紹介します。

 ポイント紹介:
本文における解説で、特に重要なポイントをまとめています。

 コラム:
本書では詳細に取り上げないものの、知っておくと重宝する補足知識やトリビアなどを紹介します。

006

表の種類

本書には次の 4 種類の「表」が出てきます。

●一般的な表

関連のある事柄を一般的な表形式で紹介した表です。

表 1-1　代表的な RDBMS

分類	RDBMS 製品名	提供元
商用製品	Oracle Database※	オラクル社
	Db2	IBM 社
	SQL Server	マイクロソフト社

●テーブル定義の表

解説や問題に登場するテーブルが持つ列名、データ型、各列の使い方などを紹介した表です。

都道府県テーブル

列名	データ型	備考
コード	CHAR(2)	'01' 〜 '47' の都道府県二
地域	VARCHAR(10)	'関東' や '九州' など
都道府県名	VARCHAR(10)	'千葉' や '兵庫' など

●実データの表

テーブルに登録されている実際のデータや、処理対象のデータを紹介した表です。

テーブル 1-1　dokoQL に準備されている家計簿テーブル

日付	費目	メモ	入金額
2022-02-03	食費	コーヒーを購入	
2022-02-10	給料	1 月の給料	28000
2022-02-11	教養娯楽費	書籍を購入	

●結果表

各リストの SQL 文を実行して得られた結果を表形式で表しています。

リスト 1-2 の結果表

日付	費目	メモ	入金額
2022-02-03	食費	コーヒーを購入	
2022-02-10	給料	1 月の給料	28000
2022-02-11	教養娯楽費	書籍を購入	

前提とする DBMS とバージョン

本書で紹介する機能や SQL 構文は、次の DBMS を前提としています。

- Oracle Database 19c
- SQL Server 2019
- Db2 11.5
- MySQL 8.0.27
- MariaDB 10.6
- PostgreSQL 14.1
- SQLite 3.37
- H2 Database 2.0.204

※構文や互換性に関する事項は、上記バージョン時点でのものであるため、今後変更になる可能性があります。

CONTENTS

はじめに ………………………………………………………………… 003

dokoQL の使い方 …………………………………………………… 004

本書の見方 …………………………………………………………… 006

第 0 章　SQL を学ぶにあたって …………………………… 015
　0.1　SQL を学ぼう …………………………………………… 016

第 I 部　SQL を始めよう

第 1 章　はじめての SQL ……………………………………… 023
　1.1　データベースとは ……………………………………… 024
　1.2　はじめての SQL ………………………………………… 029
　1.3　この章のまとめ ………………………………………… 039
　1.4　練習問題 …………………………………………………… 040
　1.5　練習問題の解答 ………………………………………… 041

第 2 章　基本文法と 4 大命令 ……………………………… 043
　2.1　SQL の基本ルール ……………………………………… 044
　2.2　データ型とリテラル …………………………………… 048
　2.3　SQL の命令体系 ………………………………………… 053
　2.4　SELECT 文－データの検索 …………………………… 056
　2.5　UPDATE 文－データの更新 …………………………… 059
　2.6　DELETE 文－データの削除 …………………………… 061
　2.7　INSERT 文－データの追加 …………………………… 063

2.8	4大命令をスッキリ学ぶコツ	066
2.9	この章のまとめ	071
2.10	練習問題	073
2.11	練習問題の解答	075

第3章 操作する行の絞り込み 077

3.1	WHERE句による絞り込み	078
3.2	条件式	080
3.3	さまざまな比較演算子	082
3.4	複数の条件式を組み合わせる	093
3.5	主キーとその必要性	097
3.6	この章のまとめ	103
3.7	練習問題	105
3.8	練習問題の解答	108

第4章 検索結果の加工 111

4.1	検索結果の加工	112
4.2	DISTINCT 一重複行を除外する	114
4.3	ORDER BY 一結果を並べ替える	116
4.4	OFFSET - FETCH 一行数を限定して取得する	121
4.5	集合演算子	124
4.6	この章のまとめ	133
4.7	練習問題	135
4.8	練習問題の解答	137

009

CONTENTS

第Ⅱ部　SQL を使いこなそう

第5章　式と関数 ·· 141

5.1　式と演算子 ··· 142
5.2　さまざまな演算子 ··· 148
5.3　さまざまな関数 ··· 151
5.4　文字列にまつわる関数 ·· 156
5.5　数値にまつわる関数 ·· 160
5.6　日付にまつわる関数 ·· 162
5.7　変換にまつわる関数 ·· 163
5.8　この章のまとめ ··· 167
5.9　練習問題 ·· 169
5.10 練習問題の解答 ··· 172

第6章　集計とグループ化 ·· 175

6.1　データを集計する ··· 176
6.2　集計関数の使い方 ··· 179
6.3　集計に関する4つの注意点 ··································· 183
6.4　データをグループに分ける ··································· 187
6.5　集計テーブルの活用 ·· 196
6.6　この章のまとめ ··· 200
6.7　練習問題 ·· 203
6.8　練習問題の解答 ··· 205

第7章	副問い合わせ	207
7.1	検索結果に基づいて表を操作する	208
7.2	単一の値の代わりに副問い合わせを用いる	215
7.3	複数の値の代わりに副問い合わせを用いる	218
7.4	表の代わりに副問い合わせを用いる	225
7.5	この章のまとめ	230
7.6	練習問題	233
7.7	練習問題の解答	237

第8章	複数テーブルの結合	239
8.1	「リレーショナル」の意味	240
8.2	テーブルの結合	250
8.3	結合条件の取り扱い	257
8.4	結合に関するさまざまな構文	265
8.5	この章のまとめ	269
8.6	練習問題	271
8.7	練習問題の解答	273

第Ⅲ部　データベースの知識を深めよう

第9章	トランザクション	277
9.1	正確なデータ操作	278
9.2	コミットとロールバック	281
9.3	トランザクションの分離	286

CONTENTS

9.4	ロックの活用	294
9.5	この章のまとめ	301
9.6	練習問題	303
9.7	練習問題の解答	306

第10章　テーブルの作成 309

10.1	SQL命令の種類	310
10.2	テーブルの作成	314
10.3	制約	320
10.4	外部キーと参照整合性	327
10.5	この章のまとめ	332
10.6	練習問題	334
10.7	練習問題の解答	336

第11章　さまざまな支援機能 339

11.1	データベースをより速くする	340
11.2	データベースをより便利にする	348
11.3	データベースをより安全に使う	358
11.4	この章のまとめ	364
11.5	練習問題	366
11.6	練習問題の解答	368

第Ⅳ部　データベースで実現しよう

第 12 章　テーブルの設計　373

12.1	システムとデータベース　374
12.2	家計管理データベースの要件　379
12.3	概念設計　382
12.4	論理設計　390
12.5	正規化の手順　395
12.6	物理設計　411
12.7	正規化されたデータの利用　416
12.8	この章のまとめ　420
12.9	練習問題　421
12.10	練習問題の解答　423

付録 A　簡易リファレンス　427

付録 B　エラー解決　虎の巻　451

付録 C　特訓ドリル　471

索引　506

013

CONTENTS

COLUMNS

スッキリわかる入門シリーズ ……… 005	パターンにとらわれずに自由に
テーブル名および列名 ……………… 038	副問い合わせを使おう …………… 232
末尾のセミコロンで文の終了を表す …… 045	FULL JOIN を UNION で代用する …… 264
「SELECT * FROM ～」の乱用にご用心 …… 058	イコール以外の結合条件式 ………… 268
DBMS に依存しやすい日付の取り扱い …… 076	SQL におけるセミコロンの取り扱い …… 280
比較演算子の＝で NULL かどうかを	READ UNCOMMITTED が
判定してはいけない理由ー 3 値論理 …… 086	無効である理由 …………………… 293
％や _ を含む文字列を LIKE で探したい …… 088	ロックエスカレーション …………… 297
もう 1 つの代替キー ………………… 102	クラウドデータベース ……………… 305
列数が一致しない SELECT 文をつなげる	2 フェーズコミット ………………… 307
テクニック ………………………… 129	JOIN 句を使わない結合 …………… 308
DBMS にとって並び替えは大仕事 …… 132	SQL 文の分類方法 ………………… 313
ユーザー定義関数とストアドプロシージャ	DROP TABLE はキャンセルできない？ …… 317
……………………………………… 155	テーブルの存在を確認してから
SELECT 文に FROM 句がない！？ …… 166	作成／削除する …………………… 319
関数の多用で負荷増大？ …………… 174	制約が付いていなくても「主キー」…… 331
時刻情報を含む日付の判定 ………… 174	全データを高速に削除する ………… 338
重複した値を除いた集計 …………… 182	主キー制約によるインデックス …… 347
複数の列によるグループ化 ………… 191	高速化の効果を測ろう ……………… 347
グループ集計と選択列リスト ……… 195	最大値を用いた採番 ………………… 357
無駄な集計にご用心 ………………… 202	データベースオブジェクトとは …… 357
データ構造の種類 …………………… 214	UUID を用いた主キー設計 ………… 369
行値式と副問い合わせ ……………… 224	マテリアライズド・ビュー ………… 370
副問い合わせに別名を付けるときの注意点	非正規化は最後の手段に …………… 415
……………………………………… 227	データベースに関する用語の対応 …… 426
単独で処理できない副問い合わせ …… 229	商用 RDBMS を無料で体験しよう …… 450

第0章

SQLを学ぶにあたって

私たちが日常的に利用するインターネット検索やSNSはもちろん、
物流や金融といった社会基盤の多くが情報システムに支えられています。
その中枢で必ず使われているのが「データベース」と「SQL」です。
本書では、現代社会と情報システムに欠かせない存在である
データベースとその操作言語であるSQLについて学んでいきます。
まずはその全体像とロードマップを眺めてみましょう。

CONTENTS ••

0.1 SQLを学ぼう

0.1 SQLを学ぼう

0.1.1 データベースとSQL

　ATMで預金を引き出す、旅行やコンサートのためにチケットを予約する、インターネットで検索や買い物をする、オンラインゲームを楽しむ…。近年、私たちの生活はますますITなしには成り立たなくなっています。そうしたしくみのほぼすべての中枢で活躍しているのが、さまざまな情報を集積した**データベース**です（図0-1）。

　データベースに格納されている情報は、外部からのアクセスによって検索したり書き換えたりすることが可能ですが、そのためには専用の操作言語**SQL**を利用することが一般的です。JavaやCなどのプログラミング言語で開発されたシステムやアプリケーションも、データベースへのアクセスにSQLを使います。

　数多くのシステムで使われているSQLをマスターして自由自在にデータベースと情報のやりとりができたら、私たちの世界もさらに広がることでしょう。本書は、SQLやデータベースに初めて触れる人でも、スッキリ理解できて楽しく読み進められるよう、たくさんのコツを盛り込みつつ、わかりやすい言葉で解説し

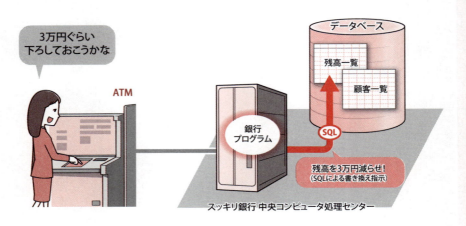

図0-1　情報システムの中枢ではデータベースが活躍

ています。また、SQL上達の近道は、実際に手を動かしてたくさんのSQL文を書き、実行してみることです。そのために、256問の充実した特訓ドリルと、インターネットにつながるPCやモバイル端末があれば今すぐSQLを体験できるしくみ「dokoQL」(p.4)を準備しましたので、ぜひ活用してください。

0.1.2 一緒に学ぶ仲間たち

この本でみなさんと一緒にSQLとデータベースを学ぶ3人を紹介します。

0.1.3　ロードマップを眺めよう

　これから私たちは、湊くんと朝香さんの2人と一緒に、全4部12章を通してSQLとデータベースについて学んでいきます。各部の内容を眺めてみましょう。
　第Ⅰ部「SQLを始めよう」では、まずはデータベースの基礎に触れ、実際にSQLでデータベースを操作して、SQLとはどのようなものかを体験してみましょう。その上で、SQLの基本構造や基礎知識をしっかりと学びます。第Ⅱ部「SQLを使いこなそう」では、SQLの便利な機能を使って、データベースからさまざまな形式のデータが取り出せることを学びます。また、結合という機能を使った、

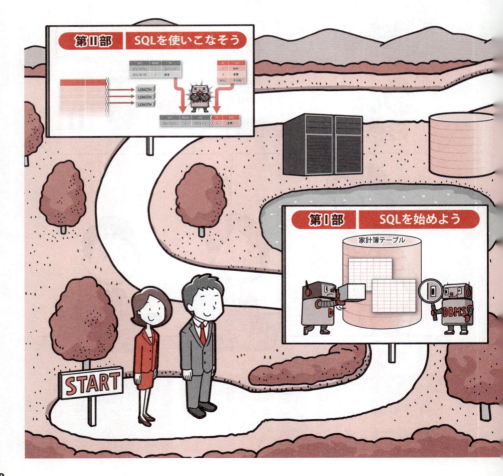

より複雑で高度なデータ抽出の方法を紹介します。これらを活用することにより、SQLでできることやデータベース利用の可能性がぐっと広がるはずです。

第Ⅲ部「データベースの知識を深めよう」では、データベース自体に焦点を当てます。データベースに格納されたデータの操作だけでなく、SQLでデータベースそのものを操作する方法を学び、データベースシステムが備えるさまざまなしくみについて知識を深めましょう。最後の第Ⅳ部「データベースで実現しよう」では、データベースで正確かつ効率的に情報を取り扱うためのデータの構造設計について学びます。これにより、データベース技術やそれを扱うみなさんが担う大きな役割もきっと実感できるはずです。

第 I 部

SQL を始めよう

第1章　はじめての SQL
第2章　基本文法と 4 大命令
第3章　操作する行の絞り込み
第4章　検索結果の加工

データベースと会話しよう

データベースって難しそうでちょっと不安だけど、教えてくれる先輩、どんな人かな。

大事な情報を入れるのがデータベースだろ？ それをバリバリ使う人ってことは、けっこう几帳面なんじゃないかなぁ。

あら。あなたと比べたら、たいていの人は几帳面よ。

うわっ、急に…って、姉ちゃんが！？

不安な人もおおざっぱな人も大丈夫。データベースに触れているうちに、すぐに楽しくなるわよ。準備はいいかしら？

はい！

　データベースというと高度で難しい技術という印象を持つ人もいるかもしれません。実際、データベースはITシステムの中枢で極めて重要な役割を果たします。しかし、実は「データベースと話をするための言葉」を少し覚えるだけで、驚くほど簡単にその中枢を操ることができると知ったら、わくわくしませんか。第１部ではまず、データベースと簡単な会話をすることから始めましょう。

第1章

はじめての SQL

ようこそ、SQL の世界へ！

第 1 章では、データベースの概要を紹介します。読み進めながら、

みなさんも頭の中におおまかなイメージを描いてみてください。

また、面倒なインストールなしでどこでも SQL が体験できる

dokoQL を使って、簡単な SQL 文を実行してみます。

SQL でどのようなことができるのか、

まずは手を動かして体験してみましょう。

CONTENTS

1.1 データベースとは

1.2 はじめての SQL

1.3 この章のまとめ

1.4 練習問題

1.5 練習問題の解答

1.1 データベースとは

1.1.1 データベースってなんだろう

「データベース」という言葉自体、よく耳にするかもしれないけど、けっこう広い意味で使われている言葉なの。

　データベースというと、たくさんのデータが入ったコンピュータやシステムをイメージするかもしれません。しかし、狭い意味で**データベース**（DB：database）という場合、検索や書き換え、分析などのデータ管理を目的として蓄積された、さまざまな情報そのものを指します。電話帳や会員名簿のように紙に記録されているものも一種のデータベースといえますが、特に IT の世界では、電子的な媒体にファイルなどの形式で保存したものをいいます。

　データをどのような形で保存し、管理するかによって、データベースはいくつかの種類に分類することができます。現在、分野を問わず広く用いられているのが、複数の表の形式でデータを管理する**リレーショナルデータベース**（RDB：relational database）です（図 1-1）。

　RDB の内部は、次のような基本構造をしています。

図 1-1　RDB は複数の表の形式でデータを管理する

第 1 章　はじめての SQL

RDB の基本構造

- RDB には複数の表が入っており、個々の表を**テーブル** (table) という。
- 個々のテーブルには名前が付いており、その名前をテーブル名という。
- テーブルは**行** (row) と**列** (column) で構成される。
- 1 つの行が 1 件のデータに対応し、列はそのデータの要素に対応する。

※行をレコード、列をカラムやフィールドと呼ぶこともある。

たとえば、「社員」という名前が付いているテーブルには、通常、社員の情報が格納されています。このテーブルには社員番号や名前といった社員に関する要素が列として存在し、社員 1 人ひとりに関する情報が 1 行ずつ格納されています。

図 1-2　テーブルは列と行で構成されている

なんだかエクセルみたいだね！

そうね。でも、表計算ソフトと違うのは、SQL を使うことで柔軟にデータを読んだり書いたりできることかしら。

そして、私たちは、**SQL** というデータベースを操作する専用の言語で書かれた命令を使って、これらのテーブルから特定の列や行のデータを自由に取り出したり、書き換えたりすることができます。

025

1.1.2 データベース管理システム（DBMS）

図1-1で、RDBは「複数の表形式の情報を格納したもの」と紹介しましたが、その実体はただのファイルです。表計算ソフトのファイルとは異なる独自の形式で、RDBが持つ表と、表が持つ行と列の情報が書き込まれています。

ただのファイルにSQLを送りつけて、どうしてデータが書き換わるんですか？

実は、データベースファイルそのものにSQLを送るわけではないのよ。

データベースの中のデータを操作するには、データベースファイルではなく、**データベース管理システム**（DBMS：database management system）と呼ばれるプログラムに対して、SQLで書かれた命令文（**SQL文**）を送信します。DBMSはコンピュータ内で常に稼働してSQL文を待ち受けており、届いた命令に従って、データベースファイルの内容を検索したり、書き換えたりする処理を実行してくれます（図1-3）。

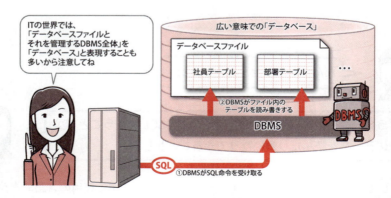

図1-3　DBMSは、受け取ったSQL文に従って検索や書き換えなどを実行する

1.1.3 代表的な RDBMS 製品

DBMS のうち、複数の表の形式でデータを取り扱うものを特に **RDBMS**（relational database management system）といいます。RDBMS は各社からソフトウェア製品として発売されているほか、オープンソースソフトウェア（OSS）としてインターネット上に無償で公開されているものもあります。

表 1-1 代表的な RDBMS

分類	RDBMS 製品名	提供元
商用製品	Oracle Database※	オラクル社
	Db2	IBM 社
	SQL Server	マイクロソフト社
OSS	MySQL	オラクル社
	MariaDB	MariaDB Corporation
	PostgreSQL	PostgreSQL Global Development Group
	SQLite	D. Richard Hipp
	H2 Database	Thomas Mueller

※本書では Oracle DB と表記

表 1-1 のようにさまざまな DBMS 製品が存在しますが、実は、製品によって使用できる SQL の命令や記述方法に違いがあります。しかし基本的な構文や考え方は同じですので、安心してください。本書では、基本的に **ANSI**（American National Standards Institute：米国国家規格協会）と **ISO**（International Organization for Standardization：国際標準化機構）で定められた SQL の標準構文に基づいて解説していきますが、より詳細な文法については利用する DBMS のマニュアルを参照してください。

1.1.4 データベースに SQL 文を送るには

早く DBMS に SQL 文を送ってみたいな！ でも、さすがにメールみたいに送れるわけじゃないよね？

通常、DBMSに対しては、各データベースが定める特有の手順や形式に従ってネットワーク経由でSQL文を送ります。各製品は、DBMSと通信を行うための専用ソフトウェア（ドライバといいます）を提供していますので、私たちはJavaやC言語でプログラムを作り、その中からドライバの命令を呼び出すことで、DBMSに対してSQL文を送信することができます（図1-4）。

図1-4　開発プログラムからSQL文を送信する（方法①）

えっ？　ただSQL文を送りたいだけなのに、プログラムを書かないといけないの？

　各DBMS製品には「入力されたSQL文をそのままDBMSに送るだけ」の単純なソフトウェア（一般的には「SQLクライアント」と呼ばれています）が標準で付属していることがほとんどです。このソフトウェアを使えば、プログラミングすることなく手軽にSQL文をDBMSに送信することが可能です（図1-5）。

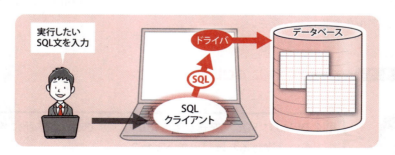

図1-5　SQLクライアントからSQL文を送信する（方法②）

1.2 はじめてのSQL

1.2.1 SQLを体験してみよう

専用のソフトウェアを使えばSQL文を送れるのはわかりました。でも、DBMSをどこかにインストールする必要がありますよね。

　DBMSに付属しているSQLクライアントでSQL文を送れば、データベースを操作できることは前節で解説しました。さっそくSQLを使ってデータを操作してみたいところですが、送信先となるDBMSの準備がまだできていません。

　私たちがSQLを学んでいくためには、朝香さんが言うように、コンピュータにDBMS製品をインストールしたり、データベースにサンプルデータを作ったりといった事前準備が必要になります。

　しかし、事前準備にはある程度の時間や前提知識が要求されます。初心者の私たちがこの段階で多くの時間をとられないように、本書ではブラウザ経由で手軽にDBMSにアクセスできるしくみを用意しました。それが「どこでもSQL実行環境」、略して **dokoQL** です。次のWebサイトにPCやスマートフォンのブラウザからアクセスすると、すぐにSQL文を入力して実行することができます。

---

 dokoQLへのアクセス

　https://dokoql.jp/

---

　dokoQLの使い方についてはp.4にも紹介していますので、そちらも参考にしてみてください。

もちろん、少し手間はかかるけれど、自分の PC に DBMS をインストールして準備する方法でもかまいません。その場合は、sukkiri.jp（p.5）で紹介している手順を参考にしてみてね。

さて、dokoQL のデータベースには、あらかじめ次のような家計簿テーブルが準備されています（テーブル 1-1）。このテーブルには、収入または支出の行為が 1 行ごとに記録されています。食費や交際費などの支出の記録の場合、支払った額は出金額に登録され、入金額は 0 になります。逆に、給料などの収入の記録では、出金額は 0 です。

テーブル 1-1　dokoQL に準備されている家計簿テーブル

日付	費目	メモ	入金額	出金額
2022-02-03	食費	コーヒーを購入	0	380
2022-02-10	給料	1 月の給料	280000	0
2022-02-11	教養娯楽費	書籍を購入	0	2800
2022-02-14	交際費	同期会の会費	0	5000
2022-02-18	水道光熱費	1 月の電気代	0	7560

1.2.2　検索してみよう

じゃあさっそく始めましょう。文法や意味は後で詳しく紹介するから、いまは理屈抜きでマネて動かして楽しんでね。

それではまず、次の SQL 文を入力して、実行してみましょう。

リスト 1-1　はじめての検索

```
SELECT  出金額
  FROM  家計簿
```

第 1 章　はじめての SQL

あれ？　エラーになっちゃったよ…。「"SELECT　出金額" またはその近辺で構文エラー」って、何のことだろう？

「構文エラー」は、入力した SQL 文は SQL のルールに違反しているので実行できません、という意味のエラーで DBMS からのメッセージなの。

　ここで構文エラーが発生してしまった場合には、入力した SQL 文とリスト 1-1 に違いがないか、1 文字ずつよく見比べてみましょう。よくあるのは、全角の空白を入力してしまっているという間違いです。「出金額」や「家計簿」の前後に全角の空白が入っていないか、確認してみてください。

よく見たら、SELECT の後ろが全角の空白になってたよ！　半角に直して実行したら、こんな結果が表示されたよ。

リスト 1-1 の結果表

出金額
380
0
2800
5000
7560

　家計簿テーブル（p.30 のテーブル 1-1）のうち、出金額の列だけが表示されました。次に、次ページのリスト 1-2 を実行してみましょう。リストの 1 行目で、列の名前の後ろに書かれた記号は半角のカンマ (,) です。
　実行すると、リスト 1-2 の結果表が表示されます。

031

リスト 1-2　すべての列を検索する

```
SELECT  日付 ，費目 ，メモ ，入金額 ，出金額
  FROM  家計簿
```

リスト 1-2 の結果表

日付	費目	メモ	入金額	出金額
2022-02-03	食費	コーヒーを購入	0	380
2022-02-10	給料	1月の給料	280000	0
2022-02-11	教養娯楽費	書籍を購入	0	2800
2022-02-14	交際費	同期会の会費	0	5000
2022-02-18	水道光熱費	1月の電気代	0	7560

　テーブル 1-1 で示した家計簿テーブルとまったく同じものが結果として返ってきましたね。

ここまでで、何かわかったことある？

SELECT の後ろに、検索したい列の名前を書くんだね。

それに、FROM の後ろに、検索したいテーブルの名前を書くみたい。

　2 人が発見したように、SELECT には目的とする列名を、FROM には検索したいテーブル名を記述します。リスト 1-2 のように、SELECT の後ろにテーブルのすべての列名を記述すれば、すべての列の内容を表示することができます。

第1章 はじめてのSQL

でも、列の名前を全部書かなきゃいけないなんて面倒だなぁ…。

そういうときに便利な書き方もあるのよ。

リスト1-3　すべての列を取得する(簡略記法)

```
SELECT  *
  FROM  家計簿
```

　リスト1-3を実行すると、結果表はリスト1-2と同じになります。列の指定に記述された「*」(アスタリスク)には、「すべての列」という意味があるからです。

1.2.3　条件付きの検索

「検索」っていうからには、ある条件に当てはまるデータだけを表示させることもできるんですよね。

もちろんよ。

　WHEREで始まる記述を加えて実行してみましょう。

リスト1-4　出金額が3,000円を超える行だけを取得する

```
SELECT  日付 , 費目 , 出金額
  FROM  家計簿
 WHERE  出金額 > 3000        ← この行を記述
```

033

リスト 1-4 を実行すると、次のような結果になります。

リスト 1-4 の結果表

日付	費目	出金額
2022-02-14	交際費	5000
2022-02-18	水道光熱費	7560

　WHERE から始まる検索条件を指定したおかげで、出金額が 3,000 円より多い行だけが取得できました（図 1-5）。

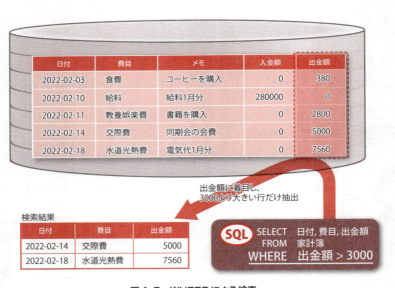

図 1-5　WHERE による検索

　なお、不等号「>」は数式に用いる大小比較の記号と同じものです。「=」などのほかの記号とも併せて、詳しくは第 2 章で解説します。

ふむふむ…。「1000 円より多い」行とか、「2000 円より少ない」行を検索する SQL 文も書けそうな気がしてきた！

第 1 章　はじめての SQL

1.2.4　データを追加してみよう

では次に、テーブルにデータを追加してみましょう。

リスト 1-5　3 月の家賃の支払いを行として挿入する

```
INSERT INTO  家計簿
    VALUES  ('2022-02-25', '居住費', '3月の家賃', 0, 85000)
```

　リスト 1-5 を実行した後、もう一度リスト 1-3 の全検索（`SELECT * FROM 家計簿`）を実行してみましょう。リスト 1-5 の結果表のように、データが 1 行追加されて、6 行に増えているのが確認できるはずです。

リスト 1-5 の結果表

日付	費目	メモ	入金額	出金額
2022-02-03	食費	コーヒーを購入	0	380
2022-02-10	給料	1 月の給料	280000	0
2022-02-11	教養娯楽費	書籍を購入	0	2800
2022-02-14	交際費	同期会の会費	0	5000
2022-02-18	水道光熱費	1 月の電気代	0	7560
2022-02-25	居住費	3 月の家賃	0	85000

　リスト 1-5 の 1 行目にある INSERT INTO で追加先のテーブルを、2 行目の VALUES で追加するデータを指定していることがわかりますね。

1.2.5　データを更新してみよう

　続いて、先ほど追加したデータを書き換えてみます。追加したばかりの「3 月の家賃」の居住費は、実は 85,000 円ではなく正しくは 90,000 円だったとしましょう。データを修正するためには、次のような SQL 文を実行します。

リスト1-6 「2022年2月25日の出金額」を90,000円に更新

```
UPDATE 家計簿
   SET 出金額 = 90000
 WHERE 日付 = '2022-02-25'
```

このSQL文を実行した後、「SELECT * FROM 家計簿」で全検索を実行すると、次のような結果が得られます。

リスト1-6 の結果表

日付	費目	メモ	入金額	出金額
2022-02-03	食費	コーヒーを購入	0	380
2022-02-10	給料	1月の給料	280000	0
2022-02-11	教養娯楽費	書籍を購入	0	2800
2022-02-14	交際費	同期会の会費	0	5000
2022-02-18	水道光熱費	1月の電気代	0	7560
2022-02-25	居住費	3月の家賃	0	90000

じゃあ1月の給料を280万円に修正するには…むふっ、むふふ…。

1.2.6 データを削除してみよう

それでは最後に、「3月の家賃」の行を削除しましょう。

リスト1-7 3月の家賃（日付が「2022年2月25日」）の行を削除

```
DELETE FROM 家計簿
 WHERE 日付 = '2022-02-25'
```

DELETE や UPDATE で始まる文（リスト 1-6、1-7）って、なんだか SELECT の文（リスト 1-4）と似てますね。どれにも同じように WHERE を書くとか…。

さすがあゆみちゃん。その 3 つの文が似ているのには、ちゃんと理由があるのよ。

　ここまで紹介した 4 つの文のうち、SELECT、UPDATE（アップデート）、DELETE（デリート）で始まる文の動作は、次のように整理することができます。

3 命令の動作

```
SELECT ：ある条件を満たす行を探す ⇒ その行の内容を取得する
UPDATE ：ある条件を満たす行を探す ⇒ その行の内容を書き換える
DELETE ：ある条件を満たす行を探す ⇒ その行を削除する
```

　これら 3 つの命令は、「目的の行に対する処理内容」はそれぞれ異なるものの、「目的のデータを探し当てるまで」はまったく同じ動作です。ですから、目的の行を探すための WHERE は、まったく同じ書き方をすることができるのです。

なんだかパズルを組み立てるみたいで面白くなってきたぞ！

実は私、パソコンでお金の管理をしたいんです。SQL をうまく使えばいろんなことができそうな気がしてきました！

それはいいアイデアね。次の章からは、あゆみちゃんの家計簿データベースを題材に、SQL を学んでいきましょう。

テーブル名および列名

　テーブルや列の名前は、会社やプロジェクトによって次の3つのいずれかのルールが定められていることがほとんどです。

日本語　　　　　（例）家計簿、費目
ローマ字　　　　（例）KAKEIBO、HIMOKU
英語　　　　　　（例）HOUSEKEEPING_BOOK、EXPENSE_ITEM

　いずれの方法にも長短があります。ルールが定められていない場合、判読性や利用するDBMSの動作保証などを考慮して決めましょう。
　なお、本書では読みやすさを優先して日本語名を使っていますが、実際の開発現場では、DBMSの動作安定性を優先して日本語名を避けることも多くあります。また、Oracle DBなど、日本語名であるテーブル名や列名はダブルクォーテーションでくくる必要のあるDBMSもありますので注意してください。

1.3 この章のまとめ

1.3.1 この章で学習した内容

データベースの概要
- データベースとは、管理や分析を目的としてさまざまなデータを蓄積したものを指す。
- ITにおけるデータベースの実体は、通常、ファイルである。
- データベースはデータベース管理システム（DBMS）によって管理される。
- 現在、さまざまなDBMSがソフトウェア製品として公開されている。
- 複数のテーブルの形式でデータを管理するものをリレーショナルデータベースという。
- テーブルには名前が付いており、行と列から構成される。
- 1つの行が1件のデータ、1つの列がデータの1要素に対応している。

SQLの概要
- SQLは、データベースやデータを操作するための専用言語である。
- SQLで書かれた命令（SQL文）をDBMSに送信することで、データの検索・追加・更新・削除などを行うことができる。
- SQLを送信するには、DBMS製品が提供するドライバを用いたプログラムを新しく開発するか、DBMS製品に付属するソフトウェア（SQLクライアント）を利用する。
- SQLの文法は利用するDBMS製品によって少しずつ異なるが、基本的な部分は同じである。

第 I 部　SQL を始めよう

1.4 練習問題

問題 1-1

次の文章の空欄 A ～ F に当てはまる適切な言葉を答えてください。

　データベースとは、データ分析や管理を目的としてさまざまな情報を収集・蓄
積したものですが、その実体は　(A)　です。これは、　(B)　と呼ばれるソフト
ウェアによって管理され、私たちはこれに　(C)　を送信してデータを操作する
ことができます。また、表形式でデータを管理するデータベースを特に　(D)
といい、表はデータの要素となる　(E)　と、1 つのデータに対応する　(F)　か
ら成り立ちます。

問題 1-2

　日常的に私たちが接するもので、実際にデータベースが使用されていると推測
できるものを挙げてください。また、そのデータベースに収集されている情報の
主な対象を併記してください。

例）図書館の貸し出しシステム　→　本、CD、DVD

問題 1-3

　テーブル 1-1（p.30）の家計簿テーブルに対して、次のような操作をしたい場合、
どのような SQL 文を記述すればよいと考えられますか。

1.　入金額が 50,000 円に等しい行を検索してすべての列を表示する。
2.　出金額が 4,000 円を超える行をすべて削除する。
3.　2022 年 2 月 3 日のメモを「カフェラテを購入」に変更する。

040

1.5 練習問題の解答

問題 1-1 の解答

(A)ファイル　　(B)データベース管理システム　または　DBMS
(C)SQL 文　　(D)リレーショナルデータベース　または　RDB
(E)「列、カラム、フィールド」のいずれか　　(F)「行、レコード」のいずれか

問題 1-2 の解答

- 銀行 ATM システム　　　→　口座、預金取引
- 切符予約システム　　　　→　列車、座席
- WEB サイト検索システム　→　WEB サイトの URL、検索用キーワード
- ネットゲーム　　　　　　→　プレイヤー、アイテム
- SNS　　　　　　　　　　→　投稿(トーク)、フォロワー

※上記以外にも正解は無数に存在します。

問題 1-3 の解答

```
1. SELECT * FROM 家計簿 WHERE 入金額 = 50000
2. DELETE FROM 家計簿 WHERE 出金額 > 4000
3. UPDATE    家計簿
      SET    メモ = 'カフェラテを購入'
    WHERE    日付 = '2022-02-03'
```

第2章

基本文法と4大命令

この章では、まずSQL文を書くための基本的なルールについて紹介します。
そして、前章での体験を踏まえて、データを操作する4つの命令、
SELECT、UPDATE、DELETE、INSERTの全体を俯瞰したうえで、
個々について詳しく見ていきましょう。

CONTENTS

- **2.1** SQLの基本ルール
- **2.2** データ型とリテラル
- **2.3** SQLの命令体系
- **2.4** SELECT文 - データの検索
- **2.5** UPDATE文 - データの更新
- **2.6** DELETE文 - データの削除
- **2.7** INSERT文 - データの追加
- **2.8** 4大命令をスッキリ学ぶコツ
- **2.9** この章のまとめ
- **2.10** 練習問題
- **2.11** 練習問題の解答

2.1 SQLの基本ルール

2.1.1 記述形式に関するルール

いよいよ、SQLの本格的な学習スタートだね！

ええ。まずはいくつか基本的な書き方のルールを紹介するね。

　第1章では家計簿テーブルを題材にした体験を通して、みなさんにSQLの雰囲気をつかんでもらいました。この章ではいよいよ文法の学習を進めていきますが、構文の解説をする前に、まずはどのようなDBMS製品にも共通する、SQL文を書くための基本的なルールを押さえておきましょう。

SQL基本ルール（1）

- 文の途中に改行を入れることができる。
- 行の先頭や行の途中に半角の空白を入れることができる。

　SQLでは文の途中で改行することが許されています。また、行の先頭や行の途中に半角の空白を入れることも可能です。これらのルールを活用して、読みやすく整形されたSQL文の記述を心がけましょう。
　たとえば、次に掲げるリスト2-1と2-2は同じ内容ですが、後者のほうがより構造を理解しやすいと感じるはずです。ぜひ、今のうちから、自分ではもちろん、ほかの人が見ても理解しやすいSQL文を書く習慣を身に付けておきましょう。

リスト 2-1　1 行で記述された SELECT 文

```
SELECT 費目, 出金額 FROM 家計簿 WHERE 出金額 > 3000
```

リスト 2-2　整形された SELECT 文

```
SELECT 費目, 出金額
  FROM 家計簿
 WHERE 出金額 > 3000
```

> どのキーワードに何が書いてあるか、一目瞭然ですね。

> 複雑で長い SQL 文を扱うようになれば、見やすく整形されていることが作業効率にも大いに影響してくるはずよ。

末尾のセミコロンで文の終了を表す

文中に改行を含むことができる SQL の特性は、わかりやすい SQL 文を書くためにはとても重宝します。一方で、複数の SQL 文を続けて記述する場合には、どこに文の区切りがあるのかがわかりにくいというデメリットがあります。そこで、1 つの SQL 文の終わりにセミコロン記号（;）を付けて、文の区切りを明示することがあります。

```
SELECT *
  FROM 家計簿;          ← ここまでで SELECT 文終了
DELETE FROM 家計簿;     ← ここまでで DELETE 文終了
```

本書では、複数の SQL 文を 1 つのリストとして掲載する場合のみ、セミコロンを付けています。

2.1.2 コメントに関する2つのルール

SQL文が長くなると、整形していても意味がわかりにくいんじゃないかなぁ。メモが書けると便利なんだけど…。

安心して。コメントを書き込むこともできるのよ。

JavaやPythonなどのプログラミング言語では、プログラムの各所に日本語で解説（**コメント**といいます）を記入して意味をわかりやすくすることができます。SQLでも同様に、解説などのコメントを書き込むことができます。コメントの記述方法には、次の2つのルールがあります。

SQL 基本ルール（2）

- ハイフン2つ（--）から行末まではコメントとして扱われる。
- /* から */ まではコメントとして扱われる。

リスト2-3 コメントを記述する

```
/* 入出金表示用SQL  バージョン0.1
   作成者:朝香あゆみ  作成日:2022-02-01  */
SELECT  入金額, 出金額    -- 金額関連の列のみ表示
  FROM  家計簿
```

改行や空白による整形とコメントによる解説を併せて活用することで、後から見返したり、チームで共有したりする場合にもわかりやすいSQL文の記述が可能になります。

2.1.3 予約語に関するルール

最後に、SQL 文に記述できる語句についてのルールを紹介します。

SQL 基本ルール（3）

- SELECT や WHERE などの命令に使う単語は、SQL として特別な意味を持つ「予約語」である。
- 予約語は、大文字と小文字のどちらで記述してもよい。
- テーブル名や列名に予約語を利用することはできない。

　SELECT や WHERE などの一部の単語は、SQL の機能として特別な意味を持つため、列名などに使うことはできません。これを予約語（keyword）といいます。

　SQL の文中では、予約語を大文字と小文字のどちらで書いても同じ意味になります。たとえば、「select * FROM 家計簿」でも「Select * froM 家計簿」でも同じように動作しますが、できるだけ判別しやすい書き方にすることをおすすめします。すでに会社やプロジェクトでルールが定められていればそれに従うとよいでしょう。

　なお、列名やテーブル名について、大文字と小文字を区別するかどうかは、DBMS 製品や動作する OS、設定などによって異なります。

2.2 データ型とリテラル

2.2.1 リテラルの種類

記述ルールといえば、INSERT文にたくさん出てきた記号「'」が気になったんだ。

シングルクォーテーションね。それはデータの種類を示すための記法なのよ。

リスト2-4　3月の家賃の支払いを行として挿入する

```
INSERT INTO 家計簿
    VALUES ('2022-02-25', '居住費', '3月の家賃', 0, 85000)
```
「'」でくくられている　　　　　　　　　　　　　　　「'」でくくられていない

　第1章で紹介したリスト1-5のINSERT文を再び見てみましょう。2行目には、家計簿テーブルの各列に格納する5つのデータが記述されています。このように、SQL文の中に書き込まれた具体的なデータそのものの値を特に**リテラル**（literal）といいます。

　湊くんは、最初の3つのリテラルはシングルクォーテーション記号（'）でくくられているのに、最後の2つはくくられていないという点が気になっているようです。これは、次のようなリテラルの記述に関するルールによるものです。

リテラルの記述に関するルール

- 「'」でくくらずに記述されたリテラルは、数値情報として扱われる。
- 「'」でくくられたリテラルは、基本的に文字列情報として扱われる。
- 「'」でくくられ、'2022-02-25' のような一定の形式で記述されたリテラルは、日付情報として扱われる。

たとえば、「123」と「'123'」では意味が異なります。前者は 123（ひゃくにじゅうさん）という数量を表す数値データであるのに対して、後者は 123（いち・に・さん）という 3 つの文字の並びを表す文字列データです。

なお、プログラミング言語で文字列を表すダブルクォーテーション記号（"）は、SQL の文字列リテラルとして用いることはできません。

2.2.2 列とデータ型

リスト 2-4 では、最後の 2 つのデータ（入金額と出金額）に「'」を付けずに 0 と 85000 という数値のデータを指定しました。しかし、誤って文字列情報として指定してしまったらどうなるのでしょうか（リスト 2-5）。

リスト 2-5　入金額と出金額を文字列情報として指定した例

```
INSERT INTO  家計簿
VALUES ('2022-02-25', '居住費', '3月の家賃', '0', '85000')
```

もしこのまま 0 や 85000 が文字列として家計簿テーブルに格納されてしまったら大変です。文字列では、統計などの計算に使うこともできません。

このような誤ったデータ形式で格納されないように、データベースには安全装置が備わっています。リスト 2-5 の SQL 文を実行すると、DBMS は、入金額や出金額に指定された値が数値ではないとして処理を中断するか、受け取った文字列を強制的に数値に変換して格納しようとします。

入金額と出金額は数値であるべきって、どうしてわかるんだろう？

その2つの列は、そもそも「数値しか入れられない」ように設定されているからよ。

1.1節で紹介したように、データベースの中には複数のテーブルがあり、テーブルは行と列から成り立っています。それぞれの列には名前が付いていますが、それに加えて、列ごとに格納できるデータの種類を表す**データ型**（data type）を定めることになっています（図2-1）。

図2-1　家計簿テーブルに設定されているデータ型の指定

たとえば、入金額と出金額の列にはあらかじめ「INTEGER」という数値のデータ型が設定されているので、格納できるデータは数値のみに制限されているというわけです。

主なデータ型を表2-1にまとめました。

表2-1　代表的なデータ型

データ種別	区分	代表的なデータ型名
数値	整数	INTEGER型、INT型
	小数	DECIMAL型、NUMERIC型、FLOAT型、DOUBLE型、REAL型
文字列	固定長	CHAR型
	可変長	VARCHAR型
日付と時刻	—	TIMESTAMP型[※]、DATETIME型、DATE型、TIME型

※ TIMESTAMP型は日付と時刻の両方を持つ型。

これらのうち、利用可能なデータ型は DBMS 製品によって異なりますが、数値型、文字列型、日付と時刻の型は基本的に必ず用意されています。しかし、型の名称や、それぞれの型で取り扱い可能な桁数の範囲、フォーマット形式などは製品により細かく異なるので注意が必要です。より詳細な情報は、付録 A（p.427）を参照してください。

 データ型

- テーブルの各列には、データ型が指定されている。
- 列には、データ型で指定された種類の情報しか格納することはできない。
- 利用可能なデータ型は、DBMS 製品によって異なる。

なお、図 2-1 にあるように、VARCHAR 型には、通常、最大長（最大桁数）を指定します。同様の指定は、CHAR 型や小数値を扱う型（DBMS 製品によって型名が異なります）でも行います。

2.2.3 固定長と可変長

文字列の型には CHAR と VARCHAR があるみたいですが、どう違うんですか？

あらかじめ用意した箱のサイズに合わせて中身を入れるか、箱を中身のサイズに合わせて用意するかの違いなの。

CHAR 型は**固定長**の文字列を扱うデータ型です。たとえば、CHAR(10) と指定されている列では、あらかじめ 10 バイトの領域が確保されており、格納するデータは常に 10 バイトになります。格納しようとする文字列が 10 バイトに満たない場合は、文字列の後ろに空白が追加され、10 バイトぴったりに調整されてから格納されます。

一方、可変長であるVARCHAR型を指定された列は、格納する文字列の長さを勝手に調整することはありません。たとえば、VARCHAR(10)と指定された列に3バイトや7バイトの文字列を登録した場合、それに合わせた領域が確保されるため、そのままの長さで格納することが可能です。ただし、最大長として10が指定してあるため、11バイトの文字列は格納できません（図2-2）。

図2-2　CHAR型とVARCHAR型の違い

　CHAR型は郵便番号や社員番号など、格納するデータの桁数が一定のものを、VARCHAR型は氏名や書籍名など、格納するデータの桁数が定まっていないものを格納するのに向いたデータ型といえます。

　実際に列にデータ型を設定する方法については第10章で紹介します。

2.3 SQLの命令体系

2.3.1 4つの重要なSQL文

第1章では「SELECT」から始まるSQL文を何度も実行したけど、これが命令なのかな？ ほかにもたくさんあるなら、覚えるのが大変だ…。

実は、第1章で体験した4つの命令で足りてしまうのよ。

　JavaやC言語のようなプログラミング言語には、数千から数万種類もの命令が用意されています。一方、データを操作する言語であるSQLには、数えるほどしか命令がありません。

　ほとんどのデータ操作は、すでに体験したSELECT、UPDATE、DELETE、INSERTのたった4つの命令で実現できてしまいます。これら4つのSQL命令は、**DML**（Data Manipulation Language）と総称されています。本書では、以後これらを4大命令と呼ぶことにします。

SQLの命令体系

SQLでは、4大命令だけでほとんどの処理を実現できるため、命令をたくさん覚える必要はない。

なんだ、4つ覚えればいいだけなんて、楽勝じゃん！

SQLで頻繁に利用するのはたった4つの命令だけですが、だからといって単純なことしかできないというわけではありません。4つの命令にさまざまな修飾語のようなものを付加することで非常に複雑なデータ操作を実現できることが、SQLという言語の特徴なのです。

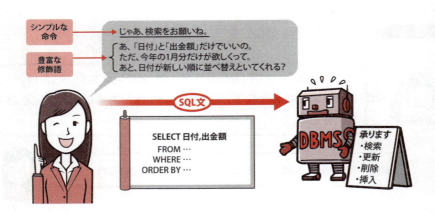

図2-3　SQL命令体系の特徴

2.3.2　4大命令の全体像を俯瞰する

 土台はシンプルだけど、そこにいろいろな飾り付けができるんですね。結局複雑になるなら、ちょっと不安…。

　朝香さんが心配しているように、この「命令の数は少なくてシンプルだが、複雑に修飾できる」というSQLの特徴が、初心者を混乱させることも少なくありません。入門したての頃はもちろん、ある程度慣れた技術者であっても、しばらくSQLを触っていないと記憶があやふやになって次のように迷ってしまいがちです。

「FROMっていろんな命令で書けた気がするけど、どれに使えるんだっけ？」
「WHEREって、どの命令にも付けていいんだっけ？」
「4つの命令の文法、一見似てるのに細部が違っていて、頭の中でゴチャゴチャになってきた…」

でも安心してください。4つの命令の文法をスッキリとマスターするには、これから紹介する3つのコツをつかんでおけば大丈夫です。まずは最初の1つをここで紹介しましょう。残りの2つはこの章の最後にお伝えします。

4大命令をスッキリ学ぶコツ（1）

4大命令の構造と修飾語の全体像をしっかり把握する。

1つ目のコツを実践するために、4大命令とその修飾語たちの関係を整理した図2-4をご覧にいれましょう。

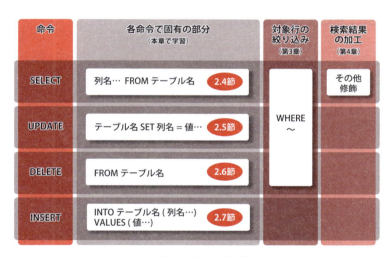

図2-4　SQLの体系図

4つの命令で共通している部分と異なる部分があるんだね。

次の2.4節から、まずは4大命令それぞれに固有の部分にフォーカスして紹介していくね。それ以外の図の右側部分は、次章以降で解説するわよ。

2.4 SELECT 文 — データの検索

2.4.1 SELECT 文の基本構文

第 1 章でも体験したように、データベースとデータのやり取りをするにあたって、最も頻繁に使われる命令が **SELECT 文**です。テーブルから目的のデータを指定して取得することがその役割です。

📘 SELECT 文の基本構文

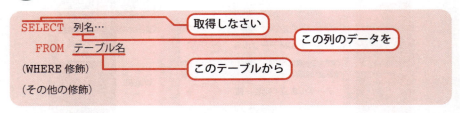

※修飾の部分は必要に応じて指定する。

---

1 行目の SELECT の後ろには、取得したい列の名前をカンマで区切って記述します。また、第 1 章でも紹介したアスタリスクを記述すれば、すべての列を指定するのと同様の効果が得られます。

2 行目は **FROM 句**といい、取得するデータが格納されているテーブルを必ず指定します。

以降、必要に応じて、WHERE による修飾やその他の修飾を続けて記述します。

なお、1 つの SQL 文として完成している一連の命令文を、命令の種類によって「SELECT 文」や「UPDATE 文」のように表現します。また、SQL 文を構成する、FROM や WHERE などの予約語に続けて指定された部分（「FROM テーブル名」など）を「FROM 句」や「WHERE 句」と呼びます。

では、家計簿テーブルを使って、SELECT文の例をもう一度確認しておきましょう。リスト2-6と結果表を見てね。

リスト2-6　複数の列を取得するSELECT文

```
SELECT 費目, 入金額, 出金額
  FROM 家計簿
```

リスト2-6の結果表

費目	入金額	出金額
食費	0	380
給料	280000	0
教養娯楽費	0	2800
交際費	0	5000
水道光熱費	0	7560

2.4.2　ASによる別名の定義

　SELECT文における列名やテーブル名の指定では、それぞれの記述の後ろにAS（アズ）と任意のキーワードを付けることで、別名を定義することができます。リスト2-6の結果表の列名に「AS」を用いて別名を付けた例が、リスト2-7とその結果表です。

リスト2-7　ASを用いて別名を定義したSELECT文

```
SELECT 費目 AS ITEM, 入金額 AS RECEIVE, 出金額 AS PAY
  FROM 家計簿 AS MONEYBOOK
 WHERE 費目 = '給料'
```

（AS MONEYBOOK の部分について）Oracle DB では付けない

リスト2-7の結果表

ITEM	RECEIVE	PAY
給料	280000	0

057

Oracle DB や SQL Server、Db2 などの多くの製品では「AS」の記述を省略することができます。また、Oracle DB では、テーブルの別名を付ける場合には「AS」を記述してはならないルールとなっています。

列を別の名前で表示できるのはわかったけど、なんでわざわざこんなことするの？

AS を用いて列に別名を付けるメリットには次のようなものがあります。

列に別名を付けるメリット

- 結果表における列のタイトルを状況に応じて任意の内容で表示できる。
- 英語名などの一見わかりにくい列名や長い列名でも、わかりやすく短い別名を付けて SQL 文の中で利用することができる。

テーブル名に別名を付けるメリットもほぼ同様ですが、詳細は、その効果が実感できる第 8 章にて紹介します。

「SELECT * FROM ～」の乱用にご用心

＊（アスタリスク）による全列検索は便利ですが、データベースの設計変更などで列が増えたり減ったりすると、検索結果も変化してしまいます。そのため、データベースを検索するアプリケーションプログラムでこの記述をしていた場合、予期しないバグの原因になることがあります。本書では紙面の都合によりアスタリスクを使用する場面もありますが、実際の開発では極力使用を避けるか、使う場合でも十分な検討が必要です。

2.5 UPDATE 文 ── データの更新

2.5.1 UPDATE 文の基本構文

UPDATE 文は、すでにテーブルに存在するデータを書き換えるための命令です。

UPDATE 文の基本構文

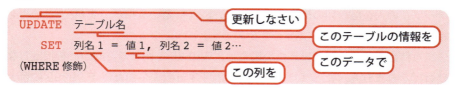

1 行目の UPDATE の直後には、更新したいデータが存在するテーブル名を記述します。また、2 行目を **SET 句**といい、更新したい列名と、その列に書き込むデータをイコール記号で対応させて記述します。

では、p.30 の家計簿テーブルのデータを使って、UPDATE 文の例を紹介するわね。

リスト 2-8　1 つの列を更新する UPDATE 文

```
UPDATE  家計簿
  SET   入金額 = 99999
```

これを実行後にテーブルを全件検索すると、次ページの結果表が得られます。

059

リスト 2-8 の結果表

日付	費目	メモ	入金額	出金額
2022-02-03	食費	コーヒーを購入	99999	380
2022-02-10	給料	1月の給料	99999	0
2022-02-11	教養娯楽費	書籍を購入	99999	2800
2022-02-14	交際費	同期会の会費	99999	5000
2022-02-18	水道光熱費	1月の電気代	99999	7560

あれれ、全部の行が同じ値になっちゃった！

リスト 2-8 の UPDATE 文をもう一度よく眺めてみてください。確かに「家計簿テーブルの入金額の列の値を 99999 にしなさい」という指示ですが、**「どの行を書き換えるべきか」という指定がない**のです。

ある特定の行のみ書き換えたい場合は、WHERE を使って目的の行を指定しなければなりません。たとえば、2022 年 2 月 3 日の入金額だけを 99999 に書き換える SQL 文は、次のリスト 2-9 のようになります。

リスト 2-9　条件付きの UPDATE 文

```
UPDATE  家計簿
   SET  入金額 = 99999
 WHERE  日付 = '2022-02-03'
```

すべての行の値を同一のものに書き換えることは実務上まれですから、「WHERE を伴わない UPDATE 文」は、ほとんど使う機会がないでしょう。

WHERE のない UPDATE 文は全件更新！

WHERE で対象行を指定しないと、UPDATE 文はすべての行を書き換えてしまう。

2.6 DELETE文 — データの削除

2.6.1 DELETE文の基本構文

　DELETE文は、すでにテーブルに存在する行を削除するための命令です。既存のデータに対する操作という点では、これまでに登場したSELECT文やUPDATE文と同じですが、行をまるごと削除する機能であるため、特定の列だけを指定するようなことはできません。

DELETE文の基本構文

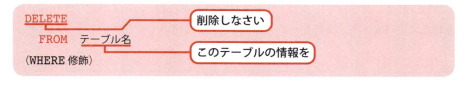

　DELETE文では列名を指定する必要がないため、1行目のDELETEの後ろには何も記述しません。続けて記述するFROM句にテーブル名を指定するのはSELECT文と同様です。

　次は、家計簿テーブルを使ったDELETE文の例よ。リスト2-10を見てね。

リスト2-10　DELETE文の例

```
DELETE FROM 家計簿
```

これを実行すればいいんだね。

湊！　ちょっと待って！　それを実行しちゃダメっ！

あらあら。せっかく面白いことになると思ったのに。

　リスト 2-10 を実行するとどのようなことが起きるか、みなさんは想像できましたか？

　さきほど私たちがリスト 2-8 の UPDATE 文を実行した際、WHERE を指定しなかったために、すべての行が書き換えられてしまいました。同様に、DELETE 文においても WHERE を付けなければ**すべての行が削除対象**となってしまいます。

　WHERE なしの DELETE 文は「データを全消去する」指示にほかなりません。見かけたら、本能的に「実行をためらう」感覚を身に付けてください。

 WHERE のない DELETE 命令は全件削除！

WHERE で対象行を指定しない DELETE 文は、全データを削除してしまう。

2.7 INSERT文 — データの追加

2.7.1 INSERT文の基本構文

> 最後はINSERT文ですね。これでデータの追加ができるんですよね。

> なんか、コイツだけがほかの3つと雰囲気が違うんだよな…。

　INSERT文は、テーブルに新しいデータを追加するための命令です。これまでに紹介した3つの命令とは異なり、テーブルの行を指定するしくみ（WHERE）はありません。そのかわり、どこに、どのようなデータを追加するのかを指定する構造になっています。

📘 INSERT文の基本構文

```
INSERT INTO  テーブル名              ← このテーブルに
             (列名1, 列名2, 列名3…)    ← この列に      追加しなさい
    VALUES   (値1,  値2,  値3…)       ← このデータを
```

　1行目のINSERTには、**INTO**のキーワードに続けて、データを追加するテーブル名を記述します。さらにテーブル名の後ろに、カッコでくくってデータを追加する列名を指定します。ただし、そのテーブルのすべての列に値を指定する場合には、2行目をまるごと省略可能です。

3行目は **VALUES 句**といい、2行目に記述した列名に対応するデータの値を指定します。列名をまるごと省略した場合は、テーブルのすべての列について、値を指定する必要があります。

> では、家計簿テーブルを使って、INSERT 文の例を紹介するわ。
> リスト 2-11 を見てね。

リスト 2-11　列を指定して追加する INSERT 文

```
INSERT INTO  家計簿
             (費目,日付,出金額)
      VALUES ('通信費', '2022-02-20', 6200)
```

2行目に対応して記述

この INSERT 文の実行後に、家計簿テーブルを全件検索すると、次の結果表が得られます。

リスト 2-11 の実行後にテーブルを全件検索した結果表

日付	費目	メモ	入金額	出金額
2022-02-03	食費	コーヒーを購入	0	380
2022-02-10	給料	1月の給料	280000	0
2022-02-11	教養娯楽費	書籍を購入	0	2800
2022-02-14	交際費	同期会の会費	0	5000
2022-02-18	水道光熱費	1月の電気代	0	7560
2022-02-20	通信費			6200

リスト 2-11 では費目、日付、出金額という3つの列に対してのみ格納すべき値を指定しています。そのため、メモや入金額の列には値は何も格納されません。今回の例のように2行目で明示的に列を指定する場合、その指定順序は自由です。ただし、3行目で列挙する値も指定した列に対応するように、同じ順番で並べる必要があります。

> VALUES句の値を記述するときは、順序、数、データ型のすべてを2行目に記述した列指定とぴったり対応させてあげてね。

一方、2行目の列指定を丸ごと省略した場合、3行目に記述する値は、テーブルにおける列の順序（「SELECT ＊ FROM ～」を実行して表示される順）と同じでなければなりません。

リスト2-12　全列に追加するINSERT文

```
INSERT INTO  家計簿
     VALUES  ('2022-02-20', '通信費', '携帯電話料金', 0, 6200)
```

家計簿テーブルの列の順と同じく、必ず日付、費目、メモ、入金額、出金額の順番で指定

2.8 4大命令をスッキリ学ぶコツ

2.8.1 4大命令を振り返って

4大命令をひととおりマスターしたぞ！ …でも、混乱しないかやっぱり少し心配だなぁ。

では4大命令を振り返りながら、スッキリと学ぶコツの残りを伝授するわね。

　ここまででSQLの4大命令に関する基本的な解説は終了です。本を見ながらであれば、さまざまなSQL文を書けるようになったと自信を持った人も多いでしょう。

　一方、「本などのリファレンスがないと混乱してしまうかもしれない」という不安を感じる人も多いはずです。FROM、WHERE、AS、INTO、VALUESなど、さまざまな予約語が登場しましたので、無理もありません。

　そこで、この章の最後に、2.3節で1つだけ紹介した「4大命令をスッキリと学ぶコツ」について、残りの2つも含めて紹介します。

 4大命令をスッキリ学ぶ3つのコツ

　（1）4大命令の構造と修飾語の全体像をしっかり把握する。
　（2）4大命令の2通りの分類方法を理解する。
　（3）4大命令に共通するテーブル指定を先に書く。

　コツ（1）については2.3節で紹介したとおりです。4大命令を個別に学び終え

た今、図2-4（p.55）のSQL体系図をもう一度見直しておくとよいでしょう。混乱したら、いつでもこの図に戻ってください。

続いて、コツ（2）の「2通りの分類方法」について説明しましょう。

2.8.2 4大命令の2通りの分類を理解する

4大命令をいくつかの観点で分類すると、いろんな法則が見えてくるのよ。

SELECT、UPDATE、DELETE、INSERTの4つを2つのグループに分類するとしたら、みなさんはどのように考えますか？　まず多くの人が思いつくのが、データベースに対する処理の違いによる次のような分類です。

 4大命令の分類方法（1）　検索系と更新系

　検索系：SELECT
　更新系：UPDATE、DELETE、INSERT

検索系の命令はデータベースのデータを書き換えることはありません。また、実行結果は表の形になります。一方、更新系の命令はデータベースのデータを書き換えることが仕事です。実行結果は基本的に「成功」か「失敗」かの2つに1つであり、表などが返されることはありません。

ここで注目してほしいのが、図2-4の右端にある「検索結果の加工」に関する修飾についてです。詳細は第4章で紹介しますが、たとえば「ORDER BY」という修飾語を使うことで検索結果の表の行を並べ替えることができます。しかし、この修飾は検索結果表に対する処理を指示するものですので、当然、実行結果が表ではないUPDATEやDELETE、INSERTには指定できないのです。

なるほど…そう考えると、SELECTにしか指定できなくて当然よね。間違えようがないわ。

そして、4大命令にはもう1つ重要な分類方法があります。

4大命令の分類方法（2）　既存系と新規系

既存系：SELECT、UPDATE、DELETE
新規系：INSERT

　既存系の命令は、すでにデータベースに存在するデータに対してなんらかの処理を行うためのものです。一方、新規系の命令は、まだデータベースに存在しないデータについての指定をします。
　ここで、図2-4の右から2番目にある「対象行の絞り込み」（WHERE句）に着目してください。検索や更新、そして削除は既存のデータに対して行う処理であるため、その対象行を指定するための共通した文法としてWHERE句が利用可能です。一方、既存のデータに対する処理ではないINSERT文では、WHERE句の利用はできません。

意味をちゃんと理解しておけば、丸暗記しなくてもそれぞれの予約語を書くべき命令がわかるんだね。

2.8.3　テーブル指定を先に記述する

でも本当に混乱しやすいのは、WHEREの前の部分よね。どれも似ているのに微妙に違っていて…。

> 大丈夫。ちゃんとルールがあるのよ。

　図 2-4 の WHERE 句より前の部分について、より踏み込んで整理してみましょう。4 つの命令に共通する、次のようなルールに気づくはずです。これが、4 大命令をスッキリ学ぶコツの 3 つ目です。

---

 4 大命令のすべてに共通すること

処理対象とするテーブル名を必ず指定する必要がある。

　この観点に着目して、図 2-4 の体系図のうち、この章で学んだ部分を整理し直したものが次の図 2-5 です。

命令	各命令で固有の部分（本章で学習）
SELECT	列名… FROM テーブル名
UPDATE	テーブル名 SET 列名 = 値…
DELETE	FROM テーブル名
INSERT	INTO テーブル名 （列名…）VALUES（値…）

図 2-5　各命令で固有の部分を再整理した図

そして、入門者であるうちは、ぜひ実践してほしい習慣があります。それは、次の順序で SQL 文を記述することです。

スッキリ書ける SQL

（1）まず、命令（SELECT・UPDATE・DELETE・INSERT）を記述する。
（2）次に、テーブル指定の部分を記述する。
（3）テーブル指定より後ろの部分を記述する。
（4）テーブル指定より前の部分を記述する（SELECT 文のみ）。

特に（1）～（2）を考え込まずにできるよう訓練しておくと、どの命令にどのキーワードを書けばよいのかが自然に身に付くため、スムーズに SQL 文を書けるようになるでしょう。

このあたりは、練習量がモノを言うわね。いろんな SQL 文を繰り返し書いてみることが近道かな。

よし、dokoQL で通勤中もガンガン練習するぞ！

2.9 この章のまとめ

2.9.1 この章で学習した内容

SQL の基本ルール
- 記述の途中で改行したり、半角の空白を入れたりしてもよい。
- 予約語は大文字、小文字が区別されない。また、列名などに利用できない。
- 文中にコメントを記述することができる。

データ型とリテラル
- SQL 文の中に直接記述される具体的な値をリテラルという。
- 数値、文字列、日付など、データの種類に応じてリテラルの記述方法は異なる。
- テーブルの各列にはデータ型が指定されている。
- 列に指定された種類のデータのみ、その列に格納することができる。

SQL の体系
- SELECT、UPDATE、DELETE、INSERT の 4 つの命令を利用する。
- 各命令をどのように実行するかを指示する修飾が豊富に用意されており、組み合わせることによって多様な命令を実現できる。
- 4 つの命令は、操作内容から見た検索系と更新系、対象とするデータから見た既存系と新規系に分類することができる。

4 大命令をスッキリ学ぶコツ
- 4 大命令の構造と修飾語の全体像をしっかり把握する。
- 4 大命令の 2 通りの分類方法を理解する。
- 4 大命令に共通するテーブル指定を先に書く。

2.9.2 この章でできるようになったこと

家計簿の内容をすべて表示したい。

※ QR コードは、この項のリストすべてに共通です。

```
SELECT * FROM 家計簿
```

2000 円より大きな金額を使った日を知りたい。

```
SELECT 日付 FROM 家計簿 WHERE 出金額 > 2000
```

3 月 1 日に 1800 円で映画を見た記録を追加したい。

```
INSERT INTO 家計簿
    VALUES ('2022-03-01', '娯楽費', '映画を見た', 0, 1800)
```

3 月 1 日の映画は 1500 円の誤りだったので修正したい。

```
UPDATE 家計簿 SET 出金額 = 1500 WHERE 日付 = '2022-03-01'
```

全データを消去したい。

```
DELETE FROM 家計簿
```

2.10 練習問題

問題 2-1

次の表の空欄 A 〜 F に入る適切な SQL の予約語を答えてください。

操作	検索	更新	削除	追加
命令	(A)	(B)	(C)	(D)
テーブルの指定	(E)	なし	(F)	(G)
条件の指定	(H)			なし

問題 2-2

次の情報を格納するための適切なデータ型を、下の一覧から選択してください。

(1) 30000（金額）　　　　(2) スッキリわかる SQL 入門（書籍名）
(3) 2022-02-20（日付）　　(4) 1.41421356（小数）　　(5) 10 時 35 分（時間）
(6) 125,358,854（大きな数）　(7) 101-0051（郵便番号）

```
INTEGER 型　DECIMAL 型　CHAR 型　VARCHAR 型　DATE 型　TIME 型
```

問題 2-3

次のような列を持つ都道府県テーブルがあります。

都道府県テーブル

列名	データ型	内容
コード	CHAR(2)	'01' 〜 '47' の都道府県コード
地域	VARCHAR(10)	'関東' や '九州' など
都道府県名	VARCHAR(10)	'千葉' や '兵庫' など
県庁所在地	VARCHAR(20)	'千葉' や '神戸' など
面積	INTEGER	都道府県の面積（㎢）

第 I 部　SQL を始めよう

このテーブルについて、次の検索を行う SQL 文をそれぞれ作成してください。

1. すべての列名を明示的に指定して、すべての行を取得する。
2. 列名の指定を省略して、1 と同様の結果を取得する。
3. 「地域」「都道府県名」の列について、「area」と「pref」という別名を付けてすべての行を取得する。

問題 2-4

問題 2-3 の都道府県テーブルについて、次のような 3 つのデータを追加する SQL 文をそれぞれ作成してください。ただし、コード 37 のデータの追加では、SQL 文中に列名を指定しない方法を採ってください。なお、表中で空欄となっている部分の値は指定しません。

	コード	地域	都道府県名	県庁所在地	面積（㎢）
1.	26	近畿	京都		4613
2.	37	四国	香川	高松	1876
3.	40		福岡	福岡	

問題 2-5

問題 2-4 でデータが追加された都道府県テーブルについて、表中で空白だった箇所に次の値を格納する SQL 文を作成してください。

1. コード 26 の県庁所在地に「京都」を格納する。
2. コード 40 の地域に「九州」、面積に 4,976 を格納する。

問題 2-6

問題 2-4 で追加したコード 26 のデータを都道府県テーブルから削除する SQL 文を作成してください。対象行はコード番号で指定してください。

2.11 練習問題の解答

問題 2-1 の解答
(A)SELECT　　(B)UPDATE　　(C)DELETE　　(D)INSERT
(E)FROM　　(F)FROM　　(G)INTO　　(H)WHERE

問題 2-2 の解答
(1)INTEGER 型　(2)VARCHAR 型　(3)DATE 型
(4)DECIMAL 型　(5)TIME 型　(6)INTEGER 型　(7)CHAR 型

問題 2-3 の解答

```
1. SELECT   コード，地域，都道府県名，県庁所在地，面積
     FROM   都道府県
2. SELECT * FROM 都道府県
3. SELECT 地域 AS area, 都道府県名 AS pref FROM 都道府県
```

問題 2-4 の解答

```
1. INSERT INTO   都道府県 ( コード , 地域 , 都道府県名 , 面積 )
       VALUES   ('26', '近畿', '京都', 4613 )
2. INSERT INTO   都道府県
       VALUES   ('37', '四国', '香川', '高松', 1876 )
3. INSERT INTO   都道府県 ( コード , 都道府県名 , 県庁所在地 )
       VALUES   ('40', '福岡', '福岡')
```

問題 2-5 の解答

```
1. UPDATE  都道府県 SET 県庁所在地 = '京都'
   WHERE   コード = '26'
2. UPDATE  都道府県 SET 地域 = '九州', 面積 = 4976
   WHERE   コード = '40'
```

問題 2-6 の解答

```
DELETE FROM 都道府県 WHERE コード = '26'
```

DBMS に依存しやすい日付の取り扱い

　日付の取り扱いに関しては、各 DBMS 製品による違いが比較的大きい点に注意が必要です。主に、次のような点が異なっています。

- データ型の名前や精度
- タイムゾーン（共通の標準時を採用している地域）情報の有無
- リテラルの書式
- 日付に関して利用できる命令（関数）の種類

　本書で紹介する内容は、多くの DBMS で共通して利用できるものですが、より詳細な機能を利用したい場合は、各 DBMS 製品のマニュアルを参照してください。

第3章

操作する行の絞り込み

SQL を用いて思いどおりにデータを操るには、「どの行を対象として、
どのように操作するか」を DBMS に的確に伝えなければなりません。
特に WHERE 句による対象行の指定は、
SQL 文を記述する際のキーポイントです。
この章では、WHERE 句での絞り込みに関するさまざまな文法を学びます。
処理対象とする行を柔軟に指定できれば、
SQL の学習がいっそう楽しくなるでしょう。

CONTENTS

3.1 WHERE 句による絞り込み
3.2 条件式
3.3 さまざまな比較演算子
3.4 複数の条件式を組み合わせる
3.5 主キーとその必要性
3.6 この章のまとめ
3.7 練習問題
3.8 練習問題の解答

3.1 WHERE 句による絞り込み

3.1.1 WHERE 句の大切さ

WHERE は INSERT 以外の SQL 文を書くときに登場するんだったわね (p.68)。

WHERE って、SELECT や DELETE の命令に「オマケ」みたいに付けられるイメージだなぁ。

　これまでの章で見てきたとおり、SQL 文の中で WHERE を使うことで、処理対象となる行の絞り込みができます。この WHERE キーワードから始まる一連の記述を **WHERE 句**といいます。

　SQL を学び始めて間もない頃は、この WHERE 句のことを SELECT や DELETE のちょっとした付属品のように思いがちです。しかし、ここで SQL という言語自体の特徴 (2.3.1 項) を思い出してください。

💡 SQL の言語としての特徴

命令自体は単純で、数も少ない (主に使うものは 4 つ)。しかし、さまざまな修飾語を付けることで、複雑な処理が可能になる。

　その修飾語の中でも最もよく使われるものが、この章で扱う WHERE 句です。データを検索するにしても、更新や削除をするにしても、多くの場合、WHERE 句を用いて「テーブルのどの行を処理したいのか」を指定します。むしろ、WHERE 句を伴わない SQL 文を使うことのほうが少ないでしょう。なぜなら、テー

ブル内のすべての行を更新したり削除したりする機会はあまりないからです。

私たちは **WHERE 句を自由自在に使えてはじめて、データを自由自在に操作すること**ができるのです。

3.1.2　WHERE 句の基本

WHERE 句には、次の 3 つの基本事項があります。

 **WHERE 句の基本**

（1）処理対象行の絞り込みに用いる
　　　　⇒ WHERE を指定しないと「すべての行」が処理対象になる。
（2）SELECT、UPDATE、DELETE 文で使用可能
　　　　⇒ 新しい行を追加する INSERT 文では使用できない。
（3）WHERE の後ろには条件式を記述する
　　　　⇒ 絞り込み条件に沿った「正しい条件式」を記述する。

（1）と（2）については第 2 章で紹介しました。残る（3）については、WHERE 句の基本構文をしっかり押さえることが大切です。

WHERE 句の基本構文

　　WHERE　条件式

構文自体はとてもシンプルですが、ポイントは「WHERE」の後ろに記述する条件式と呼ばれる部分です。たとえば、「出金額　＜　10000」のような式は書けますが、「出金額　＋　10000」のような計算式は書くことができません。

次節からは、条件式の記述方法とルールについて見ていきましょう。

3.2 条件式

3.2.1 真と偽

　条件式とは、その結果が必ず真（TRUE）か偽（FALSE）になる式のことです。真や偽というコンピュータ用語が難しく感じるならば、私たちの日常生活における「YesとNo」のようなものと考えても差し支えありません。

　たとえば、「出金額 ＜ 10000」という式は、出金額という列に格納されている値が10000未満の場合は式の意味が正しいので真、10000以上の場合は式の意味が正しくないため偽と判定できます。

　では、「出金額 ＋ 10000」という式ではどうでしょうか。

　出金額は一般的に数値です。仮に5000だとすると、「出金額 ＋ 10000」という式の結果も15000という数値になります。このように結果が数値や文字列、日付などになる式は、WHERE句に記述することはできません。

 WHERE句に書けるもの

結果が必ず真（TRUE）または偽（FALSE）となる条件式

3.2.2 WHERE句のしくみ

でも、どうして「真か偽になる式」しか書いちゃダメなの？

それは、WHERE句を処理するDBMSの気持ちになれば、すぐわかると思うわよ。

実際に、DBMSがどのようにWHERE句を処理するか、そのしくみを見てみましょう。例として、いつもの家計簿テーブルにリスト3-1のDELETE文を実行するときのことを考えます。

リスト3-1　1円以上の出金のあった行をすべて削除する

```
DELETE FROM 家計簿 WHERE 出金額 > 0
```

このときのDBMS内部の様子を表したものが、次の図3-1です。

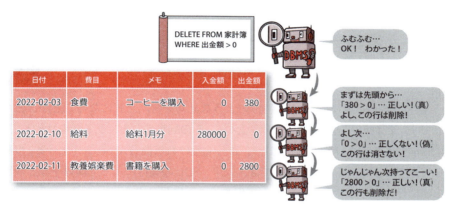

図3-1　WHERE句による条件式処理のしくみ

> 1行ずつ順番に、条件に合うかどうかをチェックするから、「真か偽になる式」しか書いちゃダメなんだね。

　WHERE句を含むSQL文を受け取ったDBMSは、テーブル中のすべての行について条件式が真になるかをそれぞれ調べます。そして、真になった行についてのみ、SELECTやUPDATE、DELETEなどの処理を行うのです。

3.3 さまざまな比較演算子

3.3.1 基本的な比較演算子

条件式で使う=や<の記号は、ほかにもたくさんあるんですか？

そうね、まずは基本の6種類を覚えておきましょう。

　条件式は、＝（等号）や＜（不等号）のような記号を含んだ式になることがほとんどです。これらの記号は**比較演算子**といい、その記号の左右にある値を比較して、記号の意味が正しければ真（TRUE）、正しくなければ偽（FALSE）に「化ける」役割を持っています（図3-2）。本書では、以降、SQLの実行によって演算子などが別の値に変化することを「化ける」と表現することにします。

図3-2　演算子が「化ける」様子

　SQLで利用できる比較演算子にはほかにもたくさんの種類があります。なかでも次の表3-1に挙げる6つはもっとも基本的なものです。

表 3-1　主な比較演算子

比較演算子	意味
=	左右の値が等しい
<	左辺は右辺より小さい
>	左辺は右辺より大きい
<=	左辺は右辺の値以下
>=	左辺は右辺の値以上
<>	左右の値が等しくない

「=>」のようにイコールを先に書かないように注意してね。決まりごとだから。

3.3.2　NULL の判定

テーブルの中のデータは、「10」や「こんにちは」のような具体的な値ではなく、「どのような値も格納されていない」状態を意味する NULL（ヌル）という特別なものになることがあります。家計簿テーブルの一部が NULL となっている例を見てみましょう（テーブル 3-1）。

テーブル 3-1　NULL のある家計簿

日付	費目	メモ	入金額	出金額
2022-02-03	食費	(NULL)	(NULL)	380
2022-02-10	給料	1 月の給料	280000	(NULL)
2022-02-11	教養娯楽費	書籍を購入	(NULL)	2800
2022-02-14	交際費	同期会の会費	(NULL)	5000
2022-02-18	水道光熱費	1 月の電気代	(NULL)	7560

※ここでは NULL を明示しているが、実際のテーブルでは空欄で表示される。

なんとなく想像できるかもしれないけれど、「NULL が意味するもの」には 2 種類あるの。

2月3日の行に注目してください。まず、メモがNULLとなっていますが、これは380円で買ったものを忘れてしまい、メモに何と登録すればよいのかわからないのかもしれません。このように「格納すべきデータが不明（unknown）なとき」、1つ目の意味としてNULLはよく利用されます。

また、同じ2月3日の入金額もNULLになっています。この行は、何かを購入して食費に計上した行なのですから、通常、入金が発生することはありえません。このように「データを格納すること自体が無意味（N/A: not applicable）なとき」、2つ目の意味としてNULLは用いられます。

なるほど。その他の行の入金額や出金額がNULLなのも、それぞれ入金と出金のどちらかしかありえないからなのね。

これまで「0」が入ってた入金額や出金額がNULLになったんだね。ま、似たようなものじゃない？

これまでの家計簿テーブルでも「入金額は発生していない」という意味で0を用いてきましたが、入金額が「0」の場合とNULLの場合では、厳密には次のように意味が異なります。

- 入金額が「0」の場合
  2月3日にコーヒー（食費）を購入。380円を出金し、**入金は0円**だった。
- 入金額がNULLの場合
  2月3日にコーヒー（食費）を購入。380円を出金した（そもそも**入金は無関係**）。

 **NULLとは**

- そこに何も値が格納されていない状態を意味する、特別なもの。
- 数値のゼロや空白文字、長さゼロの文字列とも異なる存在である。
- 格納データが「不明」や「無意味」である状況を示す意図で用いられる。

なお、NULL自体はゼロや空白などの具体的な「値」とは異なる別の存在であるとされていますが、データがNULLである状態を、便宜上、「NULLが格納されている」と表現することがあります。

> そして、条件式でNULLを使うときには注意が必要なの。

　NULLかどうかを判定する目的では、=演算子や<>演算子を利用できません。たとえば、「`SELECT * FROM 家計簿 WHERE 出金額 = NULL`」という記述では、正しく判定されません。
　NULLであることを判定するためには **IS NULL 演算子**、NULLでないことを判定するためには **IS NOT NULL 演算子** を使います。

 NULLの判定

- NULLであることを判定する。
  式 `IS NULL`
- NULLでないことを判定する。
  式 `IS NOT NULL`

リスト3-2　正しいNULLの判定方法

```
SELECT *
  FROM 家計簿
 WHERE 出金額 IS NULL
```
出金額がNULLである行を指定

　NULLであるかの判定をすべきところに通常の比較演算子を使ってしまうという誤りは、SQLを学び始めて間もない頃によくある代表的なミスです。初めのうちは、意識して注意するようにしましょう。

NULL は＝で判定できない！

NULL は = や <> では判定できない。必ず IS NULL や IS NOT NULL を使って条件式を作ること。

**比較演算子の = で NULL かどうかを
判定してはいけない理由 ― 3 値論理**

= などの比較演算子では NULL の判定ができない理由が気になるという人のために、少し踏み込んでしくみを紹介しましょう。

この章では、条件式の結果は常に真 (TRUE) か偽 (FALSE) になると説明しました。しかし SQL の条件式は、これら 2 つ以外にも、UNKNOWN (不明、計算不能) という 3 つ目の結果を持つ **3 値論理**と呼ばれるしくみを採用しています。この UNKNOWN について、次の 2 つのことを理解すると、謎が解けるのではないでしょうか。

(1) = や <> などの通常の比較演算子は、もともと値と値を比較するためのもの。「NULL は値ですらない」ため、通常の値と NULL とを比較すると、不明な結果である UNKNOWN になる。
(2) WHERE 句による絞り込みは、条件式が真 (TRUE) となる行だけが選ばれる。条件式が偽 (FALSE) や UNKNOWN となる行は処理対象にならない。

3.3.3　LIKE 演算子

家計簿テーブルから「1 月」という文字が含まれる行を取り出したいんですけど、良い方法はありませんか？

> それなら、LIKE 演算子を使うといいわ。

　文字列があるパターンに合致しているかをチェックすることを**パターンマッチング**といいます。SQL ではこのパターンマッチングに **LIKE 演算子**を使います。パターンマッチングを行うと、部分一致の検索（たとえば、「1 月」という文字列を一部に含むかどうかの判定）が簡単にできます。

LIKE 演算子によるパターンマッチング

　　　式 `LIKE` パターン文字列

　パターン文字列に用いると特別な意味を持つ文字には、主に次のようなものがあります。

表 3-2　LIKE 演算子に使えるパターン文字

パターン文字	意味
%	任意の 0 文字以上の文字列
_（アンダースコア）	任意の 1 文字

　では実際に LIKE 演算子を使って、家計簿テーブルからメモ列に「1 月」という文字列を含む行を取り出してみましょう。

リスト 3-3　1 月に関連する行を取得する SELECT 文

```
SELECT * FROM 家計簿
  WHERE メモ LIKE '%1月%'
```

「1 月」の前後に任意の 0 文字以上の文字列が付いてもよい

リスト 3-3 の結果表

日付	費目	メモ	入金額	出金額
2022-02-10	給料	1月の給料	280000	0
2022-02-18	水道光熱費	1月の電気代	0	7560

％は 0 文字以上の任意の文字列を意味する記号ですから、「%1月%」は「1月」の前後に 0 文字以上の文字が付いていてもよいこと、つまり「1月」を含む文字列であることを意味します。

同様に、「%1月」は、「1月」で終わる文字列であることを意味し、「1月_」は「1月」で始まり、その後ろに任意の 1 文字がある文字列という意味になります。

％や _ を含む文字列を LIKE で探したい

「100%」という文字で終わるかを判定したい場合のように、％や _ の文字そのものを含む文字列を部分一致検索したいときには、少し工夫が必要です。なぜなら、次のようにそのまま記述すると、％はパターン文字として扱われてしまうからです。

```
/* 「100を含む文字列」という意味になる */
SELECT * FROM 家計簿 WHERE メモ LIKE '%100%'
```

パターン文字列の中で、単なる文字として ％ や _ を使いたい場合、次のように ESCAPE 句（エスケープ）を併用した記述を行います。

```
SELECT * FROM 家計簿 WHERE メモ LIKE '%100$%' ESCAPE '$'
```

ESCAPE 句で指定した文字（上の行では $）はエスケープ文字といい、この文字に続く ％ や _ は、ただの文字として扱われます。

3.3.4 BETWEEN 演算子

BETWEEN 演算子は、ある範囲内に値が収まっているかを判定します。

BETWEEN 演算子による範囲判定

式　BETWEEN 値1 AND 値2

BETWEEN 演算子では、データが「値1以上かつ値2以下」の場合に真になります。データがちょうど値1や値2の場合も真になる点に注意してください。

たとえば、出金額の列が 100 以上 3000 以下の範囲にある行のみを検索するには、次のような SQL 文を記述します（リスト 3-4）。

リスト 3-4　100 ～ 3,000 円の出費を取得する SELECT 文

```sql
SELECT  *
  FROM  家計簿
 WHERE  出金額 BETWEEN 100 AND 3000
```

次節に登場する論理演算子 AND でも同じ判定が可能よ。状況にもよるけど BETWEEN のほうが処理性能が悪いことがあるから、注意してね。

3.3.5　IN ／ NOT IN 演算子

IN 演算子は、カッコ内に列挙した複数の値（値リスト）のいずれかにデータが合致するかを判定する演算子です。＝演算子では、1つの値との比較しかできませんが、IN 演算子を使えば、一度にたくさんの値との比較が可能です。

IN 演算子による複数値との比較

式 IN (値1 , 値2 , 値3 …)

次のリスト 3-5 では、費目の列が「食費」または「交際費」に合致する行のみを検索しています。

リスト 3-5　食費・交際費を取得する SELECT 文

```
SELECT  *
  FROM   家計簿
 WHERE   費目 IN ('食費', '交際費')
```
　　　　　　　　　　　↑ 値リスト

逆に、カッコ内に列挙した値のどれとも合致しないことを判定するには、NOT IN 演算子を使います。次のリスト 3-6 は、費目の列が「食費」でも「交際費」でもない行が抽出対象となります。

リスト 3-6　食費でも交際費でもない行を取得する SELECT 文

```
SELECT  *
  FROM   家計簿
 WHERE   費目 NOT IN ('食費', '交際費')
```

3.3.6　ANY／ALL 演算子

 最後に IN と少し似た演算子を 2 つ紹介しておくわね。とても便利な演算子なのよ。

前項の IN 演算子は、データが複数の値のどれかと「等しいか」を判定することができました。もし、複数の値と「大小」を比較したい場合には、**ANY 演算子**や**ALL 演算子**を利用します。ANY や ALL では、**必ずその直前に比較演算子を付けて**、どのような比較を一度に行うのかを指定します（図 3-3）。

出金額（3000）は IN の右辺の 3000 と一致するので式の値は真

出金額（2500）は ANY の右辺の 3000 より小さいので式の値は真

出金額（1000）は ANY の右辺の 2000 と 3000 より小さいが、1000 より小さくないので式の値は偽

図 3-3　ANY と ALL の違い

ANY ／ ALL 演算子による複数値との比較

- 値リストのそれぞれと比較して、いずれかが真なら真
  - 式　基本比較演算子　ANY（値1，値2，値3…）
- 値リストのそれぞれと比較して、すべて真なら真
  - 式　基本比較演算子　ALL（値1，値2，値3…）

※基本比較演算子とは、「=」「<」「<>」など、表 3-1 (p.83) の 6 つの演算子を指す。

ただし、DBMS によっては、第 II 部で登場する「副問い合わせ」でしか使えないことがありますので注意が必要です。

そういえば、演算子を眺めていて気がついたんだけど、NOT IN と <> ALL って同じ意味になるんじゃない？

　NOT IN 演算子は、右辺に列挙された値のどれとも一致しない場合に真となります。<> ALL も、右辺のどの値とも一致しない場合には、同じく真となります。したがって、湊くんが気づいたように、この 2 つはまったく同じ働きをします。同様に、IN 演算子と = ANY も同じ意味になります。

 同じ意味になる演算子

- NOT IN と <> ALL はどの値とも一致しないことを判定する演算子
- IN と = ANY はいずれかの値と一致することを判定する演算子

それはそうと、ANY や ALL って要るかしら？　普通に比較演算子を使えばいいんじゃない？

　図 3-3（p.91）の ANY や ALL の例を見てみると、これらの演算子の存在価値に疑問を感じるかもしれません。朝香さんが言うように、わざわざ ANY を使って「1000 と 2000 と 3000 のどれかより小さい」という複雑な条件を書かなくても、はじめから「出金額 < 3000」と書けばよいからです。

　実は、この項で紹介した ANY や ALL といった演算子は、単体で利用してもあまりメリットはなく、第 II 部で学習する「計算式」や「副問い合わせ」などの道具と組み合わせてはじめて、その真価を発揮します。この章では、まず ANY や ALL の構文としくみをしっかりとマスターしておいてください。

3.4 複数の条件式を組み合わせる

3.4.1 論理演算子

WHERE句に条件式を記述することは前節で解説したとおりです。しかし1つの条件式ではうまく行を絞り込めない場合、**論理演算子**を用いて、複数の条件式を組み合わせることができます。

代表的な論理演算子には、**AND演算子**（アンド）と**OR演算子**（オア）があります。

 AND演算子とOR演算子

- 2つの条件式の両方が真の場合だけ、真となる（A かつ B）。

    条件式1 AND 条件式2

- 2つの条件式のどちらかが真ならば、真となる（A または B）。

    条件式1 OR 条件式2

たとえば、次のテーブル3-2は、湊くんがお店を調査して、欲しいものをピックアップした買い物リストです。このテーブルについて、販売店Bの「スッキリ勇者クエスト」の価格を6,200円に更新する方法を考えてみましょう。

テーブル3-2　湊くんの買い物リスト

カテゴリ	名称	販売店	価格
ゲーム	スッキリ勇者クエスト	B	7140
ゲーム	スッキリ勇者クエスト	Y	6850
書籍	魔王征伐日記	A	1200
DVD	スッキリわかるマンモスの倒し方	A	5250
DVD	スッキリわかるマンモスの倒し方	B	7140

WHERE 句を使って、「『名称がスッキリ勇者クエスト』かつ『販売店が B』」という条件を指定すれば、目的のデータだけを更新できそうですね。

リスト 3-7　2 つの条件式を組み合わせた WHERE 句

```
UPDATE  湊くんの買い物リスト
   SET  価格 = 6200
 WHERE  名称 = 'スッキリ勇者クエスト'
   AND  販売店 = 'B'
```

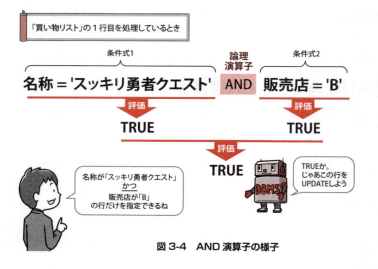

図 3-4　AND 演算子の様子

　図でも紹介しているように、AND と OR は、両辺に条件式を必要とする演算子です。一方、右辺しか必要としない NOT 演算子も存在します。NOT 演算子は、条件式の結果について、真は偽に、偽は真に逆転させる性質を持っています。

 NOT 演算子による真偽値の逆転

　　　NOT 条件式

たとえば、「WHERE NOT 販売店 = 'B'」という記述で、「販売店が B 以外の行」を取り出すことができます。

「WHERE 販売店 <> 'B'」って書くのと同じ意味なのね。

3.4.2 論理演算子の優先度

論理演算子で条件式を組み合わせる際は、演算子が評価される優先順位に注意を払う必要があります。複数の論理演算子が使われている場合では、（1）NOT、（2）AND、（3）OR の優先順位に従って処理されていきます。

特に、AND と OR の優先順位についてはしっかり覚えておきましょう。

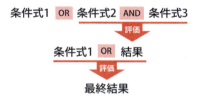

図 3-5　AND と OR の優先順位

たとえば、テーブル 3-2 の買い物リスト（p.93）から「販売店 A か B で売っている、ゲームか DVD」を検索したいとしましょう。このとき、リスト 3-8 を実行すると、意図に反して 2 行目以外のすべての行が返されてしまいます。

リスト 3-8　複数の論理演算子を使った SELECT 文

```
SELECT * FROM 湊くんの買い物リスト
 WHERE 販売店 = 'A'          /* 条件式 1 */
    OR 販売店 = 'B'          /* 条件式 2 */
   AND カテゴリ = 'ゲーム'    /* 条件式 3 */
    OR カテゴリ = 'DVD'      /* 条件式 4 */
```

これは、OR よりも AND の優先順位が高いため、DBMS がまず条件式 2 と 3 を先に評価し、その結果と条件式 1 と 4 を OR で評価してしまったからです。

このような場合は、次のリスト 3-9 のように条件式にカッコを付けることで、その評価の優先順位を引き上げることができます。

リスト 3-9　論理演算子の優先順位を指定する

```
SELECT  *  FROM  湊くんの買い物リスト
  WHERE  (  販売店 = 'A'           /* 条件式 1 */
     OR     販売店 = 'B')          /* 条件式 2 */
    AND  (  カテゴリ = 'ゲーム'     /* 条件式 3 */
     OR     カテゴリ = 'DVD')      /* 条件式 4 */
```

リスト 3-9 の結果表

カテゴリ	名称	販売店	価格
ゲーム	スッキリ勇者クエスト	B	7140
DVD	スッキリわかるマンモスの倒し方	A	5250
DVD	スッキリわかるマンモスの倒し方	B	7140

DBMS は、カッコでくくられた条件式 1 と 2、3 と 4 をそれぞれ OR で処理し、最後にその結果を AND で評価します。これで目的どおり、上の結果表のように「販売店 A か B で売っているゲームか DVD」の行を得ることができます。

 ## カッコによる優先順位の引き上げ

条件式をカッコでくくると、評価の優先順位が上がる。

3.5 主キーとその必要性

3.5.1 思いどおりに削除できない!?

う〜ん……やっぱりダメだ！　どうしても上の行だけを DELETE できない！

あらあら。でも、この家計簿テーブルの作りなら仕方ないわね。

湊くんが悩んでいるのは、テーブル 3-3 のような状態の家計簿テーブルです。

テーブル 3-3　チョコレートの購入が同じ日に 2 回ある家計簿

日付	費目	メモ	入金額	出金額
2022-03-03	食費	チョコレートを購入	0	100
2022-03-03	食費	チョコレートを購入	0	100
2022-03-06	教養娯楽費	月刊 SQL を購入	0	1280

　このテーブルには、3 月 3 日にチョコレートの購入記録が 2 件あります。出勤前にチョコレートを買ったあと、仕事帰りにどうしてもまた同じ商品を食べたくなって買ってしまったのかもしれません。
　ここで、このテーブルの 1 行目だけを削除する方法を考えてみましょう。しかし、いざ DELETE 文を書こうとすると、湊くんのように WHERE 句のところで手が止まってしまうはずです。たとえば、「`DELETE FROM 家計簿 WHERE 日付 = '2022-03-03' AND 出金額 = 100`」としても、1 行目と 2 行目の両方が削除されてしまいます。

> WHEREに「上の行を」って指定したいだけなのよね…。

　紙面では「上の行」「下の行」などと表現することができますが、データとしてはこの2つの行はまったく同じものであり、それぞれを区別する手段がありません。そして、**行を区別できないということは、ある特定の行だけを指定して操作することができない**ことを意味します。

 重複した行がもたらす問題

内容が完全に重複した行が存在すると、そのうちのある行だけを区別、識別することはできない。よって、ある行だけを操作することもできない。

　このような理由から、よほど特殊な状況を除いて、**テーブルの中に重複した行が格納されるようなことは避けるべき**とされています。家計簿テーブルの場合、たとえば、1日に何度もまったく同じ内容の買い物をすると、どうしても重複した行を記録せざるを得ないため、そもそもテーブルの構造自体に問題があるといえます。

3.5.2　特定の行を識別する方法

> 絶対に行が重複しないテーブルならいいんだね。

> そうよ。決して行が重複しないテーブルの例を見てみましょう。

　ここで、ある会社の社員情報を格納している社員テーブルを見てみましょう。

テーブル 3-4　社員テーブル

社員番号	年齢	性別	名前
2003031	45	1	ヨシダ　シゲル
2003032	45	1	ヨシダ　シゲル
2013011	31	1	スガワラ　タクマ
2022001	22	1	ミナト　ユウスケ
2022002	24	2	アサカ　アユミ

　この会社には、「ヨシダ　シゲル」さんという同姓同名で年齢も性別も同じ社員が2名在籍しています。しかし、次のようにして「上の行」のヨシダシゲルさんだけを削除することができます。

リスト 3-10　上のヨシダシゲルさんだけを削除する

```
DELETE FROM 社員
 WHERE 社員番号 = '2003031' /* 社員番号で対象行を特定 */
```

　同姓同名にもかかわらず、削除したい行を正しく識別することができたのは、このテーブルが「社員番号」という列を持っていたおかげです。加えて、この「社員番号」という情報が、次のような特殊な条件を満たすものであることも非常に重要です。

 「社員番号」が備える特殊な性質

- 社員番号を持たない社員は存在しない。
- 同じ社員番号が、異なる社員に割り振られることはない。

 ということは…「社員テーブルで行が重複することはありえない」のね！

社員テーブルにおける社員番号のように、「この値を指定することで、ある1行を完全に特定できる」という役割を担う列のことを、特に**主キー**（primary key）といいます。主キーとなる列は、次のような特性を持っています。

 主キーとなる列が持つべき特性

- 必ず何らかのデータが格納される（NULLではない）。
- ほかの行と値が重複しない。
- 一度決めた値は変化しない。

私たちがデータベースで情報を管理する場合、ある特定の行を削除したり更新したりする操作は頻繁に発生します。従って、あらゆる行をいつでも自由にWHERE句で特定できるためにも、**すべてのテーブルは主キーとなる列を必ず持つべき**なのです。

3.5.3 主キー列を作り出す

でも、家計簿テーブルにはそんな列はないみたい…。

なければ作ってあげればいいのよ。というより、作るべきなの。

社員情報を管理するために社員テーブルを作ろうと考える過程で、「名前」や「性別」などに加えて、「社員番号」という列を作ることも自然に思いつくでしょう。自然に登場し、主キーの役割を果たすことのできる「社員番号」のような列は、**自然キー**（natural key）と呼ばれます。

一方、家計簿テーブルの場合、「日付」「出金額」「入金額」など思いつくままに列を作っていっても、主キーの役割を果たせる列は登場しません。このような場

面では、特定の行を識別可能にするために、**主キーの役割を担う列を無理矢理作ってしまう**ことが一般的です。家計簿テーブルの場合、「1回の入出金行為」それぞれに連番で番号を振り、「入出金ID」のような列として管理します。

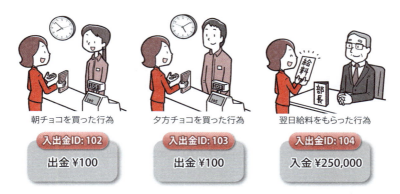

図3-6　入出金行為ごとに番号を振って、管理する

「入出金ID」列のように、管理目的のためだけに人為的に追加された列を、自然キーに対して**人工キー**（artificial key）や**代替キー**（surrogate key）といいます。

実際にテーブルに列を追加する方法は、第Ⅲ部で紹介します。それまでは、主キー列なしの家計簿テーブルを使っていくことにしましょう。

3.5.4　複数の列で行を識別する

これまで解説してきたように、「内容が重複する可能性がある列」は主キーとして利用することはできません。しかし、単独では重複の可能性がある列でも、**複数の列を組み合わせれば重複する可能性が実質的になくなる**場合があります。

次ページ図3-7の場合、氏名、住所、生年月日の3つの列を組み合わせれば主キーとして扱うことが可能です。このように、複数の列を1つの主キーとして扱うものを**複合主キー**（composite key）といいます。

図 3-7 複数列を組み合わせれば、実質的に重複しない

「カッコよくて」、「最高で」、「SQL男子な」湊は、この世にただ1人ってことかな？

もう1つの代替キー

すでにテーブルに自然キーが存在するにも関わらず、管理上の理由などからあえて人工キーの列が追加されることがあります。どちらの列も一意に行を識別できるため主キーの役割を担うことができ、**候補キー**（candidate key）といわれます。

最終的には、どちらかを主キーに選んで行の識別に用います。選ばれなかった候補キーを**代替キー**（alternative key）と呼ぶことがありますが、代替キー（surrogate key、p.101）とは日本語訳が偶然重複したに過ぎず、意味も概念も異なるため注意してください。

3.6 この章のまとめ

3.6.1 この章で学習した内容

WHERE 句
- WHERE 句は、SELECT、UPDATE、DELETE 文で使うことができる。
- WHERE 句に記述した条件式によって、対象データを絞り込むことができる。
- 条件式で真に評価されるデータが処理の対象となる。

演算子
- 条件式にはさまざまな演算子を記述できる。

  比較演算子　：　=、<、>、<=、>=、<>、
  　　　　　　　　IS NULL、LIKE、BETWEEN、IN、ANY、ALL
  論理演算子　：　AND、OR、NOT
- 論理演算子は、NOT、AND、OR の順で優先度が高く、先に評価される。

NULL
- NULL は、値が不明または無意味であるためにデータが格納されていない状態を表す。
- NULL を判定するための条件式では、IS NULL と IS NOT NULL を使用する。「= NULL」では正しく判定できない。

主キー
- 主キーによって、テーブル内の 1 つひとつの行が識別可能になる。
- 主キーとなる列には、重複しない値が必ず格納される必要がある。
- 自然キーが存在しない場合は、人工キーを追加して識別可能にする。
- 複数の列を組み合わせて複合主キーを構成し、行を識別するために用いることができる。

3.6.2 この章でできるようになったこと

3月1日に支払った食費の内容を知りたい。

※ QR コードは、この項のリストすべてに共通です。

```
SELECT * FROM 家計簿
 WHERE 日付 = '2022-03-01' AND 費目 = '食費'
```

支出に関係のない行を取り出したい。

```
SELECT * FROM 家計簿
 WHERE 出金額 IS NULL
```

メモに「購入」を含む支払いを調べたい。

```
SELECT * FROM 家計簿
 WHERE メモ LIKE '%購入%' AND 出金額 > 0
```

住居費(家賃、電気代、水道代)の支払いを調べたい。

```
SELECT * FROM 家計簿
 WHERE 費目 IN ('家賃','電気代','水道代')
```

3月の行だけを取り出したい。

```
SELECT * FROM 家計簿
 WHERE 日付 BETWEEN '2022-03-01' AND '2022-03-31'
```

3.7 練習問題

問題 3-1

ある都市の 1 年間の毎月の気象データを記録した気象観測テーブルがあります。

気象観測テーブルの定義

列名	データ型	備考
月	INTEGER	1〜12 のいずれかの値
降水量	INTEGER	観測データがない場合は NULL
最高気温	INTEGER	観測データがない場合は NULL
最低気温	INTEGER	観測データがない場合は NULL
湿度	INTEGER	観測データがない場合は NULL

このテーブルについて、次のデータを取得する SQL 文を作成してください。

1. 6 月のデータ
2. 6 月以外のデータ
3. 降水量が 100 未満のデータ
4. 降水量が 200 より多いデータ
5. 最高気温が 30 以上のデータ
6. 最低気温が 0 以下のデータ
7. 3 月、5 月、7 月のデータ[※]
8. 3 月、5 月、7 月以外のデータ[※]
9. 降水量が 100 以下で、湿度が 50 より低いデータ
10. 最低気温が 5 未満か、最高気温が 35 より高いデータ
11. 湿度が 60〜79 の範囲にあるデータ[※]
12. 観測データのない列のある月のデータ

※ 7、8、11 については 2 種類の記述方法があります。

第 I 部　SQL を始めよう

問題 3-2

　問題 2-3（p.73）で用いた都道府県テーブルについて、次のデータを取得する
SQL 文を作成してください。

1. 都道府県名が「川」で終わる都道府県名
2. 都道府県名に「島」が含まれる都道府県名
3. 都道府県名が「愛」で始まる都道府県名
4. 都道府県名と県庁所在地が一致するデータ
5. 都道府県名と県庁所在地が一致しないデータ

問題 3-3

　学生ごとに各科目の成績を登録する成績表テーブルがあります。

　このテーブルについて、以下の 1 ～ 6 の設問で指示された動作をする SQL 文
を作成してください。なお、作成する SQL 文は、設問 1 ～ 6 を順に実行するこ
とを前提とします。

成績表テーブルの定義

列名	データ型	備考
学籍番号	CHAR(4)	学生の学籍番号
学生名	VARCHAR(20)	学生の名前
法学	INTEGER	法学の点数
経済学	INTEGER	経済学の点数
哲学	INTEGER	哲学の点数
情報理論	INTEGER	情報理論の点数
外国語	INTEGER	外国語の点数
総合成績	CHAR(1)	総合評価

1. 登録されている全データを取得し、テーブルの内容を確認する。
2. 次ページの表にある学生の成績データを追加する。

106

第3章　操作する行の絞り込み

学籍番号	学生名	法学	経済学	哲学	情報理論	外国語	総合成績
S001	織田　信長	77	55	80	75	93	(NULL)
A002	豊臣　秀吉	64	69	70	0	59	(NULL)
E003	徳川　家康	80	83	85	90	79	(NULL)

3. 2で登録した学籍番号 S001 の学生の法学を 85、哲学を 67 に修正する。

4. 2で登録した学籍番号 A002 の学生と学籍番号 E003 の学生の外国語を 81 に修正する。

5. 次のルールで総合成績を更新する (4 つのルールごとに SQL 文を作成する)。なお、ルールは (1) から順に適用されるものとする。

　(1) 全科目が 80 以上の学生は「A」とする。

　(2) 法学と外国語のどちらかが 80 以上、かつ経済学と哲学のどちらかが 80 以上の学生は「B」とする。

　(3) 全科目が 50 未満の学生は「D」とする。

　(4) それ以外の学生を「C」とする。

6. いずれかの科目に 0 がある学生を、成績表テーブルから削除する。

問題 3-4 ···

　問題 3-1 の気象観測テーブル、問題 3-2 の都道府県テーブル、問題 3-3 の成績表テーブルについて、主キーにふさわしい列名をそれぞれ回答してください。

1. 気象観測テーブル　（　　　　　　　　　　）

2. 都道府県テーブル　（　　　　　　　　　　）

3. 成績表テーブル　　（　　　　　　　　　　）

3.8 練習問題の解答

問題 3-1 の解答

```
1.  SELECT * FROM 気象観測 WHERE 月 = 6
2.  SELECT * FROM 気象観測 WHERE 月 <> 6
3.  SELECT * FROM 気象観測 WHERE 降水量 < 100
4.  SELECT * FROM 気象観測 WHERE 降水量 > 200
5.  SELECT * FROM 気象観測 WHERE 最高気温 >= 30
6.  SELECT * FROM 気象観測 WHERE 最低気温 <= 0
7.  /* IN を使う場合 */
    SELECT * FROM 気象観測 WHERE 月 IN (3, 5, 7)
    /* OR を使う場合 */
    SELECT * FROM 気象観測
      WHERE 月 = 3 OR 月 = 5 OR 月 = 7
8.  /* NOT IN を使う場合 */
    SELECT * FROM 気象観測 WHERE 月 NOT IN (3, 5, 7)
    /* AND を使う場合 */
    SELECT * FROM 気象観測
      WHERE 月 <> 3 AND 月 <> 5 AND 月 <> 7
9.  SELECT * FROM 気象観測
      WHERE 降水量 <= 100 AND 湿度 < 50
10. SELECT * FROM 気象観測
      WHERE 最低気温 < 5 OR 最高気温 > 35
11. /* BETWEEN を使う場合 */
    SELECT * FROM 気象観測
      WHERE 湿度 BETWEEN 60 AND 79
    /* AND を使う場合 */
    SELECT * FROM 気象観測
```

```
            WHERE 湿度 >= 60 AND 湿度 <= 79
12. SELECT * FROM 気象観測
        WHERE 降水量 IS NULL OR 最高気温 IS NULL
            OR 最低気温 IS NULL OR 湿度 IS NULL
```

問題 3-2 の解答

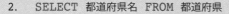

```
1.  SELECT 都道府県名 FROM 都道府県
        WHERE 都道府県名 LIKE '%川'
2.  SELECT 都道府県名 FROM 都道府県
        WHERE 都道府県名 LIKE '%島%'
3.  SELECT 都道府県名 FROM 都道府県
        WHERE 都道府県名 LIKE '愛%'
4.  SELECT * FROM 都道府県
        WHERE 都道府県名 = 県庁所在地
5.  SELECT * FROM 都道府県
        WHERE 都道府県名 <> 県庁所在地
```

問題 3-3 の解答

```
1.  SELECT * FROM 成績表
2.  /* 学籍番号 S001 の学生 */
    INSERT INTO 成績表
    VALUES ('S001', '織田 信長', 77, 55, 80, 75, 93, NULL);
    /* 学籍番号 A002 の学生 */
    INSERT INTO 成績表
    VALUES ('A002', '豊臣 秀吉', 64, 69, 70, 0, 59, NULL);
    /* 学籍番号 E003 の学生 */
    INSERT INTO 成績表
    VALUES ('E003', '徳川 家康', 80, 83, 85, 90, 79, NULL);
```

第 I 部　SQL を始めよう

```
3.  UPDATE  成績表 SET  法学 = 85, 哲学 = 67
      WHERE  学籍番号 = 'S001'

4.  UPDATE  成績表 SET  外国語 = 81
      WHERE  学籍番号 IN ('A002', 'E003')

5. (1) UPDATE  成績表 SET  総合成績 = 'A'
          WHERE  法学 >= 80 AND 経済学 >= 80 AND 哲学 >= 80
            AND  情報理論 >= 80 AND 外国語 >= 80

   (2) UPDATE  成績表 SET  総合成績 = 'B'
          WHERE  (法学 >= 80 OR 外国語 >= 80)
            AND  (経済学 >= 80 OR 哲学 >= 80)
            AND  総合成績 IS NULL

   (3) UPDATE  成績表 SET  総合成績 = 'D'
          WHERE  法学 < 50 AND 経済学 < 50 AND 哲学 < 50
            AND  情報理論 < 50 AND 外国語 < 50
            AND  総合成績 IS NULL

   (4) UPDATE  成績表 SET  総合成績 = 'C'
          WHERE  総合成績 IS NULL

6.  DELETE  FROM  成績表
      WHERE  法学 = 0
         OR  経済学 = 0
         OR  哲学 = 0
         OR  情報理論 = 0
         OR  外国語 = 0
```

問題 3-4 の解答 ··

1. 月　　2. コード　　3. 学籍番号

第4章

検索結果の加工

これまでの章で、SELECT 文は抽出の対象である選択列リスト、
抽出元である FROM 句、抽出の条件である WHERE 句から
成り立っていることを紹介しました。
さらに SELECT 文には、検索した結果を加工し、
目的に合わせて整形する指示を加えることもできます。
この章では SELECT 文にスポットを当て、
その多様な修飾方法を見ていきます。

CONTENTS

4.1 検索結果の加工
4.2 DISTINCT －重複行を除外する
4.3 ORDER BY －結果を並び替える
4.4 OFFSET - FETCH －行数を限定して取得する
4.5 集合演算子
4.6 この章のまとめ
4.7 練習問題
4.8 練習問題の解答

4.1 検索結果の加工

4.1.1 SELECT 文だけに可能な修飾

　私たちは、第2章でSQLの4大命令に関する構文の全体像（図2-4）を学びました。とても重要なことなので、もう一度ここで確認しておきましょう。

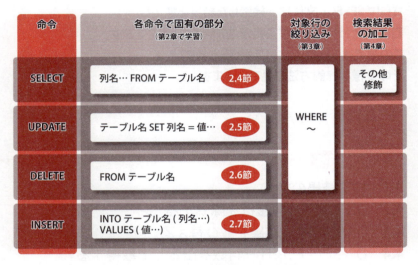

図4-1　SQLの体系図（図2-4の再掲）

　前章では、INSERT文以外の命令に共通して利用可能なWHERE句について学びました。そして第I部最後となるこの章では、さらにSELECT文にだけ付けることのできる修飾について紹介していきます。

SELECTにしか付けられない修飾って、いったいどんなものがあるのかな？

第4章 検索結果の加工

検索結果を加工するために便利なものがいろいろと揃っているのよ。

　これから紹介する SELECT 文専用の修飾は、大きく捉えれば、どれも「SELECT 文によって得られた検索結果をさまざまな形に加工するためのもの」です。

　多くの DBMS では、SELECT による検索とともに、検索結果に対する加工の指示も可能です。SELECT による結果を得るまでの過程は、図 4-2 のような 2 段階の処理を考えるとイメージしやすいでしょう。

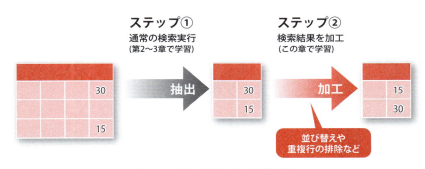

図 4-2　SELECT による 2 段階処理

　次節からは、次の表 4-1 に挙げた 6 つの修飾語を順に紹介していきます。

表 4-1　検索結果を加工する主なキーワード

キーワード	内容	解説
DISTINCT	検索結果から重複行を除外する	4.2 節
ORDER BY	検索結果の順序を並べ替える	4.3 節
OFFSET - FETCH	検索結果から件数を限定して取得する	4.4 節
UNION	検索結果にほかの検索結果を足し合わせる	4.5 節
EXCEPT	検索結果からほかの検索結果を差し引く	
INTERSECT	検索結果とほかの検索結果で重複する部分を取得する	

4.2 DISTINCT ― 重複行を除外する

4.2.1 値の一覧を得る

DISTINCT（ディスティンクト）キーワードを SELECT 文の選択リストの前に記述すると、結果表の中で内容が重複している行があれば、その重複を取り除いてくれます。

 重複行を除外する

```
SELECT DISTINCT 列名…
    FROM テーブル名
```

たとえば、家計簿テーブルから入金額の列のみを抽出する場合、DISTINCT を付けるか付けないかで検索結果が変わってきます（リスト 4-1、リスト 4-2）。

リスト 4-1　DISTINCT なし

```
SELECT 入金額 FROM 家計簿
```

リスト 4-2　DISTINCT あり

```
SELECT DISTINCT 入金額
    FROM 家計簿
```

リスト 4-1 の結果表

入金額
0
280000
0
0
0

リスト 4-2 の結果表

入金額
0
280000

第 4 章 検索結果の加工

DISTINCT の機能はわかったけど、これっていったい何の役に立つんだろう？

　DISTINCT は、データの種類を取得したい場合に役立ちます。たとえば、家計簿テーブルの費目には、「食費」「水道光熱費」「給料」などの支出の記録が何度も登場することが考えられます。このとき、DISTINCT を使って重複した費目を取り除くことで、どのような種類の支出があったかを一覧で抽出できます（リスト4-3、図 4-3）。

リスト 4-3　費目一覧の取得

```
SELECT DISTINCT 費目 FROM 家計簿
```

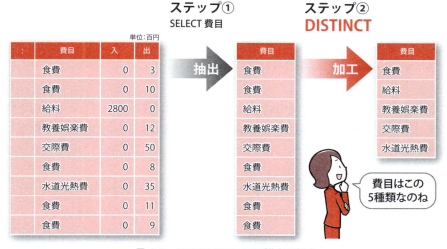

図 4-3　DISTINCT による重複行の排除

　なお、この DISTINCT 修飾は、ほかの修飾キーワードと異なり、SELECT 文の最初に記述する必要がありますので注意してください。

115

4.3 ORDER BY — 結果を並べ替える

4.3.1 並び替えの基本

SELECT 文の最後に **ORDER BY 句**を記述すると、指定した列の値を基準として並び替えた検索結果を取得することができます。

 検索結果を並べ替える

SELECT 列名… FROM テーブル名
 ORDER BY 列名 並び順

※並び順は、**ASC** または **DESC**（省略すると ASC と同じ意味になる）。

ORDER BY 句は SELECT 文の最後に、並び替えの基準とする列名と並び順を指定します。並び順は、昇順にする場合は **ASC**、降順にする場合は **DESC** を指定します。ただし、ORDER BY 句の初期値は昇順ですので、並び順の指定を省略すると、昇順で並び替えられます。

なお、ORDER BY 句に文字列を指定すると、DBMS に設定された**照合順序**（文字コード順、アルファベット順など）を基準として並べ替えられます。

それでは、家計簿テーブルで実際に並び替えをしてみましょう。リスト 4-4 は出金額を昇順で、リスト 4-5 は日付を降順で並べ替えた例です。

リスト 4-4　出金額で昇順となるよう並べ替えて取得する

```
SELECT * FROM 家計簿
 ORDER BY 出金額
```

リスト 4-4 の結果表

日付	費目	メモ	入金額	出金額
2022-02-10	給料	1月の給料	280000	0
2022-02-03	食費	コーヒーを購入	0	380
2022-02-11	教養娯楽費	書籍を購入	0	2800
2022-02-14	交際費	同期会の会費	0	5000
2022-02-18	水道光熱費	1月の電気代	0	7560

リスト 4-5　日付で降順となるよう並べ替えて取得する

```
SELECT * FROM 家計簿
 ORDER BY 日付 DESC
```

リスト 4-5 の結果表

日付	費目	メモ	入金額	出金額
2022-02-18	水道光熱費	1月の電気代	0	7560
2022-02-14	交際費	同期会の会費	0	5000
2022-02-11	教養娯楽費	書籍を購入	0	2800
2022-02-10	給料	1月の給料	280000	0
2022-02-03	食費	コーヒーを購入	0	380

お買い物サイトの「売れ筋ランキング」表示なんかも、きっと内部では ORDER BY を使ってるのね。

4.3.2　複数の列を基準にした並び替え

　ORDER BY 句による並び替えの際、複数の列をカンマで区切って指定することができます。このような指定を行うと、最初に指定された列で並べ替えて同じ値が複数行あれば、次に指定された列で並び替えが行われます。

　たとえば、「原則として入金額の降順で並べ替える。入金額が等しい行につい

ては、さらに出金額の降順で並べ替える」という指定をするには、リスト 4-6 のような SQL 文を記述します。

リスト 4-6　複数の列で並べ替える

```
SELECT * FROM 家計簿
 ORDER BY 入金額 DESC, 出金額 DESC
```

リスト 4-6 の結果表

日付	費目	メモ	入金額	出金額
2022-02-10	給料	1月の給料	280000	0
2022-02-18	水道光熱費	1月の電気代	0	7560
2022-02-14	交際費	同期会の会費	0	5000
2022-02-11	教養娯楽費	書籍を購入	0	2800
2022-02-03	食費	コーヒーを購入	0	380

　この例のように、ORDER BY 句に列挙した列それぞれに対して、昇順で並べるか降順で並べるかを指定することができます。

4.3.3　列番号を指定した並び替え

　また、ORDER BY 句では、並び替えの基準とする列を列名ではなく列番号で指定することも可能です。列番号とは、選択列リストにおける列の順番のことで、SELECT 命令に記述した順に 1 から数えます。さきほどのリスト 4-6 を列番号で書き換えてみましょう。

リスト 4-7　列番号を指定する ORDER BY 句

```
SELECT * FROM 家計簿
 ORDER BY 4 DESC, 5 DESC
```

　このように、テーブルの全列を指定する「*」（アスタリスク）を選択列リストに

使った場合も、実際に取得の対象となる列に置き換えた列番号を指定します。

ORDER BY 句における列指定に列番号を用いる場合、**SELECT 文の選択列リストの記述を修正すると並び替えの結果にも影響が及ぶ**点には注意が必要です（図4-4）。

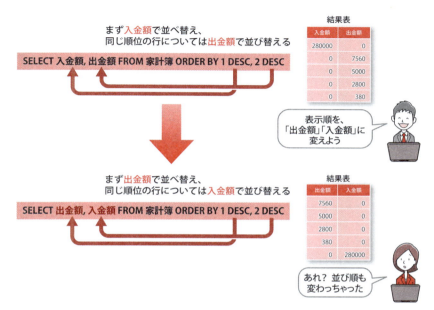

図 4-4　列番号指定による副作用

このような落とし穴もあることから、列番号による指定を用いる機会はあまり多くはありません。ただ、後述する UNION などの集合演算子を使う場合は、単純な列名指定が行えないという制約があるため、列番号での指定を用いることもあります。

これで出費ランキングとか作れるようになったね！

そうね、並び替えができるようになると、目的に応じた見やすい結果表を作りやすくなるわね。

4.3.4 ORDER BY を付けないと…

ところで、ORDER BY を付けないで SELECT すると、どんな順序で返ってくると思う？

そういえばあんまり意識したことありませんでした。これまでの家計簿テーブルは日付順になっていたような…。

　本書に結果表として掲載している家計簿テーブルは、基本的に日付順に並べて紹介しています。これは、内容を把握しやすいようにあえてそのような見せ方をしているだけで、必ずしも毎回この順序で結果が表示されるとは限りません。

えっ…。でも、実行結果はいつも同じ順番だったよ。

　湊くんのように、これまで実行してきた SELECT 文の結果表の並び順が「いつも同じだった」という人もいるでしょう。しかしそれはただの偶然でしかありません。

　ORDER BY 句を伴わない場合、DBMS はどのような順序で行を返すか保証していません。同じ SELECT 文でも実行のたびに結果表に含まれる行の順序が変わることもありえるため、「必ずこの順番で並べた結果がほしい」という場面では、ORDER BY 句を忘れずに記述するようにしましょう。

ORDER BY 句を付けないと順序保証されない

ORDER BY 句を付けない SELECT 文では、結果表の各行の並び順は、実質的に「ランダム」である。

ORDER BY 句を指定する場合でも、結果が「同じ順位」になる行は順序保証がなくなっちゃうから気をつけてね。

4.4 OFFSET - FETCH ── 行数を限定して取得する

4.4.1 一部の行だけを得る

ORDER BY は便利だけど、トップ5とかトップ3みたいに、見たいところだけ取得できたらもっと便利なんだけど。

　検索結果の全行ではなく、並べ替えた結果の一部の行だけを得られればよいケースもあります。そのような場合、ORDER BY 句に続けて **OFFSET - FETCH 句**（オフセット　フェッチ）を付けることによって簡単に実現できます。

行数を限定して取得する

```
SELECT 列名… FROM テーブル名
  ORDER BY 列名…
OFFSET 先頭から除外する行数 ROWS
 FETCH NEXT 取得行数 ROWS ONLY
```

※ MySQL、MariaDB（10.6 未満）、PostgreSQL、SQLite ではサポートされない。リスト 4-10 を参照。

　OFFSET 句には、先頭から除外したい行数を記述します。除外せずに 1 件目から取得したい場合には 0 を指定するか、DBMS によっては OFFSET 句自体を省略できます。FETCH 句には、取得したい行数を指定します。FETCH 句を省略すると、該当するすべての行が抽出されます。
　たとえば、結果の 11 〜 15 番目の行だけを取得したい場合は、OFFSET 句に 10、FETCH 句に 5 を指定することになります。

家計簿テーブルを例に、2つの使い方を見てみましょう。リスト4-8とリスト4-9を見てください。

リスト4-8　出金額の高い順に3件を取得する

```
SELECT 費目, 出金額 FROM 家計簿
  ORDER BY 出金額 DESC
  OFFSET 0 ROWS
  FETCH NEXT 3 ROWS ONLY
```

リスト4-8の結果表

費目	出金額
水道光熱費	7560
交際費	5000
教養娯楽費	2800

リスト4-9　3番目に高い出金額だけを取得する

```
SELECT 費目, 出金額 FROM 家計簿
  ORDER BY 出金額 DESC
  OFFSET 2 ROWS
  FETCH NEXT 1 ROWS ONLY
```

リスト4-9の結果表

費目	出金額
教養娯楽費	2800

　このように、OFFSET - FETCH句は、通常ORDER BY句と併用される機能ですが、SQL Serverを除き、OFFSET - FETCH句だけでも使用することが可能です。ただしその場合は、どのような並び順で返ってくるかは実行してみるまでわかりません（4.3.4項）。

　なお、OFFSET - FETCH句に対応していないDBMSも存在します。各製品の

OFFSET - FETCH 句を用いずに、行数を限定して取得する方法をリスト 4-10 に示します。これらはいずれもリスト 4-8 と同等の動きをします。

リスト 4-10　取得行数を限定する別の方法

```
-- LIMIT の利用
-- (MySQL、MariaDB、PostgreSQL、SQLite、H2 Database)
SELECT 費目, 出金額 FROM 家計簿
 ORDER BY 出金額 DESC LIMIT 3
```
→ LIMIT 部分に注釈：**OFFSET で除外する行数を指定することも可能**

```
-- ROW_NUMBER() の利用 (SQLite を除く)
SELECT K.費目, K.出金額
  FROM (
    SELECT *,
           ROW_NUMBER() OVER (ORDER BY 出金額 DESC) RN
      FROM 家計簿
  ) K
 WHERE K.RN >= 1 AND K.RN <= 3
```
→ ROW_NUMBER() 部分に注釈：**指定条件での順序を返す命令**

```
-- ROWNUM の利用 (Oracle DB)
SELECT 費目, 出金額
  FROM (
    SELECT K.*, ROWNUM AS RN
      FROM (
        SELECT * FROM 家計簿
         ORDER BY 出金額 DESC
      ) K
  )
 WHERE RN >= 1 AND RN <= 3
```
→ ROWNUM 部分に注釈：**結果表の行番号を表す予約語**

```
-- TOP の利用 (SQL Server)
SELECT TOP(3) 費目, 出金額 FROM 家計簿 ORDER BY 出金額 DESC
```

4.5 集合演算子

4.5.1 集合演算子とは

家計簿 DB をずっと使えるように、家計簿テーブルを 2 つに分割してみたんです。

　データベースを長期間利用していると、テーブルに格納する行数が膨大になり、処理が遅くなってしまう恐れがあります。そこで朝香さんは、これまで家計簿テーブルに格納してきたデータを 2 つのテーブルに分けて管理することにしたようです。前月までのデータはすべて「家計簿アーカイブ」（次ページのテーブル 4-1）という別のテーブルに移し、家計簿テーブル（同、テーブル 4-2）には常に今月のデータだけを格納するようにします（図 4-5）。

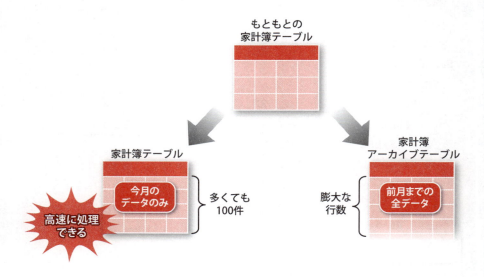

図 4-5　テーブル分割による処理効率の改善

第4章 検索結果の加工

テーブル 4-1 家計簿アーカイブテーブル

日付	費目	メモ	入金額	出金額
2021-12-10	給料	11月の給料	280000	0
2021-12-18	水道光熱費	水道代	0	4200
2021-12-24	食費	レストランみやび	0	5000
2021-12-25	居住費	1月の家賃支払い	0	80000
2022-01-10	給料	12月の給料	280000	0
2022-01-13	教養娯楽費	スッキリシネマズ	0	1800
2022-01-13	食費	新年会	0	5000
2022-01-25	居住費	2月の家賃支払い	0	80000

テーブル 4-2 家計簿テーブル

日付	費目	メモ	入金額	出金額
2022-02-03	食費	コーヒーを購入	0	380
2022-02-10	給料	1月の給料	280000	0
2022-02-11	教養娯楽費	書籍を購入	0	2800
2022-02-14	交際費	同期会の会費	0	5000
2022-02-18	水道光熱費	1月の電気代	0	7560

でも、これまでの全データを表示したいときは、両方のテーブルを SELECT しないといけないから面倒かも…。

　朝香さんの言うとおり、すべてのデータを見るために、家計簿テーブルと家計簿アーカイブテーブルに対して都合2回も同じ SELECT 文を実行しなければならないとすると、確かに少し面倒です。
　そこで、今回のように、構造がよく似た複数のテーブルに SELECT 文をそれぞれ送り、その結果を組み合わせたい場合は、**集合演算子**を活用して1つの SQL 文で目的を達成することができます。
　集合演算とは、SELECT 命令によって抽出した結果表を1つのデータの集合と捉え、その結果同士を足し合わせたり、共通部分を探したりというような演算を行ってくれるしくみです。SQL では、次ページの図 4-6 に挙げた3つの集合演算を利用することができます。

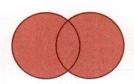 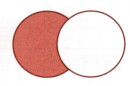 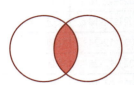

和集合
2つの検索結果を
足し合わせたもの

差集合
最初の検索結果から
次の検索結果と重複する
部分を取り除いたもの

積集合
2つの検索結果で
重複するもの

※ Oracle DB では EXCEPT の代わりに MINUS を利用。

図 4-6　代表的な 3 つの集合演算

4.5.2　UNION − 和集合を求める

UNION 演算子は、最も代表的な集合演算子です。2 つの SELECT 文を UNION でつないで記述すると、それぞれの検索結果を足し合わせた結果（和集合）が返されます（図 4-7）。

📖 2 つの SELECT 文の結果を足し合わせる

```
SELECT 文1
UNION (ALL)
SELECT 文2
```

また、和集合の結果に重複行があった場合の動作として、UNION 単独では重複行を 1 行にまとめるのに対し、UNION ALL では重複行をまとめずにすべてそのまま返します。

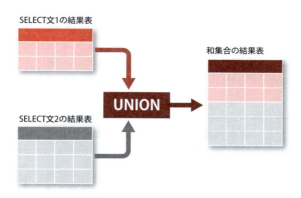

図 4-7　UNION による検索結果の和集合が求められる様子

　それでは、家計簿テーブル（テーブル 4-1）と家計簿アーカイブテーブル（テーブル 4-2）を例に、実際に動作を確認してみましょう。

リスト 4-11　和集合を取得する

```
SELECT  費目, 入金額, 出金額 FROM 家計簿
UNION
SELECT  費目, 入金額, 出金額 FROM 家計簿アーカイブ
 ORDER BY 2, 3, 1
```

リスト 4-11 の結果表

費目	入金額	出金額
食費	0	380
教養娯楽費	0	1800
教養娯楽費	0	2800
水道光熱費	0	4200
交際費	0	5000
食費	0	5000
水道光熱費	0	7560
居住費	0	80000
給料	280000	0

集合演算は、選択列リストに記述した列の組み合わせで処理されます。リスト4-11の例では、家計簿テーブルと家計簿アーカイブテーブルにあるすべての行が抽出され、1つの結果表として返ってきました。また、ALLキーワードが付いていないため、重複した居住費などの行は、1行だけになっています。

ただし、集合演算子を使うためには条件があるのよ。

集合演算子は、複数の検索結果を1つの結果表として返してくれるものですが、それぞれの検索結果の列数が異なったり、データ型がバラバラだったりすると、DBMSは1つの結果表にまとめることができません。そのため、それぞれのテーブルの列数とデータ型をぴったりと一致させておく必要があります。

 集合演算子を使える条件

SELECTの結果を集合演算子でまとめるときは、選択列リストの列数とそれぞれのデータ型が一致していなければならない。

つまり、列数とデータ型さえ一致していれば、格納しているデータがまったく異なるテーブルや列でもひとまとめにして抽出することができます。

また、1つのテーブルに格納されたデータを複数の異なる条件で抽出したい場合にもUNIONは活用できます。それぞれのWHERE条件を記述したSELECT文を用意し、UNIONで1つのSQL文としてまとめることで、SQLの実行回数を抑えることが可能になります。

1つの集合演算子がまとめることのできる検索結果は2つだけですが、さらに別の集合演算子を記述すれば、3つ以上の検索結果について集合演算が可能です。その場合は、UNIONだけでなく、後述するほかの種類の集合演算子を組み合わせることもできます。

なお、集合演算子を使ったSQL文でORDER BY句による並び替えをする場合には、次の点に注意してください。

第 4 章　検索結果の加工

集合演算子で ORDER BY 句を使うときの注意点

- ORDER BY 句は最後の SELECT 文に記述する。
- 列番号以外による指定（列名や AS による別名）の場合、1 つめの SELECT 文に記述したものを指定する。

列数が一致しない SELECT 文をつなげるテクニック

選択列リストの数が合わない SELECT 文に対してどうしても集合演算子を使いたい場合は、列数が足りないほうの選択列リストに NULL やその他のリテラルを追加することで、列の数を一致させることができます。

4.5.3　EXCEPT ／ MINUS − 差集合を求める

差集合は、ある集合と別の集合の差です。ある SELECT 文の検索結果に存在する行から、別の SELECT 文の検索結果に存在する行を差し引いた集合となります。差集合を得るには、EXCEPT 演算子（エクセプト）を用います。

2 つの SELECT 文の結果の差を得る

```
SELECT 文1
EXCEPT (ALL)
SELECT 文2
```

なお、Oracle DBではEXCEPTの代わりに MINUS(マイナス) というキーワードを用います。また、EXCEPT ALLは、重複した行を1行にまとめずにそのまま返します。

差集合を求める場合は、SELECT文を記述する順番に注意が必要です。前項で紹介した和集合は、各集合に存在するすべての要素の集合なので、A UNION Bでも、B UNION Aでも、結果に影響はありません。しかし差集合は、どの集合を基準とするかによって結果が変わってきます。これは、1＋2と2＋1の結果は同じでも1－2と2－1の結果は異なるのと同様です。

具体的な例で確認してみましょう。次のSQL文で求められるものは何かしら？

リスト 4-12　差集合を取得する

```
SELECT 費目 FROM 家計簿
EXCEPT
SELECT 費目 FROM 家計簿アーカイブ
```

ええっと、今月の家計簿にある費目から、過去の家計簿にある費目を差し引くから…。

リスト 4-12 の結果表

費目
交際費

リスト 4-12 は、家計簿アーカイブテーブル（先月までのデータ）には存在せず、家計簿テーブル（今月のデータ）には存在する費目、つまり「今月初めて登場した費目」を取得するSQL文です。家計簿テーブルの費目の列に着目して、家計簿アーカイブテーブルに登場している居住費や給料などの行を除いた結果、交際費の行のみが取り出されました。

なお、EXCEPTとMINUSも、前項で紹介した「集合演算子を使える条件」(p.128)

を満たす必要があります。ORDER BY 句を使うときの注意点も同様です。

4.5.4 INTERSECT – 積集合を求める

INTERSECT 演算子で求めることができる積集合とは、2 つの SELECT 文に共通する行を集めた集合です。SQL で積集合を求めるには、次のように記述します。

積集合を求める

```
SELECT 文1
INTERSECT (ALL)
SELECT 文2
```

積集合は和集合と同じく、どの順番で SELECT 文を記述しても結果は変わりません。また、INTERSECT に ALL キーワードを付けると、積集合から重複した行をまとめずにそのまま返します。

リスト 4-13 積集合を取得する

```
SELECT 費目 FROM 家計簿
INTERSECT
SELECT 費目 FROM 家計簿アーカイブ
```

リスト 4-13 の結果表

費目
食費
給料
教養娯楽費
水道光熱費

131

リスト 4-13 は、家計簿テーブルと家計簿アーカイブの両方にある費目を取得するSQL文です。どちらのテーブルにも共通して存在する、4つの費目が積集合として取り出されました。

なお、INTERSECTも、集合演算が使える条件を満たす必要があります。ORDER BY句の使い方も同様です。

ここまでで、SQLの基礎は終了よ。SQLをマスターするには、何より自分の手を動かして実際に実行してみることが大切なの。第Ⅰ部の内容をしっかりマスターするためにも、第Ⅱ部に進む前に、章末問題やdokoQLを利用して、ぜひたくさんのSQL文を書いて、実行してみてね。

はい！

DBMSにとって並び替えは大仕事

　SELECT文の最後にくっつけるだけで検索結果を並べ替えてくれるORDER BY句はとても便利な機能です。しかし、この並び替えという処理は、DBMSにとってはかなり負荷のかかる作業であることをぜひ頭の片隅に置いておいてください。

　性能上のボトルネックになることを防ぐため、通常は第Ⅲ部で紹介するインデックスを併用しますが、一時的に大量のメモリが消費される可能性もあります。

　また、DISTINCTやUNIONも内部的には並び替えを行っていることがあります。同様に大量のメモリが消費される可能性があるため、乱用は控えましょう。

4.6 この章のまとめ

4.6.1 この章で学習した内容

検索結果の加工
- SELECT 文で取得したデータは、以下のようなさまざまな形に加工できる。

加工内容	キーワード
重複行を除外する	DISTINCT
結果を並び替える	ORDER BY
行を限定して取得する	OFFSET - FETCH
結果を集合演算する	UNION、EXCEPT/MINUS、INTERSECT

- DBMS によって、使うことのできる機能やキーワードが異なる場合がある。

集合演算子
- 集合演算子は、複数の SELECT 文の結果を使って集合演算を行う。
- UNION は和集合、EXCEPT と MINUS は差集合、INTERSECT は積集合を求める。
- 集合演算子を用いるには、列数とデータ型を一致させる必要がある。
- 集合演算子と ORDER BY 句を併用する際の制限に注意する。

4.6.2 家計簿 DB でできるようになったこと

これまでに使った費目一覧を、重複を除外して作りたい。

※ QR コードは、この項のリストすべてに共通です。

```
SELECT DISTINCT 費目 FROM 家計簿
```

3月に使った金額を大きい順に取り出したい。

```
SELECT * FROM 家計簿
  WHERE 日付 >= '2022-03-01'
    AND 日付 <= '2022-03-31'
  ORDER BY 出金額 DESC
```

これまでの給料を大きい順に5件だけ取り出したい。

```
SELECT * FROM 家計簿アーカイブ
 WHERE 費目 = '給料' ORDER BY 入金額 DESC
OFFSET 0 ROWS FETCH NEXT 5 ROWS ONLY
```

家計簿と、アーカイブにある2月のデータをまとめて日付順に取り出したい。

```
SELECT * FROM 家計簿
UNION
SELECT * FROM 家計簿アーカイブ
  WHERE 日付 >= '2022-02-01'
    AND 日付 <= '2022-02-28'
  ORDER BY 1
```

今月初めて発生した費目を知りたい。

```
SELECT 費目 FROM 家計簿
EXCEPT
SELECT 費目 FROM 家計簿アーカイブ
```

4.7 練習問題

問題 4-1

あるカフェの注文状況を記録している注文履歴テーブルがあります。

注文履歴テーブル

列名	データ型	備考
日付	DATE	
注文番号	INTEGER	注文順に振られた連番（主キー）
注文枝番	INTEGER	注文ごとの明細番号（主キー）
商品名	VARCHAR (50)	
分類	CHAR (1)	1: ドリンク　2: フード　3: その他
サイズ	CHAR (1)	S、M、L（ドリンクのみ）X: サイズなし（ドリンク以外）
単価	INTEGER	
数量	INTEGER	
注文金額	INTEGER	

次のデータを取得するための SQL 文を作成してください。

1. 注文順かつその明細順に、すべての注文データを取得する。
2. 2022 年 1 月に注文のあった商品名の一覧を商品名順に取得する。
3. ドリンクの商品を対象に、注文金額の低いほうから 2～4 番目の注文の注文番号と注文枝番、注文金額を取得する。
4. その他の商品について、2 つ以上同時に購入された商品を取得し、日付、商品名、単価、数量、注文金額を購入日順に表示する。ただし、同日に売り上げたものは、数量の多い順に表示する。
5. 商品の分類ごとに、分類、商品名、サイズ、単価を 1 つの表として取得する。また、サイズはドリンクの商品についてのみ表示し、分類と商品名順に並べること。

第Ⅰ部　SQL を始めよう

問題 4-2 ···

　－ 10 ～ 10 の範囲にある自然数、整数、奇数、偶数がそれぞれ登録されてい
る 4 つのテーブルがあります。すべてのテーブルの列は共通で次のようになっ
ています。

自然数テーブル、整数テーブル、奇数テーブル、偶数テーブル（共通）

列名	データ型	備考
値	INTEGER	テーブル名に応じた－ 10 ～ 10 の値

　4 つのテーブルから 2 つを選び、集合演算子によって組み合わせて、以下の設
問に沿った値を取得する SQL 文を作成し、実行してください。

1. 和集合の結果、整数テーブルと等しくなる
2. 差集合の結果、奇数テーブルと等しくなる
3. 積集合の結果、偶数テーブルと等しくなる
4. 検索結果なし

136

4.8 練習問題の解答

問題 4-1 の解答

```
1. SELECT * FROM 注文履歴 ORDER BY 注文番号, 注文枝番
2. SELECT DISTINCT 商品名 FROM 注文履歴
     WHERE 日付 >= '2022-01-01' AND 日付 <= '2022-01-31'
     ORDER BY 商品名
3. SELECT 注文番号, 注文枝番, 注文金額 FROM 注文履歴
     WHERE 分類 = '1' ORDER BY 注文金額
     OFFSET 1 ROWS FETCH NEXT 3 ROWS ONLY
4. SELECT 日付, 商品名, 単価, 数量, 注文金額 FROM 注文履歴
     WHERE 分類 = '3' AND 数量 >= 2 ORDER BY 日付, 数量 DESC
5. SELECT DISTINCT 分類, 商品名, サイズ, 単価
     FROM 注文履歴 WHERE 分類 = '1' UNION
   SELECT DISTINCT 分類, 商品名, NULL, 単価
     FROM 注文履歴 WHERE 分類 = '2' UNION
   SELECT DISTINCT 分類, 商品名, NULL, 単価
     FROM 注文履歴 WHERE 分類 = '3'
     ORDER BY 1, 2
```

※ 2 および 5 の実行結果は、照合順序の指定により並び順が変化する可能性がある。

問題 4-2 の解答

```
1. SELECT 値 FROM 奇数 UNION SELECT 値 FROM 偶数
2. SELECT 値 FROM 整数 EXCEPT SELECT 値 FROM 偶数
3. SELECT 値 FROM 整数 INTERSECT SELECT 値 FROM 偶数
4. SELECT 値 FROM 奇数 INTERSECT SELECT 値 FROM 偶数
```

第 II 部
SQLを使いこなそう

第5章 式と関数
第6章 集計とグループ化
第7章 副問い合わせ
第8章 複数テーブルの結合

データベースの力を引き出そう

DBMSって、INSERT文で登録すると何でもしっかり覚えてくれて優秀ですね。SELECT文で多少ワガママなお願いしても、すぐに目的の情報を探し出してくれるし。

なんだよ。しょせん記憶力がスゴイだけじゃないか。

スゴイのは記憶力だけじゃないの。データを集計したり、条件に応じて組み合わせたり、いろんなことができちゃうのよ。

新しい文法を覚えれば、私にも使えるんですよね？

もちろん。DBMSの力をさらに引き出すSQLの構文を使いこなせるようになりましょう！

　第I部では、SQLを使ってデータベースにデータを出し入れする方法を学びました。それは「電気仕掛けの情報格納庫」であるデータベースにとって、最も基本的で重要な機能といえるでしょう。
　しかしDBMSに可能なことは、これだけではありません。実は、情報の出し入れに際して、さまざまな計算処理を行うことができます。第II部では、データベースに対する指示をより豊かにする、さまざまな構文を紹介していきます。

第5章

式と関数

単なるデータの出し入れだけが SQL の機能ではありません。
式を用いることで、列の値やリテラルを使った四則演算が可能です。
また、情報を渡すとさまざまな処理を行ってくれる
関数というしくみも利用することができます。
この章では、式や関数を用いてデータの計算や処理をするための
方法について紹介します。

CONTENTS

5.1　式と演算子
5.2　さまざまな演算子
5.3　さまざまな関数
5.4　文字列にまつわる関数
5.5　数値にまつわる関数
5.6　日付にまつわる関数
5.7　変換にまつわる関数
5.8　この章のまとめ
5.9　練習問題
5.10 練習問題の解答

5.1 式と演算子

5.1.1 式の種類

　私たちは第3章で「WHERE句には条件式を記述する」ということを学びました。たとえば、WHEREに続けて記述する「出金額 ＞ 0」のようなものが条件式であり、その結果は必ず真か偽になるのでした。

　一方、「出金額 ＋ 100」のような、結果が真や偽にならない式を本書では**計算式**と呼ぶことにします。計算式も、評価されると結果に「化ける」点では条件式と同じです（図5-1）。

図5-1　評価によって「化ける」式の動作

　最終的に具体的な値に化ける計算式は、「出金額 ＋ 50 ＞ 100」のように、条件式の一部として用いられることもあります。ほかにも、SQL文の中のさまざまな場所に、値の代わりに自由に記述することができます。

　この節では、計算式の代表的な2つの用途について紹介しましょう。

5.1.2 選択列リストで計算式を使う

 まずよく使うのが、SELECT文の選択列リストの中よ。

ここって、列名じゃないものも書けちゃうの？

　SELECT文において、SELECTのすぐ後ろに指定するのが選択列リストです。選択列リストは、結果表にどのような列を出力するかを指定する役割があります。いままで、ここにはテーブルの列名を指定すると紹介してきましたが、ほかにも固定値（リテラル）や計算式を指定することも可能です（リスト5-1）。

リスト5-1 選択列リストへのさまざまな指定

```
SELECT  出金額,           -- 列名
        出金額 + 100,     -- 計算式
        'SQL'             -- 固定値
  FROM  家計簿
```

リスト5-1の結果表

出金額	出金額 +100	'SQL'
380	480	SQL
0	100	SQL
2800	2900	SQL
5000	5100	SQL
7560	7660	SQL

　この実行結果から、選択列リストに固定値や計算式を利用すると、各行について次のように処理されることがわかります。

 選択列リストへの指定と結果

列名　　：列の内容がそのまま出力される
計算式　：計算式の評価結果が出力される
固定値　：固定値（リテラル）がそのまま出力される

計算式は便利だけど、結果表の列名がカッコ悪いのがちょっと残念…。

こんなときこそ別名を思い出して。

　選択列リストに計算式や固定値を使うと、その計算式や固定値がそのまま結果表の列名になってしまいます（リスト5-1の結果表）。このような表示が好ましくない場合は、第2章で紹介した列の別名（p.57）を使うとよいでしょう（リスト5-2）。

リスト5-2　計算式に別名を付ける

```
SELECT  出金額,
        出金額 + 100 AS 百円増しの出金額
  FROM  家計簿
```

リスト5-2の結果表

出金額	百円増しの出金額
380	480
0	100
2800	2900
5000	5100
7560	7660

列の意味がはっきりして見やすくなったね！

選択列リストで計算式を使う場合は、必ずASを併用するようにするとわかりやすくていいわね。

5.1.3 データの代わりに計算式を使う

もう 1 つの用途は、INSERT 文や UPDATE 文でテーブルに書き込む具体的な値の代わりに式を指定することです。

リスト 5-3　INSERT 文での計算式の利用

```
INSERT INTO 家計簿 ( 出金額 )
    VALUES (1000 + 105)
```

リスト 5-3 の SQL 文では、出金額に格納する値として、「1000 ＋ 105」という計算式を指定しています。これは、直接「1105」を指定した場合と同じ結果になります。

また、次のリスト 5-4 は、もう少し高度な例です。

リスト 5-4　UPDATE 文での計算式の利用 (列指定を含む)

```
UPDATE 家計簿
   SET 出金額 = 出金額 + 100
```

出金額の新たな値として、「出金額 ＋ 100」という計算式を指定しています。「出金額を現在の額より 100 円増加させる」という UPDATE 文になりますね (図 5-2)。

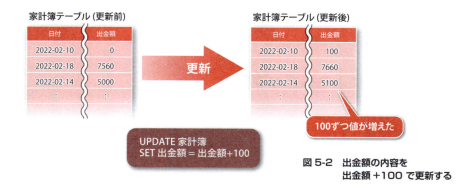

図 5-2　出金額の内容を出金額＋100 で更新する

5.1.4 式が評価されるしくみ

あら？「出金額+100」っておかしくない？ 表の中に出金額は複数あるわけで…あぁ、混乱してきた！

リスト5-4に含まれる「出金額+100」という計算式を見て、朝香さんのように混乱してしまった人は、次のような考え方をしてはいませんか？

混乱しやすい列指定の捉え方

① 式中の「出金額」とは、テーブル内の出金額の列を指している。
② 出金額の列には、複数の値（0、7560、5000…）が入っている。
③ よって、「出金額+100」は、複数の値と100の足し算になる。
④ 複数の値と100を足すことなんてできないのでは？

図5-3 出金額を「複数の値」ととらえると混乱する

このように混乱しないために、次の原則をしっかり理解する必要があります。

DBMSによる処理の原則

- DBMSは、テーブル内の各行を1つずつ順番に処理していく。
- 式の評価なども、各行で行われる。

たとえば、リスト 5-4 の UPDATE 文も「1 回の処理で出金額列がすべて書き換わる」ととらえるべきではありません。DBMS は、「1 行に注目しては、出金額を計算して更新する」という処理を、行数の分だけ繰り返しているのです（図 5-4）。

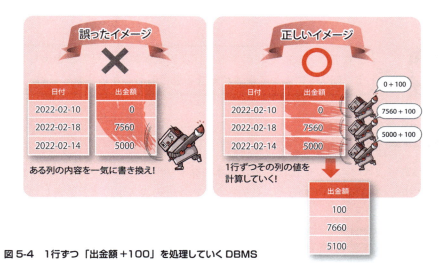

図 5-4　1 行ずつ「出金額 + 100」を処理していく DBMS

このように、DBMS が式を評価するときには、**常にいずれか 1 行にだけ注目している**のです。DBMS は単に「注目している行の出金額 +100」を何度も計算しているにすぎません。これは、第 3 章で学んだ条件式を評価していく様子とまったく同じですね（p.81、図 3-1）。

全部の行が一度に処理されるんじゃなくて、1 行ずつ順番に処理されるって考えればいいのね。

結局は、1 つの値ごとに計算しているだけなんだね。

5.2 さまざまな演算子

それでは、SQL で利用できる代表的な演算子を見ておきましょう。DBMS によって働きが異なる場合もあるから注意してね。

5.2.1 基本的な算術演算子

+演算子以外にも、SQL にはさまざまな演算子が用意されています。特に値の計算に用いる算術演算子のうち、代表的なものを次の表 5-1 にまとめました。

表 5-1　代表的な演算子

演算子	使い方	説明
+	数値 + 数値	数値同士で足し算をする
	日付 + 数値	日付を指定日数だけ進める
-	数値 - 数値	数値同士で引き算をする
	日付 - 数値	日付を指定日数だけ戻す
	日付 - 日付	日付の差の日数を得る
*	数値 * 数値	数値同士で掛け算をする
/	数値 / 数値	数値同士で割り算をする[※1]
||	文字列 || 文字列	文字列を連結する[※2]

※1 整数同士の場合は商が返される。
※2 文字列連結には + 演算子を利用する DBMS もある。

+演算子や-演算子は、数値の計算以外にも利用できます。日付の計算や、DBMS によっては文字列の連結ができることはぜひ覚えておきましょう。

5.2.2 CASE 演算子 − 値を変換する

代表的な算術演算子のほかに、特殊な演算子も紹介しておきます。

CASE 演算子は、列の値や条件式を評価し、その結果に応じて値を自由に変換してくれます。使い方は 2 通りありますので、順番に見ていきましょう。

CASE 演算子の利用構文（1）

```
CASE  評価する列や式  WHEN  値1  THEN  値1のときに返す値
                    (WHEN  値2  THEN  値2のときに返す値)…
                    (ELSE  デフォルト値)
END
```

次のリスト 5-5 は、この使い方に従って作成した SQL 文です。CASE から END までの部分が 1 つの選択列であり、条件に応じた結果に化けることに注目してください（リスト 5-5 の結果表）。

リスト 5-5　CASE 演算子を使った SELECT 文（1）

```
/* 費目の値に応じて変換する */
SELECT  費目, 出金額,
        CASE  費目  WHEN  '居住費'    THEN  '固定費'
                    WHEN  '水道光熱費' THEN  '固定費'
                    ELSE  '変動費'
        END  AS  出費の分類
  FROM  家計簿  WHERE  出金額 > 0
```

リスト 5-5 の結果表

費目	出金額	出費の分類
食費	380	変動費
教養娯楽費	2800	変動費
交際費	5000	変動費
水道光熱費	7560	固定費

CASE には、もう1つ似た形の構文が用意されています。

CASE 演算子の利用構文（2）

```
CASE  WHEN  条件1  THEN  条件1のときに返す値
     (WHEN  条件2  THEN  条件2のときに返す値)…
     (ELSE  デフォルト値)
  END
```

さきほどの構文と違って CASE のすぐ後ろに列名や式を記述しません。その代わり、WHEN の後ろには値ではなく条件式を記述します。

リスト 5-6　CASE 演算子を使った SELECT 文（2）

```
/* 条件に応じた値に変換する */
SELECT   費目，入金額，
  CASE   WHEN  入金額 < 5000   THEN  'お小遣い'
         WHEN  入金額 < 100000  THEN  '一時収入'
         WHEN  入金額 < 300000  THEN  '給料出たー！'
         ELSE  '想定外の収入です！'
   END   AS  収入の分類
  FROM   家計簿
 WHERE   入金額 > 0
```

最初に一致した WHEN が採用される
一致しないときは ELSE が採用される

これも2行目から6行目までが「収入の分類」という列と考えればよさそうね。

このように、式の結果に応じて複数のパターンの結果を得たい場合に CASE 演算子は有効です。

5.3 さまざまな関数

5.3.1 関数とは

式を使えば、列の値を使っていろいろな計算ができそうです！

それはよかったわ。さらに関数を使うと、もっと高度で複雑なことができるのよ。

　5.1節で学習した式によって、列の値を計算してほかの値に変換することが可能になりました。しかし、式で行える変換は四則演算や文字列連結など、基本的なものに限られます。

　そこで多くのデータベースには、より高度な処理を手軽に実現できる**関数**と総称される命令がたくさん準備されています。

　すべての関数は「呼び出し時に指定した情報（**引数**）に対して、定められた処理を行い、結果（**戻り値**）に変換する」という動作をします。たとえば、LENGTHという関数は、ある文字列をその文字列の長さ（文字数など）に変換する機能を持っています（図5-5）。

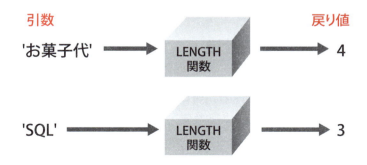

図5-5　引数を渡して関数を呼び出すと、戻り値を返してくれる

5.3.2 関数の使い方

さっそく使ってみたい！…でも、どう書けばいいんだろう？

まずは、それぞれの関数に定められている「3つのこと」を確認してね。

すべての関数には、次の3つのことが定められています。

 関数について定められていること

名前　：その関数の名前
引数　：その関数を呼び出す際に引き渡す情報（関数によっては2つ以上の場合もある）
戻り値：その関数の呼び出し結果として得られる情報

使いたいと思う関数を見つけたら、これら3つの事柄を確認することが重要です。たとえば、すでに紹介したLENGTH関数については、次のように定められています。

 LENGTH関数の仕様

名前　：LENGTH
引数　：文字列が格納された列（または式）
戻り値：文字列の長さを表す数値

関数を呼び出すには、SQL文の中で次のような構文に従って記述します。

関数の呼び出し

関数の名前 (引数…)

実際に、LENGTH 関数を SQL 文の中で呼び出してみましょう。

リスト 5-7　メモとメモの長さを併せて表示する

```
SELECT  メモ , LENGTH( メモ )   AS  メモの長さ
  FROM  家計簿
```

リスト 5-7 の結果表

メモ	メモの長さ
コーヒーを購入	7
1 月の給料	5
書籍を購入	5
同期会の会費	6
1 月の電気代	6

　この例で使用している LENGTH は、受け取った引数の文字数を戻り値として返していますね。本書では、以後、関数の機能を次のように表記します。

本書における関数の表記（凡例）

関数名 (引数)　⇒　戻り値

　なお、リスト 5-7 は選択列リストにおける関数を利用した例ですが、ほかにもWHERE 句の条件式の一部など、関数はさまざまな場所で利用することができます。

5.3.3 関数が動作する流れ

関数を使うといろんなことができそうですね！

そうね。でも、関数を有効活用するには、そのしくみをきちんと知っておくことが大切よ。

　関数を自由自在に使いこなすためには、関数の呼び出しがどのように処理されていくかをしっかりと理解しておく必要があります。

　まず重要なのが、式の評価と同様に、**関数の呼び出しも各行ごと**に繰り返し行われているという点です。「LENGTH(メモ)」という呼び出しは、テーブルのメモ列に含まれる複数の値を一度に処理するわけではありません。DBMS は、メモ列の 1 行 1 行について、その値の長さを繰り返し調べます。

　次に重要なのが、**関数の呼び出しの記述は、呼び出し完了後に戻り値に「化ける」**ことです。この特性を利用して、関数の呼び出しを入れ子にすることもできます（図 5-6）。

図 5-6　関数を入れ子にして呼び出す

5.3.4 関数にまつわる注意点

　日付型の取り扱いなどと並んで、**関数は DBMS 製品ごとの違いが大きく互換性が少ない**分野です。特定の製品でのみ利用可能な関数や、製品によって名前や動作が異なる関数も多く存在します。

　そこで次節からは、多くの DBMS で共通して利用できる代表的な関数を紹介

します。本書で紹介する以外にどのような関数が利用できるか、より厳密な文法はどのようになっているかなどは、本書の付録Aでも概要を紹介していますが、具体的には各DBMS製品のマニュアルを確認するようにしてください。

関数はDBMSによって大きく異なる

関数は、DBMS製品によって構文や機能が大きく異なるため、詳細は製品マニュアルを参照する必要がある。

ユーザー定義関数とストアドプロシージャ

あらかじめ用意された関数だけでなく、必要とする処理を自分で記述して作成した関数をSQL文から利用することができます。これを**ユーザー定義関数**と呼びます。また、実行する複数のSQL文をまとめ、プログラムのようなものとしてDBMS内に保存し、データベースの外部から呼び出すものを**ストアドプロシージャ**といいます。

ユーザー定義関数やストアドプロシージャは、DBMS製品ごとに定められたプログラミング言語を使って記述します。たとえば、Oracle DBではPL/SQL、SQL ServerではTransact-SQLという専用言語を用います。また、C言語やJavaのような一般的なプログラミング言語による記述をサポートしているDBMS製品も存在します。

多数のSQL文からなる処理を1つのストアドプロシージャにまとめることで、データベースとアプリケーション間のやり取りを少なくし、ネットワークの負荷を軽減できるといったメリットがあります。

5.4 文字列にまつわる関数

5.4.1 LENGTH／LEN − 長さを得る

LENGTH関数は、文字列の長さを調べてくれる関数です。SQL Server では、LENGTH の代わりに **LEN 関数**を利用します。テーブルの列に格納されている文字列の長さを取得したい、取得した長さを使って検索や更新をしたい、などの場合に利用します。

 文字列の長さを得る関数

> LENGTH(文字列を表す列)　⇒　文字列の長さを表す数値
> LEN(文字列を表す列)　　⇒　文字列の長さを表す数値
> ※結果は文字数またはバイト数で得られる（DBMS に依存）。

たとえば、10 文字（または 10 バイト）以下のメモだけを取得する SQL 文は、次のリスト 5-8 のようになります。

リスト 5-8　10 文字（10 バイト）以下のメモだけを取得する

```
SELECT  メモ , LENGTH( メモ )  AS  メモの長さ  FROM  家計簿
 WHERE  LENGTH( メモ )  <=  10
```

5.4.2 TRIM − 空白を除去する

ある文字列の前後についている、余計な空白を除去したい場合に便利な関数が図 5-6 にも登場している **TRIM 関数**です。類似する機能を持つ **LTRIM 関数**や

RTRIM 関数と併せて覚えておきましょう。

空白を除去する関数

```
TRIM( 文字列を表す列 )   ⇒   左右から空白を除去した文字列
LTRIM( 文字列を表す列 )  ⇒   左側の空白を除去した文字列
RTRIM( 文字列を表す列 )  ⇒   右側の空白を除去した文字列
```

> TRIM 関数の機能はわかったけど、どういう場合に使うのかな？

> CHAR 型の空白を取り除きたいときとかじゃない？

たとえば CHAR(10) 型の列に対して 'abc' という文字列を格納すると、7文字分の空白が右側に自動的に追加されて、'abc   ' という文字列として格納されることは第2章で学びました (p.51)。そのような文字列を SELECT 文でそのまま取り出すと、「abc」の後ろに空白が付いた状態で取得してしまいます。

このような場合に、次のリスト 5-9 のように TRIM 関数を使うと、余計な空白を簡単に取り除くことができます。

リスト 5-9　空白を除去したメモを取得する

```
SELECT  メモ , TRIM( メモ ) AS 空白除去したメモ
  FROM  家計簿
```

5.4.3　REPLACE － 指定文字を置換する

REPLACE 関数は、文字列の一部を別の文字列に置換する関数です。たとえば、文字列「axxle」の「x」を「p」に置換し、「apple」とすることができます。

文字列を置換する関数

REPLACE (置換対象の文字列 , 置換前の部分文字列 , 置換後の部分文字列)
  ⇒ 置換処理された後の文字列

次のリスト 5-10 は、メモ列に入っている「購入」という文字列をすべて「買った」に置き換える UPDATE 文です。

リスト 5-10　メモの一部を置換する

```
UPDATE  家計簿
   SET  メモ = REPLACE( メモ , '購入' , '買った' )
```

5.4.4　SUBSTRING / SUBSTR – 一部を抽出する

文字列の一部分だけを取り出したい場合には、SUBSTRING 関数または SUBSTR 関数を利用します。どちらを利用できるかは、DBMS 製品によって異なりますが、「何文字目から何文字分」という指定をして文字列の一部分を抽出できる点では違いはありません。

文字列の一部を抽出する関数

SUBSTRING (文字列を表す列 , 抽出を開始する位置 , 抽出する文字の数)
  ⇒ 抽出された部分文字列
SUBSTR (文字列を表す列 , 抽出を開始する位置 , 抽出する文字の数)
  ⇒ 抽出された部分文字列

※抽出する文字の数を省略し、文字列の最後までを抽出対象とする場合もある。
※位置や数は文字数またはバイト数で指定する（DBMS に依存）。

リスト 5-11　費目列の 1〜3 文字目に「費」があるものを抽出

```
SELECT * FROM 家計簿
 WHERE SUBSTRING(費目, 1, 3) LIKE '%費%'
```

5.4.5　CONCAT ─ 文字列を連結する

　文字列を連結するには、通常、|| 演算子や + 演算子を使いますが（5.2.1 項）、環境によっては CONCAT 関数を利用できます。連結できる文字列の数や NULL の扱いが DBMS 製品によって異なりますので注意してください。

文字列を連結する関数

CONCAT(文字列, 文字列 [, 文字列…])
　⇒　連結後の文字列

※ SQLServer や MySQL などでは 3 つ以上の文字列を指定することが可能。

※ 1 つでも NULL の文字列があると NULL を返す DBMS 製品もある。

リスト 5-12　費目とメモをつなげて抽出する

```
SELECT CONCAT(費目, ':' || メモ) FROM 家計簿
```

関数を使うと、すごく柔軟な指示ができるんだなあ！

かゆいところに手の届く検索ができそうね！

5.5 数値にまつわる関数

5.5.1 ROUND - 指定桁で四捨五入

　小数の取り扱いや金額計算などでよく見られる数値の丸め処理（四捨五入や切り上げ、切り捨て）も、関数で用意されています。ROUND関数は、指定した位置で四捨五入した結果を返す関数です。

 指定桁で四捨五入する関数

ROUND (数値を表す列 , 有効とする桁数)
　⇒ 四捨五入した値

※「有効とする桁数」に指定する値が正の場合は小数部の桁数、負の場合は整数部の桁数を表す。

リスト 5-13　百円単位の出金額を取得する

```sql
SELECT 出金額 , ROUND( 出金額 , -2) AS 百円単位の出金額
  FROM 家計簿
```

これで、出金額の下2桁目、つまり10の位で四捨五入されることになるのよ。

たとえば、出金額が380円だとすると、百円単位の出金額は400円になるんですね。

160

5.5.2 TRUNC − 指定桁で切り捨てる

四捨五入ではなく切り捨てをしたい場合には、TRUNC関数を使います。使い方はROUND関数と同じです。

指定桁で切り捨てる関数

TRUNC (数値を表す列, 有効とする桁数)
　⇒ 切り捨てた値

※「有効とする桁数」に指定する値が正の場合は小数部の桁数、負の場合は整数部の桁数を表す。

5.5.3 POWER − べき乗を計算する

ある値のべき乗（2乗や3乗など）を計算したい場合、*演算子でも実現可能ですが、POWER関数を用いると便利です。

べき乗を計算する関数

POWER (数値を表す列, 何乗するかを指定する数値)
　⇒ 数値を指定した回数だけ乗じた結果

たとえば、「POWER(出金額, 3)」で、出金額を3乗した値（出金額 * 出金額 * 出金額）を得ることができます。

5.6 日付にまつわる関数

5.6.1 現在の日時を得る

プログラムからデータベースを書き換える際、更新した日付や時刻を列に記録しておくことがよくあります。

現在の日時は **CURRENT_TIMESTAMP**（カレントタイムスタンプ）関数、現在の日付は **CURRENT_DATE**（カレントデート）関数、現在の時刻は **CURRENT_TIME**（カレントタイム）関数で得ることができます。

現在の日時を得る関数

CURRENT_TIMESTAMP ⇒ 現在の日時（年、月、日、時、分、秒）
CURRENT_DATE   ⇒ 現在の日付（年、月、日）
CURRENT_TIME   ⇒ 現在の時刻（時、分、秒）

※引数は指定不要なため、関数名の後ろに ( ) は付けない。

リスト 5-14　現在の日付を取得して登録する

```
INSERT  INTO  家計簿
VALUES  (CURRENT_DATE, '食費', 'ドーナツを買った', 0, 260)
```

 今まではいちいち今日の日付を直接書いていたけど、単にCURRENT_DATE と書けばいいんですね♪

これらのほかにも DBMS 製品ごとにさまざまな日付関数が用意されていますので、利用する製品に応じて用途に合うものを選択してください。

5.7 変換にまつわる関数

5.7.1 CAST – データ型を変換する

　列やリテラルにはデータ型があることを第 2 章で紹介しました (p.50)。INTEGER 型の列に格納されている 1000 と、VARCHAR 型の列に格納されている '1000' は、明確に異なるものでしたね。

　しかし、実際にデータベースを活用するようになると、ある型のデータを別の型として扱ったほうが便利に感じる場合があります。そのような場面で活躍するのが CAST 関数です。

データ型を変換する関数

```
CAST( 変換する値 AS 変換する型 )  ⇒  変換後の値
```

　たとえば、出金額の列は INTEGER 型ですが、末尾に「円」という文字列を連結して表示したい場合を考えましょう。「出金額 + '円'」としたいところですが、数値と文字列という型の異なる値を || 演算子で連結するのは、定義されていない演算であり、DBMS 製品によっては動作が異なる可能性があるため少々不安です。

　このようなときは、「`CAST( 出金額 AS VARCHAR(20)) + '円'`」のように、文字列型に型を揃えてから連結する方法が確実です。

ただし、'MINATO' など数値として解釈できない文字列を数値型に変換しようとするとエラーになるから注意してね。

5.7.2 COALESCE — 最初に登場するNULLでない値を返す

最後に紹介するのは、ちょっと面白い動作をするCOALESCE関数です。まずはこの関数の構文を確認してください。

最初に登場するNULLでない値を返す関数

COALESCE(列や式1, 列や式2, 列や式3…)
 ⇒ 引数のうち、最初に現れたNULLでない引数

※任意の数の引数を指定できる。ただし、すべての引数の型を一致させる必要がある。

※もしすべての引数がNULLの場合、戻り値はNULLになる。

※ Oracle DBとDb2では、NULLに限定して別の値に置き換えるNVL関数もよく使われる。

COALESCE関数は、「複数の引数を受け取り、受け取った引数を左から順番にチェックし、その中から最初に見つかったNULLでない引数を返す」という動作をする関数です。

たとえば、次のリスト5-15のような動作をします。

リスト5-15 COALESCE関数の基本動作

```
SELECT COALESCE('A', 'B', 'C');        /* 結果は 'A' */
SELECT COALESCE(NULL, 'B', 'C');       /* 結果は 'B' */
SELECT COALESCE(NULL, 'B', NULL);      /* 結果は 'B' */
SELECT COALESCE(NULL, NULL, 'C');      /* 結果は 'C' */
SELECT COALESCE( 数値型の列 , 0);       /* 数値型の列が出力される。
                         ただし、NULLが格納されている場合は0になる */
```

こんな不思議な関数、いったい何に使うんですか？

これを使うと「NULL の場合の代替値」を簡単に決められるのよ。

たとえば、家計簿テーブルを単純に SELECT して、次のような結果が得られたとしましょう。

メモに具体的な用途が設定されていない家計簿データ

日付	費目	メモ	入金額	出金額
2022-02-03	食費	自分へのご褒美	0	380
2022-02-11	教養娯楽費		0	2800
2022-02-14	交際費		0	5000

2月11日と2月14日は、メモ列に NULL が格納されていたので何も表示されませんでした。少しわかりにくいですね。このような場合、COALESCE 関数を用いた次のような検索を行えば結果表が見やすくなります。

リスト 5-16　NULL を明示的に表示する

```
SELECT  日付 , 費目 ,
        COALESCE( メモ , '( メモは NULL です )') AS メモ ,
        入金額 , 出金額
  FROM  家計簿
```

リスト 5-16 の結果表

日付	費目	メモ	入金額	出金額
2022-02-03	食費	自分へのご褒美	0	380
2022-02-11	教養娯楽費	（メモは NULL です）	0	2800
2022-02-14	交際費	（メモは NULL です）	0	5000

なるほど、「もし NULL の場合はこの値で代用してね」という使い方ができるんですね！

SELECT 文に FROM 句がない！？

　p.164 のリスト 5-15 は SELECT 文にも関わらず、FROM 句がありません。実は、FROM 句を書かなくてもよい特別な SELECT 文があるのです。
　これまで、SELECT 文ではどのテーブルからデータを持ってくるのかを FROM 句で必ず指定する必要がありました。しかし、本章で紹介した計算式や関数は、リテラルなどの具体的な値を材料にすれば、リスト 5-15 のようにテーブルの列を 1 つも記述していなくても SELECT 文として成り立ってしまうのです。
　これを利用して、まずは式や関数の動作確認だけをしたい場合、次のような SELECT 文を実行することができます。

```
SELECT 式や関数
```

　ただし、Oracle DB と Db2 では FROM 句の記述を常に必須としており、FROM 句のない SELECT 文はエラーとなってしまいます。これらの DBMS にはそれぞれ次に示すダミーのテーブルが用意されており、FROM 句に記述することで同じ動作を実現できます。

```
/* Oracle DB */
SELECT 式や関数 FROM DUAL
/* Db2 */
SELECT 式や関数 FROM SYSIBM.SYSDUMMY1
```

5.8 この章のまとめ

5.8.1 この章で学習した内容

計算式
- 列やリテラルを使った式で、結果が真または偽にならないものを計算式という。
- 計算式を評価すると計算結果に化ける。
- 計算式は、SELECT 文の選択列リスト、INSERT 文や UPDATE 文のテーブルに格納する値、その他の修飾句など、さまざまな場所で使用できる。

計算式に用いる演算子
- 四則演算を行う演算子を算術演算子という。
- || 演算子や + 演算子で文字列の連結ができる。
- CASE 演算子は、列の値や条件式を評価して、任意の値に変換する。

関数
- 関数は、引数に対して決められた処理を行い、戻り値に変換する。
- 関数は、処理の内容や戻り値に応じて、文字列関数、算術関数、日付関数、変換関数などに分類される。
- 関数は、DBMS 製品による違いが大きい機能であるため、各製品のマニュアルなどで処理内容の確認が不可欠である。

5.8.2 この章でできるようになったこと

家計簿で入出金の差額も表示したい。

※ QRコードは、この項のリストすべてに共通です。

```sql
SELECT 日付, 費目, メモ, 入金額, 出金額,
       入金額 - 出金額  AS 入出金差額
  FROM 家計簿
```

8文字以上のメモは、「…」で末尾を省略したい。

```sql
SELECT 日付, 費目,
   CASE WHEN LENGTH( メモ ) >= 8 THEN SUBSTRING( メモ,1,8) || '…'
        ELSE メモ
    END AS メモ, 入金額, 出金額
  FROM 家計簿
```

MySQLではCONCAT関数を利用

「1ドル=110円」と仮定して、入出金をドルで表示（小数点以下切り捨て）したい。

```sql
SELECT 日付, TRUNC( 入金額 /110.0, 0)  AS 入金ドル,
             TRUNC( 出金額 /110.0, 0)  AS 出金ドル
  FROM 家計簿
```

間違って未来の日付で登録されている行を探したい。

```sql
SELECT * FROM 家計簿 WHERE 日付 > CURRENT_DATE
```

家計簿のメモを表示したい。メモが未登録の行では代わりに費目を、費目も未登録の場合は'不明'と表示したい。

```sql
SELECT 日付, COALESCE( メモ, 費目, '不明' ) AS 備考  FROM 家計簿
```

5.9 練習問題

問題 5-1

次のテーブルは、ある資格試験の結果の一部を記録したものです。受験者ID列は6桁のVARCHAR型、それ以外はINTEGER型で定義されています。

試験結果テーブル

受験者ID	午前	午後1	午後2	論述	平均点
SW1046	86	(A)	68	91	80
SW1350	65	53	70	(B)	68
SW1877	(C)	59	56	36	56

このテーブルについて、設問で指示されたSQL文を作成してください。

1. 現在登録されているデータをもとに、(A)～(C)に当てはまる点数をそれぞれ受験者IDごとに計算して登録する。
2. この試験に合格するには、次の条件をすべて満たす必要がある。
    (1) 午前の点数は60以上であること
    (2) 午後1と午後2を合計した点数が120以上であること
    (3) 論述の点数が、全科目の合計点の3割以上であること
    これらの条件をもとに、合格者の受験者IDを抽出する。ただし、列見出しは「合格者ID」とすること。

問題 5-2

あるアンケートの回答者に関する情報を登録した回答者テーブルがあります。このテーブルでは、メールアドレスの列は30桁のCHAR型、国名の列は20桁のVARCHAR型、住居の列は1桁のCHAR型、年齢の列はINTEGER型で定義されています。

第 II 部　SQL を使いこなそう

回答者テーブル

メールアドレス	国名	住居	年齢
suzuki.takashi@mailsample.jp	NULL	D	51
philip@mailsample.uk	NULL	C	26
hao@mailsample.cn	NULL	C	35
marie@mailsample.fr	NULL	D	43
hoa@mailsample.vn	NULL	D	22

　このテーブルについて、以下の設問で指示された SQL 文を作成してください。

1.　メールアドレスの最後の 2 文字が国コードであることを利用して、国名を登録したい。国コードを日本語の国名に変換のうえ、国名列を更新する。ただし、1 つの SQL 文で全行を更新すること。
　　なお、国コードと国名は次のように対応している。
　　　jp：日本　　　　　uk：イギリス　　　cn：中国
　　　fr：フランス　　　vn：ベトナム

2.　メールアドレスと住居、年齢を一覧表示する。ただし、次の条件を満たした形で表示すること。
　　（1）メールアドレスの余分な空白は除去する。
　　（2）住居と年齢は 1 つの項目とし、年齢は年代として次のように表示する。ただし、20 〜 50 代のみ考慮すればよい。
　　　　例）50 代：戸建て
　　（3）項目の見出しはそれぞれ「メールアドレス」「属性」とする
　　　　なお、住居は D が戸建て、C が集合住宅を表している。

問題 5-3 ·······

　ある会社では、依頼された品物に刺繍で文字を入れるサービスを行っています。加工にかかる金額は、1 文字ごとに設定された金額を文字数で乗算したもので、1 文字の金額は刺繍する書体の種類ごとに決まっています。また、10 文字を超える場合は、一律 500 円の特別加工料が加算されます。
　次に、受注内容を登録した受注テーブルと、書体ごとの単価を示します。

170

第 5 章　式と関数

受注テーブル

受注日	受注 ID	文字	文字数	書体コード
2021-12-05	101	Satou	NULL	2
2021-12-05	102	鈴木 一郎	NULL	3
2021-12-05	113	横浜 BASEBALL CLUB	NULL	1
2021-12-08	140	N.R.	NULL	NULL

書体と単価

・書体コード 1：ブロック体　　単価 100 円

・書体コード 2：筆記体　　　　単価 150 円

・書体コード 3：草書体　　　　単価 200 円

※受注時に書体が指定されなかった場合は、書体コードに NULL が設定され、ブロック体の単価 100 円
が適用される。

　これらをもとに、以下の設問で指示された SQL 文を作成してください。

　なお、受注日列は DATE 型、受注 ID、文字、書体コード列は VARCHAR 型、
文字数列は INTEGER 型で定義されています。

1. 依頼された文字は、何文字の刺繍が必要かを求める。「文字」列のデータをも
   とに、1 つの SQL 文で「文字数」列の全行を更新する。ただし、「文字」列に
   は半角の空白が入る可能性があるが、空白は文字数に含めない。なお、ここ
   で使用している DBMS では、文字列長を得る関数はバイト数ではなく文字
   数を返すものとする。

2. 受注内容を一覧表示する。一覧には、受注日、受注 ID、文字数、書体名、単価、
   特別加工料を受注日および受注 ID 順に表示したい。ただし、特別加工料が
   かからないものについては、特別加工料をゼロとする。

3. 受注 ID が 113 の注文に対して、文字の一部を変更したいという依頼があっ
   た。登録されている文字を次の依頼内容に合わせて更新する。
   依頼内容：半角スペースを「★」に変更

171

5.10 練習問題の解答

問題 5-1 の解答

```
1.  (A)   UPDATE  試験結果
             SET  午後1 = (80*4) - (86+68+91)
           WHERE  受験者ID = 'SW1046'
    (B)   UPDATE  試験結果
             SET  論述 = (68*4) - (65+53+70)
           WHERE  受験者ID = 'SW1350'
    (C)   UPDATE  試験結果
             SET  午前 = (56*4) - (59+56+36)
           WHERE  受験者ID = 'SW1877'

2.  SELECT  受験者ID AS 合格者ID
      FROM  試験結果
     WHERE  午前 >= 60
       AND  午後1 + 午後2 >= 120
       AND  0.3 * ( 午前 + 午後1 + 午後2 + 論述 ) <= 論述
```

問題 5-2 の解答

```
1. UPDATE  回答者
   SET  国名 = CASE SUBSTRING(TRIM( メールアドレス ),
                        LENGTH(TRIM( メールアドレス ))-1, 2)
           WHEN 'jp' THEN '日本'
           WHEN 'uk' THEN 'イギリス'
           WHEN 'cn' THEN '中国'
```

第5章 式と関数

```sql
                WHEN 'fr' THEN 'フランス'
                WHEN 'vn' THEN 'ベトナム' END

2. SELECT  TRIM( メールアドレス ) AS メールアドレス ,
     CASE WHEN 年齢 >= 20 AND 年齢 < 30 THEN '20代'
          WHEN 年齢 >= 30 AND 年齢 < 40 THEN '30代'
          WHEN 年齢 >= 40 AND 年齢 < 50 THEN '40代'
          WHEN 年齢 >= 50 AND 年齢 < 60 THEN '50代' END
      || ':' ||
     CASE  住居 WHEN 'D' THEN '戸建て'
                WHEN 'C' THEN '集合住宅' END AS 属性
     FROM  回答者
```

問題 5-3 の解答

```sql
1.  UPDATE   受注
      SET   文字数 = LENGTH(REPLACE( 文字 , ' ', ''))


2.  SELECT  受注日 , 受注 ID, 文字数 ,
            CASE COALESCE( 書体コード , '1')
                WHEN '1' THEN 'ブロック体'
                WHEN '2' THEN '筆記体'
                WHEN '3' THEN '草書体' END AS 書体名 ,
            CASE COALESCE( 書体コード , '1')
                WHEN '1' THEN 100
                WHEN '2' THEN 150
                WHEN '3' THEN 200 END AS 単価 ,
            CASE WHEN 文字数 > 10 THEN 500
                ELSE 0 END AS 特別加工料
       FROM  受注 ORDER BY 受注日 , 受注 ID
```

```
3.  UPDATE  受注
      SET  文字 = REPLACE( 文字 , ' ' , '★')
    WHERE  受注ID = '113'
```

関数の多用で負荷増大？

　関数はDBMSに複雑な処理をさせることができる便利な道具ですが、処理による負荷の増大には注意が必要です。複数の関数を複雑に組み合わせた場合はもちろん、関数を使うことによりインデックス(第Ⅲ部で紹介)検索が無効化された場合などは、レスポンスが悪化する可能性もありますので、使用の前には十分な検証を行ってください。

時刻情報を含む日付の判定

　DATE型を条件式に用いる場合は、時刻情報について注意が必要です。
　たとえば、2022年3月以前のデータを抽出するために、「日付 <= '2022-03-31'」とした場合、時刻を指定していないため、DBMS製品によっては「2022-03-31 00:00:00」と解釈される可能性があります。その結果、「2022-03-31 10:30:00」などのデータはこの条件には合致せず、正しい結果を得ることができません。そこで、このような落とし穴を回避するために、判定の基準となる日付の翌日より過去という条件「日付 < '2022-04-01'」を指定します。
　なお、本書ではDATE型に時刻情報を含まない前提で解説しています。

第6章

集計と
グループ化

第5章では、検索結果のそれぞれの行に対して
同じ計算や処理を行えるしくみとして、関数を紹介しました。
この第6章では、検索結果をひとまとめにして集計する方法を学びます。
集計を上手に活用できれば、単にデータを蓄積するだけでなく、
蓄積したデータの分析や活用も可能になることを実感してください。

CONTENTS

6.1 データを集計する

6.2 集計関数の使い方

6.3 集計に関する4つの注意点

6.4 データをグループに分ける

6.5 集計テーブルの活用

6.6 この章のまとめ

6.7 練習問題

6.8 練習問題の解答

6.1 データを集計する

6.1.1 集計関数とは

そんなに真剣な顔して、何を計算してるのさ？

2月14日が5000円で、2月18日が7560円…っと。今月は全部でいくら使ったのか、合計していってるの。

朝香さんは、今月いくらお金を使ったか（出金額の合計）を調べるために、家計簿テーブルの出金額列の値を1つずつ電卓で足し算しています。しかしこのような手作業による集計は、とても面倒ですし計算間違いの危険性もあります。

あら、集計作業もデータベースにお願いできるのよ。

朝香さんが行おうとしていた集計処理は、実は次のようなSQL文で簡単に実現できます（リスト6-1、リスト6-1の結果表、図6-1）。

リスト6-1　出金額を集計する

```
SELECT SUM( 出金額 ) AS 出金額の合計
  FROM 家計簿
```
今月のデータのみ登録されている

リスト6-1の結果表

出金額の合計
15740

図 6-1　集計関数が処理される様子

　この SQL 文で利用されている「SUM（サム）」は、検索結果のデータを集計する**集計関数**の 1 つです。ほかにも、最大値や平均値などを算出する集計関数も存在します。
　集計関数を使うと、SELECT 文による検索結果は該当する各行ではなく、該当する行が集計された形で出力されるようになります。

6.1.2　集計関数の特徴

　こんな便利な関数があるんだったら、第 5 章で教えておいてくださいよ！

　ごめんごめん。でも、第 5 章の関数とはちょっと違う、特殊な存在なのよ。

　SUM のような集計関数は、一見するとすでに学習した LENGTH や COALESCE といった関数とよく似ています。しかし、その動作や結果表の形がまったく異なる点には注意が必要です。
　第 5 章で紹介した関数は、検索結果の各行に対して、同じ処理や計算をそれぞれ行うように命令するものです。これらの関数を使っても、検索結果の行が増えたり減ったりすることはありません（次ページの図 6-2）。

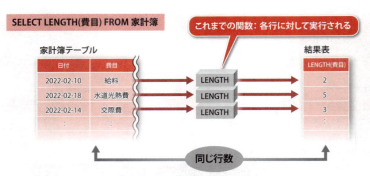

図 6-2　1 行ずつ処理を繰り返す関数

　一方、この章で紹介する集計関数は、集計の対象となったすべての行に対して1回だけ計算を行い、1つの答えを出します。必然的に、**結果表は必ず1行**になります（図 6-3）。

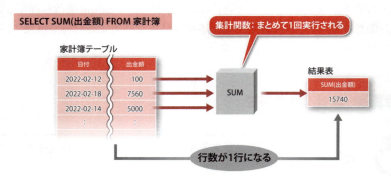

図 6-3　すべての行をひとまとめにして 1 回だけ計算を行う集計関数

 集計関数の特徴

・検索対象の全行をひとまとめに扱い、1回だけ集計処理を行う。
・集計関数の結果は、必ず1行になる。

6.2 集計関数の使い方

6.2.1 代表的な集計関数

SUM 以外には、どんな集計関数があるんだろう？

DBMS 製品によってさまざまだけど、基本的な 5 つを覚えておけば大丈夫よ。

　第 5 章で紹介した関数と同様に、DBMS 製品によって利用できる集計関数は異なります。しかしほとんどの製品に共通して利用可能なものが、表 6-1 に挙げる 5 つの集計関数です。

表 6-1　代表的な集計関数

関数名	説明
SUM	各行の値の合計を求める
MAX	各行の値の最大値を求める
MIN	各行の値の最小値を求める
AVG	各行の値の平均値を求める
COUNT	行数をカウントする

　5 つの関数のうち、COUNT 関数だけはほかの 4 つと少し特性が異なります。まずは使い方もほぼ同じである 4 つの集計関数について紹介しましょう。

6.2.2 合計、最大、最小、平均を求める

　検索結果のある列に対して、合計、最大値、最小値、平均値を求めたい場合、それぞれ SUM、MAX、MIN、AVG 関数を利用します。

合計、最大値、最小値、平均値を求める集計関数

SUM(列)　⇒　合計
MAX(列)　⇒　最大値
MIN(列)　⇒　最小値
AVG(列)　⇒　平均値

　これらの関数には引数として 1 つの列名を渡します。また、列名だけではなく「`SUM( 出金額 *1.5)`」のように、列名を含む式を指定することも可能です。これら 4 つの集計関数を用いて、支出に関する統計を行ったものがリスト 6-2 とその結果表です。

リスト 6-2　さまざまな集計をする

```
SELECT
    SUM( 出金額 )   AS 合計出金額 ,
    AVG( 出金額 )   AS 平均出金額 ,
    MAX( 出金額 )   AS 最も大きな散財 ,
    MIN( 出金額 )   AS 最も少額の支払い
  FROM  家計簿
```

リスト 6-2 の結果表

合計出金額	平均出金額	最も大きな散財	最も少額の支払い
15740	3148	7560	0

6.2.3　検索結果の行数を求める

　COUNT（カウント）関数は、検索結果の行数を数えてくれる集計関数です。この関数には 2 つの記述方法があります。

行数を数える集計関数

COUNT(*)　⇒　検索結果の行数
COUNT(列)　⇒　検索結果の指定列に関する行数

単純に検索結果の行数を得るには、COUNT(*) という記述が便利です。COUNT関数はあくまでも該当した行数を取得する関数であり、検索結果の値自体が何であるかは問いません（リスト 6-3 と結果表）。

リスト 6-3　食費の行数を数える

```
SELECT COUNT(*) AS 食費の行数
  FROM 家計簿
 WHERE 費目 = '食費'
```

リスト 6-3 の結果表

食費の行数
1

COUNT(*) と COUNT(列) は、ほぼ同様の動きをしますが、NULL の取り扱いが異なります（次ページの図 6-4）。

COUNT(*) と COUNT(列) の違い

・COUNT(*) は、単純に行数をカウントする（NULL の行も含める）。
・COUNT(列) は、指定列が NULL である行を無視してカウントする。

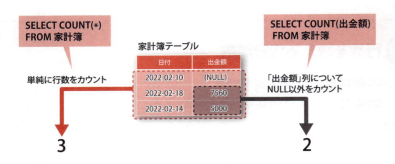

図6-4 COUNT(*) と COUNT(列) の違い

NULL の取り扱いについては、6.3.4 項でもう一度整理するわね。

重複した値を除いた集計

AVG、SUM、COUNT の各関数では、「DISTINCT」を指定することによって、その列で重複している値を除いた状態で集計が行われます。

```
SELECT COUNT(DISTINCT 費目) FROM 家計簿
```

上記の SQL 文では、家計簿テーブルに登録されている費目の種類数をカウントすることができます。

6.3 集計に関する4つの注意点

集計関数は便利だけど、いつでもどこでも自由に使えるわけじゃないの。これには十分な注意が必要よ。

6.3.1 SELECT文でしか利用できない

集計関数は、これまで紹介してきたような「SELECT文の選択列リスト部分」やORDER BY句、6.4節で紹介するHAVING句の中で利用します。WHERE句の中では利用できません（図6-5）。

図6-5 集計関数を記述できる場所

また、そもそも「検索結果」に対して集計を行うための道具である集計関数は、UPDATE文、INSERT文、DELETE文で利用することはできません。

集計関数が記述できる場所

集計関数は、SELECT文の選択列リストかORDER BY句、HAVING句だけに記述できる。

6.3.2 結果表がデコボコになってはならない

集計関数を用いた次のリスト 6-4 について考えてみましょう。

リスト 6-4　日付と出金額合計を取得するつもり（エラー）

```
SELECT 日付, SUM(出金額) AS 出金額計 FROM 家計簿
```

さあ、どんな結果表になると思う？

えっと…、あれれ？　なんか変な形の結果表になっちゃうぞ？

この SELECT 文の結果表が、「日付」と「出金額計」という 2 つの列を持つことは明らかでしょう。しかし、行数については困ったことになります。

- 日付の列　　　⇒　通常の検索なので、**複数行**になるはず
- 出金額計の列　⇒　集計関数の結果なので、**1 行**になるはず

これらのことを踏まえて考えると、結果表は次のような形になってしまいます。

リスト 6-4 の結果表（予想）

日付	出金額計
2022-02-03	15740
2022-02-10	
2022-02-11	
2022-02-14	
2022-02-18	

列によって行数が異なっているため、表の形がデコボコになっていますね。しかし、SQL の世界では、原則としてこのような「デコボコ型」の結果表はそもそ

も認められていません。結果表は、常に列ごとの行数が一致する n 行 m 列の長方形型でなければならないのです。もし結果表がデコボコ型になるような SQL 文を実行すると、エラーになります。

SQL の結果表

- 結果表は必ず長方形型になる。
- 結果表がデコボコになるような SQL 文は実行できない。

MySQL など、拡張機能として結果表がデコボコでも値を補って動作する DBMS もあるから、利用する場合はマニュアルを参照するなどして仕様を確認してね。

6.3.3 引数に許される型が異なる

6.2 節で紹介した 5 つの集計関数は、いずれも 1 つの列を引数として受け取り、集計を行います。しかし、引数にどのような型の列を指定できるかは、関数によって異なります（表 6-2）。

表 6-2　集計関数に渡す引数の型と戻り値

関数名	数値型	文字列型	日付や時刻型
SUM	各数値の合計	×	×
MAX	各数値の最大	並び替えて最後の文字列	最も新しい日時
MIN	各数値の最小	並び替えて最初の文字列	最も古い日時
AVG	各数値の平均	×	×
COUNT	行数	行数	行数

　文字列に対して MAX 関数や MIN 関数を用いた場合、DBMS が定める照合順序（文字コード順、アルファベット順など）で並べ替え、その最初や最後となる文字列が結果として得られます。

6.3.4 NULL の取り扱い

検索結果に NULL が含まれる場合は、集計結果も NULL になるんですか？

実は関数によって NULL の取り扱いが違うのよ。

NULL を含む計算や比較は、基本的に結果も NULL となることは第 3 章で紹介しました。しかし、集計関数の場合はそれぞれ取り扱いが異なります（表 6-3）。

表 6-3　集計関数における NULL の取り扱い

集計関数		集計時の NULL の扱い	全行が NULL の場合の集計結果
SUM		無視 （NULL は集計に影響を与えない）	NULL
MAX			
MIN			
AVG			
COUNT	列名指定	無視 （NULL は集計に影響を与えない）	0
	*指定	NULL を含んでカウントする	該当行数

なお、NULL を 0 に読み替えて集計をしたい場合は、第 5 章で紹介した COALESCE 関数を使うとよいでしょう（リスト 6-5）。

リスト 6-5　NULL をゼロとして平均を求める

```
SELECT AVG(COALESCE(出金額, 0)) AS 出金額の平均
  FROM 家計簿
```

6.4 データをグループに分ける

6.4.1 グループ別の集計

集計関数にもだいぶ慣れてきたみたいね。じゃあ、次の段階に進みましょう！

これまで学んだ集計関数を用いると、検索結果をひとまとまりとして集計し、1つの結果を得ることができました。特に、どんなに多くの行を持つテーブルに対しても、集計を行って得られる結果表は1行になるのが特徴でしたね。

たとえば、「`SELECT SUM(出金額) AS 出金額の合計 FROM 家計簿`」というSQL文を使えば、次のような結果が簡単に得られました。

集計の結果表

出金額の合計
15740

しかし、これでは家計簿テーブルのすべての行を合計してしまいます。たとえば、家計の見直しのためには、次のような「費目別の出金額集計表」を得られれば便利ですが、それにはどうすればよいのでしょうか？

費目別の出金額集計表

費目	費目別の出金額合計
食費	380
給料	0
教養娯楽費	2800
交際費	5000
水道光熱費	7560

う〜ん…。わかった！ SELECT を何回もやればいいのよ。

朝香さんが思いついたように、「食費」や「給料」などの個々の費目について WHERE 句で行を絞り込んで集計を繰り返す方法もあります。

リスト 6-6　SQL 文を複数実行して各費目の集計結果を得る

```sql
SELECT  '食費' AS 費目, SUM( 出金額 ) AS 費目別の出金額の合計
  FROM  家計簿
 WHERE  費目 = '食費'      /* ⇒ 「食費」「380」 */

SELECT  '給料' AS 費目, SUM( 出金額 ) AS 費目別の出金額の合計
  FROM  家計簿
 WHERE  費目 = '給料'      /* ⇒ 「給料」「0」 */

SELECT  '教養娯楽費' AS 費目, SUM( 出金額 ) AS 費目別の出金額の合計
  FROM  家計簿
 WHERE  費目 = '教養娯楽費';   /* ⇒ 「教養娯楽費」「2800」 */
 :
```

なんか、力業でカッコ悪いなぁ…。

6.4.2　グループ化

　SQL には、集計に先立って、指定した基準で検索結果をいくつかのまとまりに分ける**グループ化**と呼ばれる機能が備わっています。集計はグループごとに行われ、グループごとの集計結果が結果表の形で得られます。

　たとえば、「費目別の出金額集計表」（p.187）を得るには、家計簿テーブルの各行を「費目」列の内容で分類し、分類した費目ごとに出金額の合計を求めればよいのですから、次のような SQL 文で実現できます（リスト 6-7、図 6-6）。

第 6 章 集計とグループ化

リスト 6-7　費目でグループ化してそれぞれの合計を求める

```
SELECT  費目， SUM( 出金額 )  AS  費目別の出金額合計
  FROM  家計簿
 GROUP BY 費目          指定した列でグループ化する
```

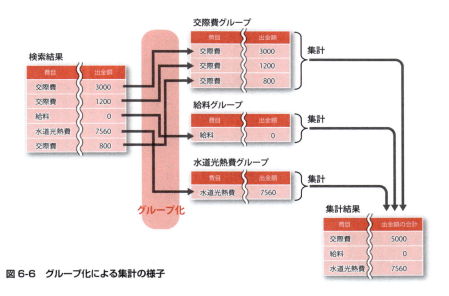

図 6-6　グループ化による集計の様子

グループ化による集計を行う SQL 文は、次のような構文で記述します。

グループ化して集計する基本構文

```
   SELECT  グループ化の基準列名…， 集計関数
     FROM  テーブル名
  (WHERE  絞り込み条件 )
 GROUP BY  グループ化の基準列名…
```

6.4.3 グループ集計の流れ

グループ集計が行われる流れを整理したものが、次の図6-7です。

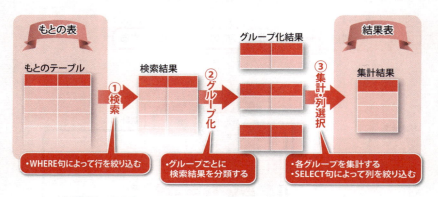

図6-7 グループ集計の流れ

　グループ集計は、3つのステップで実行されます。まず第1ステップとして、もとの表に対してWHERE句による通常の検索処理が行われ、行が絞り込まれます（図中①）。

　次に、検索結果はGROUP BY句で指定された列に同じ値を持つ行ごとに分類されます（図中②）。最後に、各グループに対して集計関数の処理が行われた後、SELECT句の選択列リストによって列が絞り込まれ、結果表となります（図中③）。

　最終的な結果表の行数は、グループの数（GROUP BY句で指定した列に格納されている値の種類の数）と等しくなります。

 グループ化した集計関数

- グループ化するには、GROUP BY句に基準となる列を指定する。
- 集計関数は、データの値をグループごとにまとめて計算する。
- 集計関数の結果表の行数は、必ずグループの数と一致する。

第 6 章 集計とグループ化

6.3 節までに登場した「GROUP BY 句を使わない集計関数の利用」も、検索結果の行全部を 1 つのグループと考えたグループ集計なのよ。

複数の列によるグループ化

ここでは 1 つの列を基準にしてグループ化を行う例を紹介しました。しかし、GROUP BY 句に複数の列をカンマで区切って指定すれば、複数の列を基準にしたグループ化をすることもできます。

複数の列によるグループ化は、それらの列を組み合わせて、値が同じになるものを集めてグループが作られます。

6.4.4　グループ集計後の絞り込み

あれぇ…おっかしいなぁ。なんで絞り込めないんだろう？

6.4.1 項で登場した「費目別の出金額集計表」(p.187)をもう一度確認するために、下に示します。出金額の合計が 0 円の行が含まれていますね。しかし、「給料」は出金額が発生する費目ではありませんから、本来、この集計表に表示する必要はありません。

費目別の出金額集計表（再掲）

費目	費目別の出金額合計
食費	380
給料	0
教養娯楽費	2800
交際費	5000
水道光熱費	7560

出金額の合計が 0 円となる行を結果表として出力させないように、湊くんはリスト 6-8 のような SQL 文を作成しました。

リスト 6-8　集計結果から 0 円の行を除外したい（エラー）

```
SELECT  費目 , SUM( 出金額 ) AS 費目別の出金額合計
  FROM  家計簿
 WHERE  SUM( 出金額 ) > 0
 GROUP  BY 費目
```

出金額の合計が 0 より大きい行だけを表示したい

この SQL 文では「WHERE　SUM(出金額) > 0」によって、最終的な結果表に不要な行を取り除こうとしていますが、実際に実行するとエラーになってしまいます。

その理由は、6.4.3 項で解説した「グループ集計の流れ」（図 6-7）を見れば明らかです。WHERE 句が処理される「①検索」の時点では、「③集計」で初めて計算される「SUM(出金額)」の部分が未確定なのです。

集計関数は WHERE 句に記述できない

行を絞り込む段階では、まだ集計が終わっていないため、集計関数は WHERE 句では利用できない。

じゃあどうすればいいんだよぉ。

安心して。ちゃんと専用の構文が用意されているのよ。

集計処理を行ったあとの結果表に対して絞り込みを行いたい場合は、WHERE 句ではなく **HAVING 句**（ハビング）を用います。

集計結果に対して絞り込む基本構文

```
SELECT  グループ化の基準列名…, 集計関数
  FROM  テーブル名
(WHERE  もとの表に対する絞り込み条件)
GROUP BY  グループ化の基準列名…
HAVING  集計結果に対する絞り込み条件
```

HAVING 句に記述する条件式は、WHERE 句に記述するものと非常によく似ています。WHERE 句と同じように、AND や OR の論理演算子で複数の条件式を組み合わせることもできます。

異なるのは、絞り込みが実行されるタイミングです（図 6-8）。

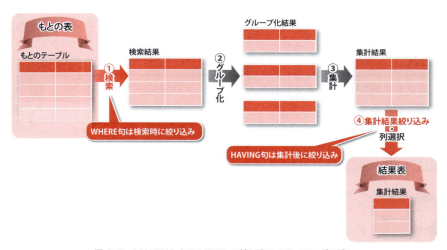

図 6-8　HAVING と WHERE の絞り込みのタイミングの違い

HAVING 句は、集計結果がすべて揃った最後の段階で実行されます。そのため、WHERE 句とは異なり、集計関数を記述することが可能になるのです。

実際に出金額の合計が 0 円より大きい集計行だけを取り出す SELECT 文を見てみましょう（次ページのリスト 6-9 と結果表）。

リスト 6-9 集計結果で絞り込む

```
SELECT  費目 , SUM( 出金額 ) AS 費目別の出金額合計
  FROM  家計簿
 GROUP  BY 費目
HAVING  SUM( 出金額 ) > 0
```

合計値が 0 より大きいグループを抽出

リスト 6-9 の結果表

費目	費目別の出金額合計
食費	380
教養娯楽費	2800
交際費	5000
水道光熱費	7560

しくみがわかっていれば、WHERE と HAVING の使い分けもきちんとできそうだね。

構文を丸暗記してもすぐ忘れちゃうけど、意味を理解しておけば応用も利きそうね。

6.4.5 SELECT 文の全貌

さて、ようやく SELECT 文のパーツが勢揃いしたわね。あらためて構文を振り返っておきましょう。

この第 6 章で登場した HAVING 句を含めると、SELECT 文に記述可能な部品がすべて登場しました。あらためて、SELECT 文の構文を整理してみましょう。

SELECT 文の基本構文

```
SELECT  選択列リスト
  FROM  テーブル名
[WHERE  条件式]
[GROUP BY  グループ化列名]
[HAVING  集計結果に対する条件式]
[ORDER BY  並び替え列名]
```

　カッコで囲んだ修飾は必要に応じて任意で記述するものですが、それぞれの修飾を記述できる場所は定められています。特に ORDER BY 句は、ほかにどのような修飾を書いたとしても、必ず最後に記述しなければなりませんので注意してください。

グループ集計と選択列リスト

　グループ集計を行う SELECT 文の選択列リストに指定する列は、次のどちらかに当てはまるものでなければなりません。

(1) GROUP BY 句にグループ化の基準列として指定されている。
(2) 集計関数による集計の対象となっている。

　なぜなら、これらに当てはまらない列を抽出しようとすると、6.3.2 項で述べた「デコボコな結果表」になってしまうからです。

6.5 集計テーブルの活用

6.5.1 大量のデータ集計

もし将来的に家計簿のデータが増えたら、集計処理に何時間もかかったりしないかな？

家計簿ならたぶん大丈夫よ。数万件程度のデータなら、DBMSは一瞬で処理しちゃうから。

　集計関数は非常に便利な道具ですが、集計結果をはじき出すために DBMS はたくさんの計算処理を行うことになります。もちろん、最近のコンピュータの性能は高いため、数万件程度のデータであれば一瞬で処理してくれるでしょう。

　しかし、大手金融機関が管理する全口座の入出金情報ともなると、その行数はかなり膨大なものになります。たとえば、2021 年に入ってきたお金と出て行ったお金を明らかにするための次のような SQL 文を実行するにしても、長い時間がかかる恐れがあります。

リスト 6-10　2021 年の入出金の合計を算出

```
/* 数千万行が該当するかもしれない SQL 文 */
SELECT   SUM(入金額) AS 入金額合計, SUM(出金額) AS 出金額合計
  FROM   口座入出金テーブル
 WHERE   日付 >= '2021-01-01' AND 日付 < '2022-01-01'
```

　このような処理を、集計結果が必要となる度に毎回実行して計算するのは非効率です。

6.5.2 集計テーブルの活用

非常に大量のデータを取り扱う場合、**集計テーブル**と呼ばれるテーブルを用いて、次のような工夫がなされることがあります。

集計テーブルの利用

- あるテーブルの集計結果を格納するための別テーブル（集計テーブル）を作成する。
- 集計関数を用いて集計処理を1回行い、結果を集計テーブルに登録しておく。
- 集計結果が必要な場合は、すでに作った集計テーブルに格納されている計算済みの集計結果を利用する（図6-9）。

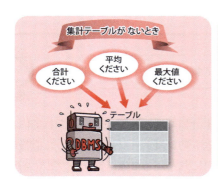
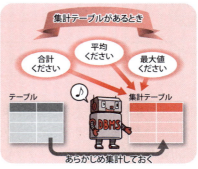

図 6-9 集計テーブルの有無による違い

先輩と一緒に、家計簿の集計テーブルを作ってみたの。

朝香さんはさっそく、家計簿テーブルの費目ごとの集計結果を格納する「家計簿集計テーブル」を作りました。家計簿テーブルに対して集計処理を行って得た結果を、1つずつINSERT文で集計テーブルに挿入して完成したのが、次の家計簿集計テーブルです。

テーブル 6-1　家計簿集計テーブル

費目	合計	平均	最大	最小	回数
居住費	240000	80000	80000	80000	3
水道光熱費	11760	5880	7560	4200	2
食費	10380	3460	5000	380	3
教養娯楽費	4600	2300	2800	1800	2
給料	840000	280000	280000	280000	3

　この集計テーブルを1度作っておけば、いつでも必要なときに集計結果を取り出すことができます。

6.5.3　集計テーブルを更新する

でも、家計簿集計テーブルの内容って、集計したときのままなんじゃない？

そうなの。だから毎晩、頑張って集計し直しているのよ。

　集計テーブルに登録された計算済みの集計情報は、時間が経つにつれて内容が古くなっていきます。朝香さんが作った家計簿集計テーブルも、作った直後は正しい集計結果が格納されていましたが、日にちが経って家計簿テーブルに新たな行が加わるにつれ、集計結果が食い違ってしまうでしょう。

集計テーブルを用いるリスク

集計テーブルに格納されている内容は、最新のデータを用いた集計より古くなってしまう可能性がある。

そこで、通常は、データの性質に応じて毎日や毎月、毎年などの一定のタイミングで集計処理を再実行し、集計テーブルの内容を最新の状態に更新するという処理が行われます。今回の家計簿集計テーブルについては、朝香さんが毎晩手動で集計用の SQL 文を実行し、その値に基づいて集計テーブルを更新しているとのことでした。

図 6-10　定期的な集計テーブルの更新

集計テーブルに不可欠な更新作業

集計テーブルの内容が古くならないように、定期的に再集計して内容を更新する作業が不可欠である。

> 毎晩、集計用の SELECT 文を実行して、結果を紙にメモして、UPDATE 文で更新して。ホント大変なのよ…。

> 次の章では、そんな悩みを解決する SQL の機能を紹介するから、楽しみにしててね。

第 II 部　SQL を使いこなそう

6.6 この章のまとめ

6.6.1 この章で学習した内容

集計

- 集計関数を用いてデータを集計することができる。
- 集計関数は、まとめたグループごとに 1 つの結果を算出する。
- 集計関数は SELECT 文でのみ使用できる。

グループ化

- GROUP BY 句にグループ分けの基準となる列を指定することで、グループ別に集計を行うことができる。
- GROUP BY 句を用いない集計では、検索結果の全件を 1 つのグループとして扱う。
- 集計値をもとにして特定のグループのみを抽出するには、HAVING 句を用いる。

集計関数

主な集計関数

関数名	集計の内容	集計できるデータ型
SUM	データを合計する	数値
MAX	最も大きい値を求める	数値、日付と時刻、文字列
MIN	最も小さい値を求める	数値、日付と時刻、文字列
AVG	データを平均する	数値
COUNT	行数をカウントする	すべてのデータ型

200

6.6.2 この章でできるようになったこと

今月の収入と支出の合計額を知りたい。

※ QRコードは、この項のリストすべてに共通です。

```
SELECT SUM( 入金額 ), SUM( 出金額 ) FROM 家計簿
```

今月の食費を支払った回数を知りたい。

```
SELECT COUNT( 費目 ) AS 食費を支払った回数 FROM 家計簿
  WHERE 費目 = '食費'
```

先月までの水道光熱費で、最も高かった額と低かった額を知りたい。

```
SELECT MAX( 出金額 ) AS 最高額, MIN( 出金額 ) AS 最低額
   FROM 家計簿アーカイブ WHERE 費目 = '水道光熱費'
```

先月までの給料の平均額を知りたい。

```
SELECT AVG( 入金額 ) AS 平均額 FROM 家計簿アーカイブ
  WHERE 費目 = '給料'
```

先月までの費目ごとの出費額を知りたい。

```
SELECT 費目, SUM( 出金額 ) AS 出金額
   FROM 家計簿アーカイブ
 GROUP BY 費目
```

今月の出費のうち、平均が 5,000 円以上の費目とその最大額を知りたい。

```
SELECT 費目, MAX(出金額) AS 最大出金額 FROM 家計簿
 WHERE 出金額 > 0
 GROUP BY 費目
HAVING AVG(出金額) >= 5000
```

無駄な集計にご用心

次の SELECT 文では、出費回数が 5 回以上の費目について、合計額と回数を求めています。

```
SELECT 費目,
       SUM(出金額) AS 合計額,
       COUNT(出金額) AS 回数
  FROM 家計簿
 WHERE 出金額 > 0
 GROUP BY 費目
HAVING COUNT(出金額) >= 5
   AND 費目 IN ('食費', '居住費')    ← データ絞り込み条件
```

この SQL 文をよく見ると、最後の AND で指定している費目の名称による絞り込みは、集計結果ではなく、家計簿テーブルの各行に対する条件なので、WHERE 句に書いても同じ結果になります。

HAVING 句ではなく WHERE 句にこの条件を記述して絞り込むタイミングを早めれば、DBMS が集計やグループ化を行う行数が減るためパフォーマンスは向上します。集計の前に処理行数を減らせる場合は、WHERE 句で早めに絞り込んでしまいましょう。

6.7 練習問題

問題 6-1

ある年の日本各地の気象データを記録した、次のような都市別気象観測テーブルがあります。このテーブルについて、以下の設問で求められているデータを取得する SQL 文を作成してください。その際、観測データのない都市や月の影響を受けないように集計してください。

都市別気象観測テーブル

列名	データ型	備考
都市名	VARCHAR(20)	「熊谷」「奈良」「博多」など
月	INTEGER	1 〜 12 のいずれかの数値
降水量	INTEGER	観測データがないものは NULL
最高気温	INTEGER	観測データがないものは NULL
最低気温	INTEGER	観測データがないものは NULL

1. 日本全体としての年間降水量の合計と、年間の最高気温・最低気温の平均
2. 都市名「東京」の年間降水量と、各月の最高気温、最低気温の平均
3. 各都市の降水量の平均と、最も低かった最高気温、最も高かった最低気温
4. 月別の降水量、最高気温、最低気温の平均
5. 1 年間で最も高い最高気温が 38 度以上を記録した月のある都市名とその気温
6. 1 年間で最も低い最低気温が -10 度以下を記録した月のある都市名とその気温

問題 6-2

サーバールームへの入退室を記録した、次ページのような入退室管理テーブルがあります。このテーブルについて、以下の設問で求められているデータを取得する SQL 文を作成してください。

なお、同姓同名の社員はいないものとします。

入退室管理テーブル

列名	データ型	備考
日付	DATE	入室した日付
退室	CHAR(1)	NULL：入室中 1：退室済み
社員名	VARCHAR(20)	入室した社員名
事由区分	CHAR(1)	入室事由を表すコード 　1：メンテナンス 　2：リリース作業 　3：障害対応 　9：その他

1. 現在入室中の社員数を取得する。
2. 社員ごとの入室回数を、回数の多い順に取得する。
3. 事由区分ごとの入室回数を取得する（事由区分はわかりやすく表示する）。
4. 入室回数が 10 回を超過する社員について、社員名と入室回数を取得する。
5. これまでに障害対応が発生した日付と、それに対応した社員数を取得する。

問題 6-3

次の SQL 文のうち、集計関数の原則に照らし合わせるとエラーになるものを選択してください。なお、販売履歴テーブルには、ID、日付、商品名、商品区分、価格の列があるものとします。

```
1． SELECT COUNT(*) FROM 販売履歴
2． SELECT 商品名, COUNT(*) FROM 販売履歴
3． SELECT COUNT(*) FROM 販売履歴 GROUP BY 商品名
4． SELECT 商品名, COUNT(*) FROM 販売履歴 GROUP BY 商品名
5． SELECT 商品区分, 商品名, COUNT(*) FROM 販売履歴
    GROUP BY 商品名
6． SELECT 商品区分, 商品名, COUNT(*) FROM 販売履歴
    GROUP BY 商品区分, 商品名
    HAVING AVG(価格) >= 10000
```

6.8 練習問題の解答

問題 6-1 の解答

```
1.  SELECT  SUM(降水量), AVG(最高気温), AVG(最低気温)
    FROM    都市別気象観測
2.  SELECT  SUM(降水量), AVG(最高気温), AVG(最低気温)
    FROM    都市別気象観測
    WHERE   都市名 = '東京'
3.  SELECT  都市名, AVG(降水量), MIN(最高気温), MAX(最低気温)
    FROM    都市別気象観測
    GROUP   BY 都市名
4.  SELECT  月, AVG(降水量), AVG(最高気温), AVG(最低気温)
    FROM    都市別気象観測
    GROUP   BY 月
5.  SELECT  都市名, MAX(最高気温)
    FROM    都市別気象観測
    GROUP   BY 都市名
    HAVING  MAX(最高気温) >= 38
6.  SELECT  都市名, MIN(最低気温)
    FROM    都市別気象観測
    GROUP   BY 都市名
    HAVING  MIN(最低気温) <= -10
```

問題 6-2 の解答

```
1.  SELECT  COUNT(*) AS 社員数
    FROM    入退室管理
```

205

第 II 部　SQL を使いこなそう

```
        WHERE   退室 IS NULL
2.  SELECT   社員名 , COUNT(*) AS 入室回数
        FROM    入退室管理
        GROUP  BY 社員名
        ORDER  BY 2 DESC
3.  SELECT   CASE 事由区分 WHEN '1' THEN 'メンテナンス'
                          WHEN '2' THEN 'リリース作業'
                          WHEN '3' THEN '障害対応'
                          WHEN '9' THEN 'その他'
            END AS 事由 ,
            COUNT(*) AS 入室回数
        FROM    入退室管理
        GROUP  BY 事由区分
4.  SELECT   社員名 , COUNT(*) AS 入室回数
        FROM    入退室管理
        GROUP  BY 社員名
        HAVING  COUNT(*) > 10
5.  SELECT   日付 , COUNT( 社員名 ) AS 対応社員数
        FROM    入退室管理
        WHERE   事由区分 = '3'
        GROUP  BY 日付
```

問題 6-3 の解答 ···

2 と 5

解説

　列ごとに結果の行数が異なる（結果表がデコボコになる）ため。GROUP BY 句
によって、2 は商品名で、5 は商品名に加えて商品区分でグループ化する必要が
ある。

第7章

副問い合わせ

SQL には、SQL 文の内部に別の SELECT 文を記述する、
副問い合わせという機能が備わっています。
この機能を使うことで、1 つの SQL 文で 2 つ以上の処理ができ、
DBMS に対してより柔軟な指示ができます。
また、副問い合わせの構造を理解することは、
SQL 構文のより深い理解にもつながります。
さあ、SQL による可能性をさらに広げていきましょう。

CONTENTS

7.1　検索結果に基づいて表を操作する
7.2　単一の値の代わりに副問い合わせを用いる
7.3　複数の値の代わりに副問い合わせを用いる
7.4　表の代わりに副問い合わせを用いる
7.5　この章のまとめ
7.6　練習問題
7.7　練習問題の解答

7.1 検索結果に基づいて表を操作する

7.1.1 2回のSELECTが必要な状況

第6章で学んだMAX関数を使って、「最も大きな出費に関する費目と金額」を出してみたのよ。

なるほど、SELECT文を2回使ったんだね。こんなこともできるのかぁ。

　朝香さんは、自分が何に最もお金を使ったのかがわかるように、「最も大きな出費をしたときの費目と金額」を取得するSQL文を準備しました（リスト7-1）。

リスト7-1　最も大きな出費の費目と金額を求める①

```
/* 出金額の最大値を取得して値を書き留めておく */
SELECT MAX(出金額) FROM 家計簿;    -- (1)
/* (1)で得た金額を条件式に記述して費目と金額を取得する */
SELECT 費目, 出金額 FROM 家計簿
 WHERE 出金額 = 【書き留めた額】;    -- (2)
```

ここに(1)で得た金額を当てはめる

リスト7-1（2）のSQL文を実行した結果表

費目	出金額
水道光熱費	7560

でも、実は、最初からこの2つのSQL文を思いついたわけじゃないの。

もしみなさんが「最も大きな出費をしたときの費目と金額」を得るためのSQL文を考えるとしたら、どのように組み立てていくでしょうか。

最終的には費目と出金額を知りたいわけですから、まずは「SELECT 費目, 出金額 FROM 家計簿 WHERE…」のように書き始めることでしょう。

しかし、WHERE句の続きを書こうとして、手が止まってしまうはずです。条件式「出金額 = ?」の右辺に書くべき具体的な値は、実際に家計簿テーブルを調べてみなければわからないからです。そこで仕方なく、その部分を調べるリスト7-1の(1)のSQL文を先に実行するという方法にたどり着くでしょう。

このように、「ひとまずSELECT文で何らかの検索結果を得て、得られた具体的な値を用いてさらにSELECTやUPDATEなどを実行する」ような機会は、実はデータベースを利用するうえでよくあることなのです。

7.1.2 SELECTをネストする

日本語だと「最大の出費に関する費目と金額を知りたい」っていう一言で済むのに、SQLにすると2つの文になっちゃうのか。

あら、これなら1つのSQL文で書けるのよ。

ひとまずSELECT文で何らかの検索結果を得て、得られた具体的な値を用いてさらにSELECTやUPDATEなどを実行したい場合、それを1つのSQL文で記述することができます。たとえばさきほどのリスト7-1は、次のように書き換えることができます。

リスト7-2 最も大きな出費の費目と金額を求める②

```
SELECT 費目, 出金額 FROM 家計簿
 WHERE 出金額 = (SELECT MAX(出金額) FROM 家計簿)
```

> えっ、1つの文の中にSELECTが2回も出てきてるよ？

> でも…よく見たら、これ、もとの2つのSQL文が合体しているだけじゃない！？

このSELECT文をよく見ると、リスト7-1を構成する（1）と（2）の2つのSQL文が組み合わさって構成されていることがわかります。

図 7-1
リスト 7-2 の模式図

一般的に、あるものがその内側に別のものを内包している状態を**ネスト構造**や**入れ子**と呼びますが、リスト7-2もSQL文がネスト構造になっています。

そして（1）のSQL文のように、ほかのSQL文の一部分として登場するSELECT文のことを、**副問い合わせ**や**副照会**、または**サブクエリ**と呼びます。

副問い合わせとは

ほかのSQL文の一部分として登場するSELECT文。丸カッコでくくって記述する。

図 7-2　副問い合わせ構造の模式図

なお、内部に複数の副問い合わせを持つことや、副問い合わせの中にさらに別の副問い合わせを記述することも可能です（図 7-2）。

7.1.3 副問い合わせを習得するコツ

図 7-2 を見てると、副問い合わせってパズルみたいだなぁ。

ほんとね。でも、どこにどうやって組み合わせていけばいいのか、悩んでしまいそう…。

　副問い合わせを使うことによって、複雑で高度な SQL 文を書くことが可能になります。だからといって、そのような長くて複雑な SQL 文をいきなり書こうとすると大変です。

　しかし、落ち着いて 1 つひとつの副問い合わせを部品として捉えてみれば、それぞれはこれまでに学んだ、単純な SQL 文に過ぎません。**個々の SQL 文を 1 つずつ作り、あとから組み立ててあげればよい**のです。

　副問い合わせをスッキリ習得するコツは以下の 2 つです。

副問い合わせを習得するコツ

- 副問い合わせが処理されるしくみを理解しておく。
- 副問い合わせの代表的な 3 つのパターンを学んでおく。

　これらのコツを意識しておけば、必要に応じて複雑な SQL 文を自分の手で組むことが必ずできるようになっていきます。そのためにも、まずは基本をしっかりと押さえておきましょう。

それでは、コツを 1 つずつ紹介していくね。

7.1.4 コツその1：副問い合わせが処理されるしくみ

それでは、DBMSが副問い合わせを含むSQL文をどのように処理していくか、その様子を見ていきましょう。次の図7-3は、p.210の図7-1が処理されていく過程を表したものです。

図7-3　副問い合わせの動作

最初に、副問い合わせのSQL（1）がDBMSによって処理され、具体的な値である「7560」に置き換わっていますね。

このように、副問い合わせを含むSQL文では、まず副問い合わせのSELECT文が実行され、その結果である具体的な値に「化ける」ことになります。その後、化けた値を当てはめて組み立てられた外側のSQL文（図7-3ではSQL（2））が実行されていきます。

 副問い合わせの動作

まず、内側にあるSELECT文が実行され結果に化ける。
そして、外側のSQL文が実行される。

「実行されると結果に化ける」あたり、なんだか関数にも似ているね。

7.1.5 コツその2：副問い合わせのパターン

副問い合わせは、実行すると具体的な値に置き換わるんですね。あとは、よく使うパターンがわかればバッチリです！

パターンは、副問い合わせで得られる結果によって分類できるのよ。

　副問い合わせで得られる検索結果について、考えてみましょう。副問い合わせの中身はSELECT文ですから、得られる結果の形としては、図7-4の3種類が考えられます。

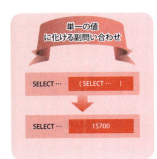

図7-4　副問い合わせで得られるもの

　図の左から、副問い合わせの結果は、1行1列の単一の値、n行1列の複数の値、n行m列の表、という形になっていますね（なお、ここでは1行m列は表形式に含めて考えます）。
　従って、副問い合わせを使うパターンは、次ページの3つにまとめることができます。

副問い合わせの3つのパターン

- 単一の値の代わりとして、副問い合わせの検索結果を用いる。
- 複数の値の代わりとして、副問い合わせの検索結果を用いる。
- 表の値の代わりとして、副問い合わせの検索結果を用いる。

次節からは、このパターンに沿って1つずつ紹介していきます。

データ構造の種類

データベースに限らず、ITの世界では、複数のデータ(値)をある構造に従ってひとかたまりに取り扱うことがよくあります。たとえば、「太陽系の惑星の名前」は、次のように複数の値を並べた構造になります。

'水','金','地','火','木','土','天','海'

このように、1つ以上のデータで形成されたものを**データ構造** (data structure) といい、次の3つが基本になります。

スカラー	ベクター	マトリックス
(単一の値)	(1次元に並んだ値/配列)	(2次元に並んだ値/表)

（例）「昨日の京都の最高気温」、「自分の誕生日」

（例）「過去12か月の京都の最高気温」、「太陽系の惑星の名前」

（例）「過去12か月の各地の最高気温」、「九九の計算結果」

副問い合わせの3つのパターンとは、検索結果がそれぞれスカラー、ベクター、マトリックスになると考えると理解しやすいでしょう。

7.2 単一の値の代わりに副問い合わせを用いる

7.2.1 単一行副問い合わせ

単一行副問い合わせとは、副問い合わせの検索結果が1行1列の値になるパターンを指します。この副問い合わせの結果は、1つの値に化けると考えることもできます。

単一行副問い合わせは、単一の値を記述するような場所であれば、基本的にどこでも記述することができます。代表的な場所としては、SELECT文の選択列リストやUPDATE文のSET句などが挙げられます。

図7-5 単一行副問い合わせのイメージ

 単一行副問い合わせとは

- 検索結果が1行1列の1つの値となる副問い合わせを指す。
- SELECT文の選択列リストやFROM句、UPDATE文のSET句、また1つの値との判定を行うWHERE句の条件式などに記述することができる。

ここでは、SET句と選択列リストでの利用例を紹介するわね。

7.2.2 SET句で利用する

さっそく、SET句での利用例を見てみましょう。

リスト 7-3　SET句で副問い合わせを利用する

```
UPDATE   家計簿集計
   SET   平均 = (SELECT AVG(出金額)
                   FROM 家計簿アーカイブ
                  WHERE 出金額 > 0
                    AND 費目 = '食費')
 WHERE   費目 = '食費'
```

副問い合わせの結果は 5000

リスト 7-3 の結果表　家計簿集計テーブル

費目	合計	平均	最大	最小	回数
居住費	240000	80000	80000	80000	3
水道光熱費	11760	5880	7560	4200	2
食費※	10380	5000	5000	380	3
教養娯楽費	4600	2300	2800	1800	2
給料	840000	280000	280000	280000	3

※リスト 7-3 では平均のみを更新したため、合計とは不整合になっている。

　この例では、副問い合わせが「5000」という具体的な数値に変化します。そして最終的には、家計簿集計テーブルの「食費」行の平均に「5000」をSETするUPDATE文になるというわけです。

これは第6章の家計簿集計テーブルの例ですね。そうか、副問い合わせを使えば集計と更新がいっぺんにできちゃうんですね！

7.2.3　選択列リストで利用する

　次に、SELECT文の選択列リストでの利用例を見てみましょう（リスト7-4、および結果表）。

第 7 章 副問い合わせ

> **リスト 7-4　選択リストで副問い合わせを利用する**
>
> ```
> SELECT   日付 , メモ , 出金額 ,
>          (SELECT 合計 FROM 家計簿集計
>             WHERE 費目 = '食費') AS 過去の合計額
>    FROM  家計簿アーカイブ
>   WHERE  費目 = '食費'
> ```
>
> 副問い合わせの結果は 10380

リスト 7-4 の結果表

日付	メモ	出金額	過去の合計額
2021-12-24	レストランみやび	5000	10380
2022-01-13	新年会	5000	10380

　この SQL 文の副問い合わせは、家計簿集計テーブルの食費に関する合計額を取得する内容です。集計テーブルの食費に対応する行は 1 行ですから、検索結果は 1 つの値になります。

　従って、副問い合わせが 10380 という具体的な値に変化し、外側の SELECT 文は、「食費の各明細と、これまでの食費の合計値を同時に表示する」という動作をします。

> 最初から全体を読もうとして複雑でよくわからないときは、副問い合わせを示すカッコを探すといいわよ。

7.3 複数の値の代わりに副問い合わせを用いる

7.3.1 複数行副問い合わせ

複数行副問い合わせとは、副問い合わせの検索結果が複数の行から成る単一列（n 行 1 列）の値になるパターンを指します。従って、このパターンの副問い合わせを実行した結果は、複数の値に化けるとも考えることができます。

複数行副問い合わせは、SQL 文中で複数の値を列挙するような場所に、その代わりとして記述することができます。具体的には、IN、ANY、ALL 演算子を用いた条件式が代表的です。

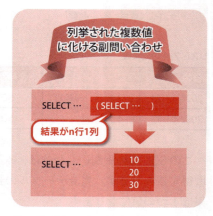

図 7-6 複数行副問い合わせのイメージ

複数行副問い合わせとは

- 検索結果が n 行 1 列の複数の値となる副問い合わせ。
- 複数の値との判定を行う WHERE 句の条件式や、SELECT 文の FROM 句に記述することができる。

7.3.2 IN 演算子で利用する

まずは、第 3 章で登場した比較演算子 IN を使った条件式での利用例です。そもそも IN 演算子とは、次のような使い方をするものでした（リスト 7-5）。

第 7 章　副問い合わせ

リスト 7-5　IN を使った条件式の例

```
SELECT * FROM 家計簿集計
  WHERE 費目 IN ('食費', '水道光熱費', '教養娯楽費', '給料')
```

リスト 7-5 の結果表

費目	合計	平均	最大	最小	回数
水道光熱費	11760	5880	7560	4200	2
食費※	10380	3460	5000	380	3
教養娯楽費	4600	2300	2800	1800	2
給料	840000	280000	280000	280000	3

※リスト 7-3 による食費の平均への更新は反映されていない。

　IN 演算子の右には、文字列値が列挙されていますが、この部分を副問い合わせに置き換えることができます（リスト 7-6）。

リスト 7-6　IN で副問い合わせを利用する

```
SELECT * FROM 家計簿集計
  WHERE 費目 IN (SELECT DISTINCT 費目 FROM 家計簿)
```
　　　　　　　　　　　　　　副問い合わせの結果は費目のグループ

リスト 7-6 の結果表

費目	合計	平均	最大	最小	回数
水道光熱費	11760	5880	7560	4200	2
食費※	10380	3460	5000	380	3
教養娯楽費	4600	2300	2800	1800	2
給料	840000	280000	280000	280000	3

※リスト 7-3 による食費の平均への更新は反映されていない。

この副問い合わせは第 4 章のリスト 4-3 とまったく同じだわ。
費目の種類一覧に変化するのね。

7.3.3 ANY／ALL 演算子で利用する

IN 演算子と一緒に第 3 章で紹介した ANY や ALL も、複数行副問い合わせと組み合わせて利用される代表的な演算子です。

リスト 7-7　ANY で副問い合わせを利用する

```
SELECT  *  FROM  家計簿
  WHERE  費目 = '食費'
    AND  出金額 < ANY (SELECT  出金額  FROM  家計簿アーカイブ
                        WHERE  費目 = '食費')
```

副問い合わせの結果は食費の金額グループ

リスト 7-7 の結果表

日付	費目	メモ	入金額	出金額
2022-02-03	食費	コーヒーを購入	0	380

ANY はたくさんの値といっぺんに比較したいときに便利なんだよね。

ANY 演算子は、左辺の値と右辺に列挙された値とを比較して、いずれかの値と併記した比較演算子が成立するかを判定するものでした。この例では < 演算子を ANY と組み合わせていますので、3 〜 4 行目は「問い合わせの結果で得られる複数の値のいずれかより出金額が小さければ」という意味の条件式になります。

もしこの SQL 文の ANY を ALL に書き換えると、「副問い合わせの結果で得られる複数の値のどれよりも出金額が小さければ」という条件になります。

7.3.4 エラーとなる副問い合わせ

複数行副問い合わせは、SQL 文中のどこにでも記述できるわけではないの。なぜだかわかるわね？

複数行副問い合わせの結果は n 行 1 列、つまり「複数の値」です。よって、IN 演算子や ANY 演算子の「カンマで区切った値の列挙」の代わりに記述できても、**単一の値の代わりに記述することはできません。**

たとえば、「`SELECT * FROM 家計簿 WHERE 出金額 < 30000`」という SELECT 文の「30000」の部分に、複数行副問い合わせを記述するとエラーになります。副問い合わせの結果として得られる複数の値のうち、どれと出金額を比較してよいか、わからなくなるからです（図 7-7）。

図 7-7　単一の値と比較する演算子は複数の値と比較できない

些細な違いですが、前項で紹介したように、不等号の右に ANY ／ ALL 演算子を加えれば正しい SQL 文として動作します。たとえば、「`SELECT * FROM 家計簿 WHERE 出金額 < ANY (30000)`」という SELECT 文であれば、30000 の部分に複数行副問い合わせを記述できます。

 複数行と比較したいときには

複数行副問い合わせは複数の値に化けるので、単なる等号や不等号では比較できない。等号や不等号に ANY ／ ALL 演算子を組み合わせたり、IN ／ NOT IN 演算子を用いたりすることで、複数の値と比較できる。

7.3.5 副問い合わせと NULL

複数行の副問い合わせに関してもう1つ、重要な注意点を紹介しておくね。

次のリスト 7-8 を実行すると、どのような結果になるでしょうか。みなさんも考えてみてください。

リスト 7-8　値リストに NULL のある条件式

```
SELECT * FROM 家計簿
 WHERE 費目 NOT IN ('食費', '水道光熱費', NULL)
```

費目が「食費」でも「水道光熱費」でも NULL でもない行を抽出できるんでしょ？

でも、NULL かどうかを判定するには、特別なルールがあったはずよ。

　朝香さんの言うとおり、データが格納されていないことを意味する NULL を判定するには、IS NULL 演算子か IS NOT NULL 演算子を使わなければならないルールがありました。もし普通の演算子で比較すると、結果は「不明」となり、正しい比較ができません (p.83)。

　NOT IN 演算子は、右辺に列挙された値を不等号を使って1つひとつ比較し、すべての値と等しくしないことを判定する演算子です。よって、**右辺に1つでも NULL が含まれると、NOT IN 演算子による比較結果はすべて NULL** となります。WHERE 句は記述した条件式の結果が真となる行だけを抽出しますから (p.78)、リスト 7-8 の SELECT 文では最終的に1行も結果が得られないことになります。これは、NOT IN 演算子と同じ意味になる、<> ALL で比較した場合も同様です。

副問い合わせの結果が NULL を含んでいた場合

NOT IN または <> ALL で判定する副問い合わせの結果に NULL が含まれると、全体の結果も NULL となる。

データに NULL が含まれてしまったために、取得できるはずのデータが取得できないというケースは、データベースを使ったソフトウェアで陥りやすい落とし穴です。原因の特定が難しい場合も多いので、特に注意しましょう。

でも、副問い合わせの結果に NULL が含まれるかなんて、実行してみなければわからないですよね。

大丈夫！　絶対に NULL が含まれない状況を作ってあげればいいのよ。

副問い合わせの結果から確実に NULL を除外するには、2 つの方法があります。

副問い合わせの結果から確実に NULL を除外する方法

(1) 副問い合わせの絞り込み条件に、IS NOT NULL 条件を含める。
(2) COALESCE 関数を使って NULL を別の値に置き換える。

なるほど、あの不思議な関数はこういうときに使うのか！

上記それぞれの方法を使って、副問い合わせの結果から NULL を除外した例が次のリスト 7-9 とリスト 7-10 です。

リスト 7-9　副問い合わせから NULL を除外する (1)

```
SELECT * FROM 家計簿アーカイブ
 WHERE 費目 IN (SELECT 費目 FROM 家計簿
                 WHERE 費目 IS NOT NULL)
```

NULL を除外する条件を付加した

リスト 7-10　副問い合わせから NULL を除外する (2)

```
SELECT * FROM 家計簿アーカイブ
 WHERE 費目 IN (SELECT COALESCE(費目, '不明') FROM 家計簿)
```

費目が NULL なら代わりに'不明'にする

なお、IN 演算子は、右辺に列挙された値を等号を使って比較していき、いずれかの値と等しければ真と判断する演算子です。従って、右辺に NULL が含まれていても、等しい値が 1 つでもあれば、結果を得ることができます。

行値式と副問い合わせ

ここでは n 行 1 列の検索結果が返る副問い合わせを複数行副問い合わせとしましたが、Oracle DB などの一部の DBMS では、結果が n 行 m 列 (7.4 節) でも、複数の列を組み合わせて同時に比較することで、複数行副問い合わせとしての利用が可能です。このような複数の列の組み合わせによる条件式を**行値式**といいます。

```
WHERE (A, B) IN (SELECT C, D FROM ～)
```

7.4 表の代わりに副問い合わせを用いる

7.4.1 表の結果となる副問い合わせ

最後に紹介する表副問い合わせは、副問い合わせの検索結果が複数の行と複数の列から成る表形式（n 行 m 列）の値となるパターンです（図7-8）。従って、この副問い合わせを実行した結果は、表の形に化けるとも考えることができます。

このパターンの問い合わせは、通常の SQL 文において表を記述できる箇所、たとえば SELECT 文の FROM 句や INSERT 文などに記述することができます。

図 7-8　表副問い合わせのイメージ

 表形式の結果となる副問い合わせとは

- 検索結果が n 行 m 列の表となる副問い合わせ。
- SELECT 文の FROM 句や INSERT 文などに記述することができる。

 ここでは、FROM 句と INSERT 文での利用例を紹介しましょう。

7.4.2 FROM 句で利用する

ではさっそく、FROM 句での利用例を見てみましょう。

リスト 7-11　FROM 句で副問い合わせを利用する

```sql
SELECT  SUM(SUB.出金額) AS 出金額合計
  FROM  (SELECT 日付, 費目, 出金額
           FROM 家計簿
         UNION
         SELECT 日付, 費目, 出金額
           FROM 家計簿アーカイブ
          WHERE 日付 >= '2022-01-01'
            AND 日付 <= '2022-01-31') AS SUB
```

FROM 句はすべて副問い合わせ

リスト 7-11 の結果表

出金額合計
102540

　うわっ、複雑な SELECT 文だなぁ…。

　ええと、複雑な SQL 文を把握するには、カッコを探すんだったわね。

　外側の SQL 文は、「`SELECT ～ FROM ～`」の単純な SELECT 文ですが、その FROM 句は 1 つの大きな副問い合わせで構成されています。副問い合わせの部分は、家計簿テーブルと家計簿アーカイブの 2022 年 1 月分が UNION で足し合わされているため、これを 1 つのテーブルのように捉えることが可能です。

　また、副問い合わせの部分に「SUB」という別名が付けられています。その別名を利用して、外側の SELECT の選択列リストでは、副問い合わせで得られる表の項目を明示しています。

別名を付けると SQL 文がわかりやすくなるし、DBMS も解析がしやすくなって実行速度が上がることもあるのよ。

副問い合わせに別名を付けるときの注意点

本書では、FROM 句に記述した副問い合わせに別名を付けることを推奨していますが、SQL Server などの一部の DBMS では、別名を必須としているものもあります。また、Oracle DB ではテーブルに別名を付けるときには「AS」ではなく、スペースで区切って別名を記述します。

このように、別名の表記方法も DBMS 製品によって異なりますので、利用する環境に応じて対応してください。

7.4.3 INSERT 文で利用する

最後に紹介する副問い合わせの利用例は、INSERT 文での活用法です。

そもそも INSERT 文は、原則として、1 回の呼び出しで 1 行しか追加できません。つまり、単純に考えると 100 行分のデータを追加したい場合は、100 回の INSERT 文を実行する必要があります。

しかし、**副問い合わせを使えば 1 回の INSERT 文で複数行のデータを登録することが可能**になります。さっそく実例を紹介しましょう（リスト 7-12）。

リスト 7-12　INSERT 文で副問い合わせを利用する

```
INSERT INTO 家計簿集計 ( 費目 , 合計 , 平均 , 回数 )
SELECT 費目 , SUM( 出金額 ), AVG( 出金額 ), 0
  FROM 家計簿
 WHERE 出金額 > 0
 GROUP BY 費目
```

集計結果を表形式で返す副問い合わせ

あれれ？ INSERT があって、次の行が SELECT ？ いったいどうなってるの？

どうやら SELECT 文のほうは、家計簿テーブルを集計しているみたいだけど…。

　この例では、2 行目以降、最後までが副問い合わせです。これまでと異なり今回の副問い合わせは、カッコでくくられていません。少々読みにくいかもしれませんが、このパターンだけの特例なので慣れてしまいましょう（この用法は、厳密には副問い合わせではなく INSERT 文の特殊構文です）。

　リスト 7-12 の副問い合わせは、INSERT 文の **VALUES 以降の記述に相当する内容に化けるもの**です。SELECT の検索結果がそのままテーブルに登録すべき値として処理されます。

この SQL 文って、家計簿集計テーブルを新たに作るときに使えますね！

　なお、もし副問い合わせの結果表の列と登録するテーブルの列が完全に一致していれば、「`INSERT INTO 家計簿集計 SELECT ～`」のように、INSERT の列名指定を省略することもできます。

副問い合わせは SQL の中でも複雑な機能だけど、2 人ともここまでよく頑張ったわね。

ありがとうございます。いろいろ応用できないか、試してみます！

単独で処理できない副問い合わせ

ここまで紹介したように、副問い合わせは自身を取り囲む外側のSQL文（主問い合わせ）から独立していることが一般的です。しかし、次のような特殊な副問い合わせを利用する場面もあります。

```
/* 今月使った費目（家計簿テーブルに登場する費目）についてのみ、
   合計金額を家計簿集計テーブルから抽出したい */
SELECT 費目, 合計 FROM 家計簿集計
  WHERE EXISTS
(SELECT * FROM 家計簿 WHERE 家計簿.費目 = 家計簿集計.費目)
                                      └─ 外側のSQL文の列を利用している ─┘
```

このように、副問い合わせの内部から主問い合わせの表や列を利用する副問い合わせを、**相関副問い合わせ**といいます。

特に上記のように、「ほかのテーブルに値が登場する行のみ抽出したい」場合に、**EXISTS演算子**（イグジスツ）とともに使われます。この形態は典型的な活用例ですので、パターンとして覚えておくとよいでしょう。

```
SELECT 列 FROM テーブルA
  WHERE EXISTS
(SELECT * FROM テーブルB WHERE テーブルB.列 = テーブルA.列)
```

相関副問い合わせは副問い合わせの一種ではありますが、その処理方法や動作原理は一般的な副問い合わせと根本的に異なるため、まったくの別物として理解することをおすすめします。

通常の副問い合わせが「内側の副問い合わせを1回処理→主問い合わせを1回処理」という単純な手順であるのに対して、相関副問い合わせは「主問い合わせがテーブルから行を絞り込む過程で、各行について抽出の可否を判断するために、繰り返し副問い合わせを実行する」ので、DBMSの負荷は大幅に増加します。

7.5 この章のまとめ

7.5.1 この章で学習した内容

SQL 文のネスト
- SQL 文の中に別の SELECT 文を記述することができ、これを副問い合わせや副照会、またはサブクエリという。
- 副問い合わせは、実行すると何らかの値に置き換わる。
- 副問い合わせは、より内側にあるものから外側に向かって順に評価されていく。

副問い合わせのパターン
- 副問い合わせの結果が 1 行 1 列になるものを単一行副問い合わせという。
- 副問い合わせの結果が n 行 1 列になるものを複数行副問い合わせという。
- 副問い合わせの結果が n 行 m 列の表形式になる副問い合わせも利用される。

複数行副問い合わせと演算子
- 複数行副問い合わせは、IN、ANY、ALL 演算子などと併せてよく用いられる。
- 複数行副問い合わせの結果に NULL が含まれると、NOT IN、<> ALL 演算子の評価結果も NULL となる。

7.5.2 この章でできるようになったこと

食費の合計額を集計して集計テーブルを更新したい!

※ QR コードは、この項のリストすべてに共通です。

```
UPDATE  家計簿集計
   SET  合計 = (SELECT SUM(出金額)
                  FROM 家計簿アーカイブ
```

```
                    WHERE  出金額 > 0
                      AND  費目 = '食費')
 WHERE  費目 = '食費'
```

1月と12月の出金額の合計をそれぞれ知りたい。

```
SELECT  SUMLIST.タイトル , SUMLIST.出金額計
  FROM  (SELECT  '合計01月' AS タイトル , SUM( 出金額 ) AS 出金額計
           FROM  家計簿アーカイブ
          WHERE  日付 >= '2022-01-01'
            AND  日付 <= '2022-01-31'
          UNION
         SELECT  '合計12月' AS タイトル , SUM( 出金額 ) AS 出金額計
           FROM  家計簿アーカイブ
          WHERE  日付 >= '2021-12-01'
            AND  日付 <= '2021-12-31') AS SUMLIST
```

今月初めて発生した費目を知りたい。

```
SELECT  DISTINCT  費目 FROM  家計簿
 WHERE  費目  NOT IN  (SELECT  費目 FROM  家計簿アーカイブ)
```

今月の給料が先月までよりも高い額かを知りたい…。

```
SELECT  * FROM  家計簿
 WHERE  費目 = '給料'
   AND  入金額 > ALL (SELECT  入金額 FROM  家計簿アーカイブ
                     WHERE  費目 = '給料')
```

今月の家計簿データをアーカイブしたい！

```
INSERT INTO 家計簿アーカイブ
SELECT * FROM 家計簿
```

パターンにとらわれずに自由に副問い合わせを使おう

　この章では、副問い合わせをSQL文のどの場所に書くことができるのかを、いくつかの具体的なパターンで紹介しました。しかし、今回紹介したものだけが、副問い合わせを記述できるすべての場所というわけではありません。

　詳細はDBMS製品によって異なりますが、SQL文の中で単一の値を記述できる場所は、たいてい、単一行副問い合わせに置き換えることができます。複数の値の列挙が求められる場所には、複数行副問い合わせを書くと動く場合もあるでしょう。

　「副問い合わせがどのような形に化けるか」という意識さえできていれば、さまざまな場所で自由に副問い合わせを活用できるようになるはずです。

7.6 練習問題

問題 7-1

次の検索結果 1 〜 3 は、ある SQL 文の副問い合わせの部分だけを実行して得られた結果です。それぞれについて説明した文章を読み、空欄を適切な文言で埋めてください。

検索結果 1
January

このように、1 行 1 列の値が返ってくる副問い合わせを （A） という。 （B） 文の選択列リストや、UPDATE 文の （C） 句などで利用できる。

検索結果 2
January
February
March

このように、 （D） 行 （E） 列の形で結果を取得できる副問い合わせを （F） という。比較演算子と組み合わせることで、複数の値との比較ができる （G） 演算子や （H） 演算子を使った WHERE 句の条件に用いる場合が多い。

検索結果 3		
January	1	31
February	2	28
March	3	31

SELECT 文の （I） 句に記述したこの副問い合わせは、別のテーブルを検索

第 II 部　SQL を使いこなそう

した結果である　(J)　形式の情報を、あたかもテーブルのように指定できる。
また、　(K)　文に記述して、検索結果そのままの形でテーブルに登録すること
ができる。

問題 7-2 ················

　次のレンタカー業務に関する 2 つのテーブルからデータを抽出する次ページ
の SQL 文 1 ～ 3 を実行しました。各 SQL 文について、副問い合わせの部分のみ
を実行した場合と、全体を実行した場合に取得できるデータをそれぞれ回答して
ください。

料金テーブル（各車の 1 日あたりのレンタル料）

車種コード	車種名	価格
S01	軽自動車	5250
S02	ハッチバック	5775
S03	セダン	8400
E01	エコカー	8400
E02	エコカー S	8715

- 車種コード…CHAR(3)
- 車種名　　…VARCHAR(20)
- 価格　　　…INTEGER

レンタルテーブル（各車のレンタルの実績）

レンタル ID	車種コード	レンタル日数
1001	S02	1
1002	S01	3
1201	E01	2
1202	S02	5
1510	E01	1

- レンタル ID　　…CHAR(4)
- 車種コード　　…CHAR(3)
- レンタル日数　…INTEGER

```
1. SELECT  価格 * (SELECT SUM(レンタル日数)
                    FROM   レンタル
                    WHERE  車種コード = 'E01') AS 金額
   FROM   料金
   WHERE  車種コード = 'E01'


2. SELECT  車種コード, 車種名
   FROM   料金
   WHERE  車種コード IN (SELECT 車種コード FROM レンタル
                         WHERE レンタル日数 > 1)
   ORDER BY 車種コード


3. SELECT  SUM(SUB.日数) AS 合計日数,
           COUNT(SUB.車種コード) AS 車種数
   FROM   (SELECT 車種コード, SUM(レンタル日数) AS 日数
             FROM レンタル
             GROUP BY 車種コード) AS SUB
```

問題 7-3

牛を個体識別番号で管理している個体識別テーブルがあります。

個体識別テーブル

列名	データ型	備考
個体識別番号	CHAR(4)	牛を一意に管理する番号
出生日	DATE	その牛が出生した日付
雌雄コード	CHAR(1)	牛の性別を表すコード　1:雄　2:雌
母牛番号	CHAR(4)	母牛の個体識別番号
品種コード	CHAR(2)	牛の品種を表すコード　01:乳用種　02:肉用種　03:交雑種
飼育県	VARCHAR(10)	牛を飼育している都道府県名

このテーブルについて、次の設問1～3で指示されたSQL文を作成してください。

第 II 部　SQL を使いこなそう

1. 飼育県別に飼育頭数をカウントし、その結果を次の頭数集計テーブルに登録する。

頭数集計テーブル

列名	データ型	備考
飼育県	VARCHAR (20)	牛を飼育している都道府県名
頭数	INTEGER	飼育している牛の数

2. 1 で作成した頭数集計テーブルで、飼育頭数の多いほうから 3 つの都道府県で飼育されている牛のデータを、個体識別テーブルより抽出する。抽出する項目は、都道府県名、個体識別番号、雌雄とする。ただし、雌雄はコードではなく「雄」、「雌」の日本語表記とする。

3. 個体識別テーブルには母牛についてもデータ登録されており、母牛が乳用種である牛の一覧を個体識別テーブルより抽出したい。抽出する項目は、個体識別番号、品種、出生日、母牛番号とする。なお、品種は、コードではなく「乳用種」、「肉用種」、「交雑種」の日本語表記とする。

236

7.7 練習問題の解答

問題 7-1 の解答

検索結果1　　(A)単一行副問い合わせ　(B)SELECT　(C)SET
検索結果2　　(D)n　(E)1　(F)複数行副問い合わせ
　　　　　　　(G)(H)「IN、NOT IN、ANY、ALL」のいずれか　※各欄に異なる語句
検索結果3　　(I)FROM　(J)表　(K)INSERT

問題 7-2 の解答

1.

副問い合わせで取得できるデータ

SUM（レンタル日数）
3

全体で取得できるデータ

金額
25200

2.

副問い合わせで取得できるデータ

車種コード
S01
E01
S02

全体で取得できるデータ

車種コード	車種名
E01	エコカー
S01	軽自動車
S02	ハッチバック

3.

副問い合わせで取得できるデータ

車種コード	日数
S02	6
S01	3
E01	3

全体で取得できるデータ

合計日数	車種数
12	3

問題 7-3 の解答

```
1.  INSERT INTO 頭数集計
    SELECT 飼育県 , COUNT( 個体識別番号 )
      FROM 個体識別
     GROUP BY 飼育県


2.  SELECT 飼育県 AS 都道府県名 , 個体識別番号 ,
        CASE 雌雄コード  WHEN '1' THEN '雄'
                        WHEN '2' THEN '雌' END AS 雌雄
      FROM 個体識別
     WHERE 飼育県 IN (SELECT 飼育県 FROM 頭数集計
                       ORDER BY 頭数 DESC
                       OFFSET 0 ROWS FETCH NEXT 3 ROWS ONLY)


3.  SELECT 個体識別番号 ,
        CASE 品種コード  WHEN '01' THEN '乳用種'
                        WHEN '02' THEN '肉用種'
                        WHEN '03' THEN '交雑種' END AS 品種 ,
           出生日 , 母牛番号
      FROM 個体識別
     WHERE 母牛番号 IN (SELECT 個体識別番号 FROM 個体識別
                        WHERE 品種コード = '01')
```

第8章

複数テーブルの結合

私たちがこれまで学んできた SQL のさまざまな機能や構文のほとんどは、
1 つのテーブルに対するものでした。
しかし、データベースの実力を最大限に引き出すためには、
複数テーブルに分けて格納されたデータを同時に取り出す
「結合」の活用が欠かせません。
この章では、本格的な家計簿データベースの実現に向け、
複数テーブルを取り扱う方法を学びましょう。

CONTENTS

8.1 「リレーショナル」の意味
8.2 テーブルの結合
8.3 結合条件の取り扱い
8.4 結合に関するさまざまな構文
8.5 この章のまとめ
8.6 練習問題
8.7 練習問題の解答

8.1 「リレーショナル」の意味

家計簿 DB で、たくさんのことができるようになったわね。

構文をたくさん覚えるのは大変だったけど、おかげで表のデータを自由自在に操作できる気がするよ。

よかった！　じゃあ準備体操はこのぐらいでいいかしらね。

えっ…!!

あら、ここからが本番なのよ。そしていちばん楽しいところなの。

8.1.1　RDBMS の真の実力

　私たちはこれまで 7 つの章にわたり、さまざまな SQL の構文について学んできました。ここまで読み進んできたみなさんであれば、これまでに学んだ SQL の力を使って、テーブルにデータを登録したり、自分が必要とする形でテーブルのデータを取り出したりすることに、少しずつ自信が付いてきたのではないでしょうか。

　はじめは難しそうに感じたデータベースや SQL も、あらためて振り返ってみると、「まったく理解できないほど難しいもの」ではなくなっているはずです。

これまで学んだこと

第Ⅰ部　基本的なデータの格納と取得
- 4大命令でテーブルにデータを出し入れできる（第2章）。
- WHERE句で処理対象行を絞り込める（第3章）。
- ORDER BYやDISTINCTで検索結果に追加の処理を施せる（第4章）。

第Ⅱ部　データ取得時の計算処理
- 式や関数を用いて、計算や集計ができる（第5、6章）。
- 検索結果に基づいてデータを操作できる（第7章）。

　すでにみなさんは、かなり自由にテーブルに情報を格納したり、抽出したり、計算したりすることができる実力を備えています。その自信が付いた一方で、次のように感じ始めた人もいるのではないでしょうか。

でも、この程度のデータ操作なら、データベースを使うまでもなくエクセルでいいんじゃない？

　確かに、表計算ソフトを使えば、表に対して思うようにデータを書き込んだり、削除したりすることができます。高度な機能を使いこなせば、特定条件を満たす行だけの表示や計算、集計や並び替えも自由自在です。
　実をいうと、これまで本書で解説してきた機能は、**データベースの機能のうち特に学びやすい一部だけを選んだ**ものです。つまり、データベースに真の実力を発揮させるための機能や構文は、まだ紹介していません。
　本格的にデータベースを活用したシステムを構築する場合、この章以降で紹介する数々の機能を駆使し、「表計算ソフトでは到底真似できない高度なデータ操作」を実現することになります。

データベースの優位性

データを安全、確実、高速に取り扱うために生まれたデータベースは、表計算ソフトにはないさまざまな機能を備えている。

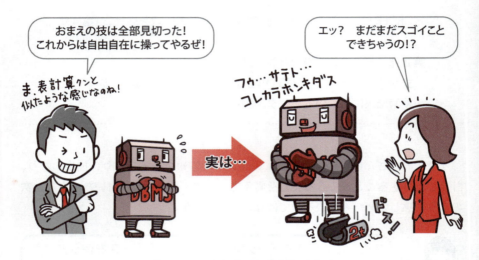

図 8-1　これからが DBMS の真の実力だ

この章以降もしっかりマスターし、データベースの真の実力を引き出せるようになりましょう。

8.1.2　複数テーブルへのデータ格納

 DB の真の実力を引き出すって、家計簿 DB はもうこれ以上改良しようがないんじゃない？

そもそもテーブルの作り自体に改善の余地があるのよね。

ここで、これまで利用してきた家計簿テーブルの構造をあらためて振り返ってみましょう（テーブル8-1）。

テーブル8-1　これまでの家計簿テーブル

日付	費目	メモ	入金額	出金額
2022-02-03	食費	カフェラテを購入	0	380
2022-02-05	食費	昼食（日の出食堂）	0	750
2022-02-10	給料	1月の給料	280000	0

この家計簿テーブルの構造は、一見問題ないように思えます。実際、ノートなどに記録する紙の家計簿は、このテーブルと同じような構造になっているものもあるでしょう。私たち入門者にとっても、理解しやすい構造をしています。

しかし、本格的なデータベース活用を目指すなら、次のテーブル8-2とテーブル8-3に示すように、「家計簿テーブル」「費目テーブル」の2つを個別に準備するのが定石です。

テーブル8-2　新しい家計簿テーブル

日付	費目ID	メモ	入金額	出金額
2022-02-03	2	カフェラテを購入	0	380
2022-02-05	2	昼食（日の出食堂）	0	750
2022-02-10	1	1月の給料	280000	0

テーブル8-3　費目テーブル

ID	名前	備考
1	給料	給与や賞与
2	食費	食事代（ただし飲み会などの外食を除く）
3	水道光熱費	水道代・電気代・ガス代

※ID列には主キーとなる連番を格納する。

家計簿テーブルの費目列が数字になっちゃった…。

新しい家計簿テーブルでは、「費目」列が「費目ID」列になり、その内容がただの数字になっていますね。たとえば、2022年2月3日の行については、これまで「食費」だったものが、「2」になっています。

この「2」がいったい何を意味する数字であるかは、鋭いみなさんであればなんとなく想像がつくかもしれません。この数字は「費目テーブル（テーブル8-3）におけるIDが2の行（つまり、食費の行）」を指し示しています。

なるほど！ 具体的な費目の名前を登録する代わりに、「費目については別テーブルのこの行を見てね」という指示を格納しているのね。

8.1.3 外部キーとリレーションシップ

新しい家計簿テーブルでは、「費目」列に数字が格納されるようになりました。具体的には、費目テーブルの「ID」列のいずれかの値が格納されます。

「ID」列は費目テーブルの主キー（p.100）ですから重複はありえません。そのためIDの値が決まればどの行を意味するかを確定できます。家計簿テーブルの各行には、費目IDを登録しておけば、費目テーブルのどの1行を指し示すかを明確に指定できます。

家計簿テーブルからは費目の名前は消えてしまいましたが、費目テーブルのIDをたどることできちんと費目の名前がわかるのです（図8-2）。

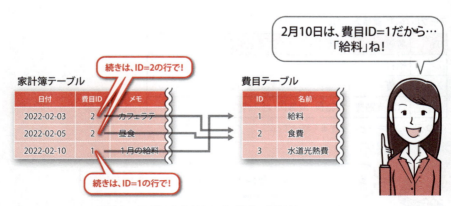

図 8-2　ID列の内容を辿れば、費目の名前がちゃんとわかる

今回の「家計簿テーブル」と「費目テーブル」のように、ある2つのテーブルの間に情報としての関連がある場合、その関連を**リレーションシップ**（relationship）といいます。

また、家計簿テーブルの「費目ID」列のように、ほかのテーブルの関連行を指すための値を格納してリレーションシップを結ぶ役割を担う列のことを**外部キー**（foreign key）といいます。

 外部キー列の役割

外部キー列は、他テーブルのある列（主キー列など）の値を格納することで、「その行が他テーブルのどの行と関連しているか」を明らかにする。

 主キーと外部キーは名前が似ていて混乱しやすいけど、機能や役割はまったく異なる無関係なものなのよ。

8.1.4 複数テーブルに分けるメリット

 うーん…でも、もとの家計簿テーブルのほうが断然よかったように思うんだけどな。

そうですよ。費目が2とか1とかの数字になっちゃったから、印刷しても意味不明だし…。

前項では、これまで1つの家計簿テーブルに登録していた各種データを、2つのテーブルに分けて格納する例を紹介しました。しかし、実際にテーブル8-2をテーブル8-1と見比べると、その内容がわかりにくくなってしまい、かえって不便になったと感じるかもしれません。

確かに、人間にとっては不便になってしまったことは否めません。しかし、コ

ンピュータにとっては、このように**テーブルが分割されていたほうがデータを安全、確実、高速に取り扱いやすい**のです。

具体的に、わかりやすい例をいくつか挙げてみましょう。

例1　費目の名前を変更する場合

家計簿テーブルに10万行のデータがすでに格納された状態で、「給料」という名前だった費目を「給与手当」に変更することにしましょう。もしテーブル8-1にある古い家計簿テーブルだとしたら、リスト8-1のようなSQL文を実行することになります。

リスト8-1　古い家計簿テーブルの場合

```
UPDATE  家計簿
   SET  費目 = '給与手当'
 WHERE  費目 = '給料'
```

このSQL文を実行すると、DBMSは家計簿テーブルに格納された10万行すべてに対して、1行ずつ条件に合致するかを調べて書き換えることになります。

一方、もし家計簿テーブルがテーブル8-2とテーブル8-3のように分割されていた場合はリスト8-2のようなSQL文になります。

リスト8-2　新しい家計簿テーブルの場合

```
UPDATE  費目          ─ 更新する対象は「費目」テーブル
   SET  名前 = '給与手当'
 WHERE  名前 = '給料'
```

このSQL文はリスト8-1ととてもよく似ていますが、DBMSが処理対象とする行数には明らかな違いがあります。費目の種類は多く見積もっても100個程度と考えられるため、DBMSは100行程度しかない費目テーブルを調べ、条件に合致するたった1行を書き換えるだけの仕事をすればよいのです。

例2　費目に関する補足情報を管理したい場合

テーブル 8-3 の費目テーブルでは、各費目についての補足情報である解説文を「備考」列として管理しています。同じように、たとえば将来、収支区分などの列を加えていくことも容易になります。

もし家計簿テーブルだけを単独で使い、費目に関して名前や備考以外の情報も同じ家計簿テーブルに格納しようとすると、次のテーブル 8-4 のように**同じような内容を繰り返し登録したムダの多い表**になってしまうのです。

テーブル 8-4　費目に関する同じ情報を繰り返し登録したムダの多い家計簿テーブル

日付	費目	費目の備考	メモ	入金額	出金額
2022-02-03	食費	食事代（ただし飲み会などの外食を除く）	カフェラテを購入	0	380
2022-02-05	食費	食事代（ただし飲み会などの外食を除く）	昼食（日の出食堂）	0	750
2022-02-10	給料	給与や賞与	1月の給料	280000	0
2022-02-12	食費	食事代（ただし飲み会などの外食を除く）	松田くんとカレーランチ	0	900

例3　ある特定行の費目名を書き換える場合

確かに重複が多いけど、まぁ間違ったデータが入っているわけじゃないから、別にかまわないんじゃないかなあ？

ほんとにそうかしら？

仮にテーブル 8-4 のような家計簿テーブルでもよいとして、「2 月 10 日は給料ではなく、宝くじに当選した（雑収入）」の間違いだと判明した場合、どのような SQL 文を記述すればよいでしょうか。

カンタンだよ。えっと…。

リスト 8-3　矛盾した状態を生むテーブル更新

```
UPDATE  家計簿
   SET  費目 = '雑収入', メモ = '宝くじに当たった'
 WHERE  日付 = '2022-02-10'
```

　リスト 8-3 を実行すると、テーブル 8-4 の費目列の内容は「雑収入」に更新されますが、「費目の備考」列の更新を忘れています。費目は「雑収入」なのに備考は「給与や賞与」という、矛盾した状態になってしまうのです。

　同じような情報をいろいろな場所で数多く保存していると、そのうちの 1 つだけを更新や参照したい場合であっても、分散している同じ種類のデータすべてについて、漏らすことなく検索して拾い上げなければなりません。

　これら 3 つの例が示すように、1 つのテーブルにさまざまな情報を詰め込むと、データの管理が難しくなります。複数のテーブルに分けてデータを格納するほうが、管理には適しているのです。

 複数のテーブルに分けるメリット

　データを複数のテーブルに分けて格納したほうが、安全、確実にデータを管理しやすい。

8.1.5　デメリットの克服

 確かにテーブルを分けるメリットはわかったけど…でも、やっぱり表がわかりにくいよ。

大丈夫よ。DBMS の「真の実力」は、そのためにあるんだもの。

複数のテーブルに分けてデータを格納したほうが、管理に適しているのは事実です。一方で、テーブル8-2のように費目を番号で管理する家計簿テーブルには、「人間にとって理解しにくい」というデメリットがあります。

しかし、心配する必要はありません。データベースの多くは、**管理に適した形態の複数テーブルから、人間が理解しやすい形態の1つの結果表を得る**ための**結合**（join）という機能を備えています（図8-3）。

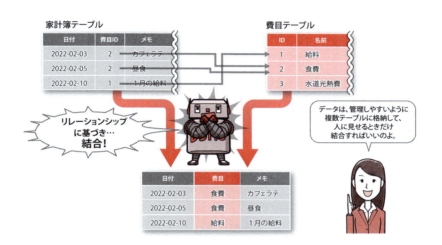

図 8-3　複数テーブルを1つに結合するDBMS

多くのデータベース製品は、結合のほかにも、複数のテーブルに分けて格納されたデータを関連づけて管理、利用するためのさまざまな機能を有しています。このようなデータベースを第1章でも紹介したリレーショナルデータベース（p.24）といい、その中枢を担うDBMSをRDBMSと呼びます。

リレーショナルデータベース（RDB）の真の実力

RDBは、データを複数テーブルで安全、確実に管理しながら、
必要に応じて「人間にわかりやすい表」に結合することができる。

8.2 テーブルの結合

8.2.1 結合の基本的な使い方

それでは、さっそく結合を使ってみましょう。結合を行うために、SELECT 文には次のような構文が用意されています。

 テーブル A とテーブル B の結合

```
SELECT  選択列リスト
  FROM  テーブル A
  JOIN  テーブル B
    ON  両テーブルの結合条件
```
※選択列リストには両テーブルの列を指定可能。

たとえば、家計簿テーブルに費目テーブルの内容を結合する図 8-3 のような処理を実現するためには、リスト 8-4 のような SELECT 文を記述します。

リスト 8-4　図 8-3 の結合を実現するための SELECT 文

```
SELECT  日付 , 名前 AS 費目 , メモ
  FROM  家計簿
  JOIN  費目              ← 結合するほかの表を指定
    ON  家計簿.費目ID = 費目.ID  ← 結合条件を指定
```

1 行目と 2 行目で、家計簿テーブルを検索して「日付」「名前」（列名は「費目」と表示する）「メモ」の 3 つの列からなる結果表を出力することを指示しています。

注目してほしいのは、1行目で指定している列のうち「名前」列だけは、家計簿テーブルには存在しないことです。通常、テーブルに存在しない列をSELECT文の選択列リストに記述するとエラーになってしまいます。

今回のSQL文がエラーにならないのは、3行目のJOIN句によって家計簿テーブルに費目テーブルが結合され、費目テーブルの「ID」「名前」列も参照可能になるからです（図8-4の①）。DBMSはまず2つのテーブルを結合した上で、列の絞り込み（選択列リストの指示による）や行の絞り込み（WHERE句の指定による）を行っていきます（図8-4の②）。

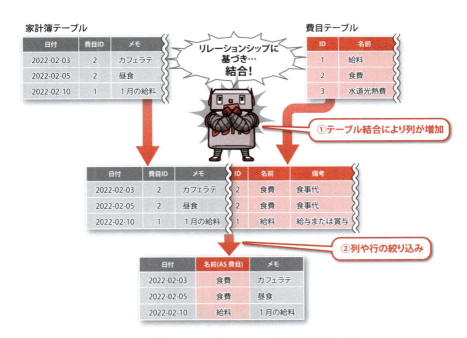

図 8-4　結合によって両方のテーブルの列が参照可能になる

また、家計簿テーブルの各行に、費目テーブルのどの行をつなぐかは4行目のON句の結合条件で指定しています。今回の「家計簿.費目ID = 費目.ID」という条件式は、次の指示をすることになります。

・家計簿テーブルの各行について、まず費目ID列のデータに注目しなさい。
・それと等しいIDを持つ費目テーブルの行を取り出してつなぎなさい。

8.2.2 結合の動作イメージ

結合条件？　ええと…ちょっと混乱してきたぞ…。

混乱しやすいところだから、落ち着いて結合の動作イメージを確認しましょう。

　結合は、入門者が最もつまずきやすいポイントです。初めのうちは、その動作を理解することが難しいかもしれません。DBMS がどのように結合処理をしていくか、頭の中にしっかりイメージを描き、定着させることが上達の近道です。

　そもそも結合とは、図 8-5 のように、左右に並んだ 2 つのテーブルを単純にくっつけるような処理ではありません。

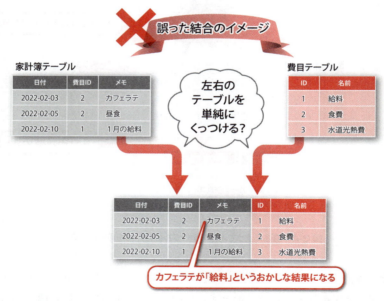

図 8-5　単純に 2 つのテーブルをくっつけるだけでは結合にならない

　また、結合に関係する 2 つのテーブルは**対等な関係ではありません**。あくまでも FROM 句で指定したテーブル（以後、左表）が主役であり、それに JOIN 句で指定したテーブル（以後、右表）の内容を必要に応じてつないでいきます。

たとえばリスト 8-4（p.250）の場合、DBMS は家計簿テーブルを 1 行ずつ処理していく際に、「この行につなぐべき、費目テーブルの行はどれか？」と探しながら、行と行をつないでいくのです（図 8-6）。

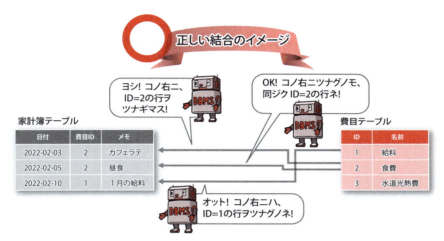

図 8-6　DBMS は 1 行ずつ「どの行を右につなぐべきか」を探しながら結合する

より具体的には、DBMS は左表の各行について、相手となる行を探すために次のような SQL 文を繰り返し実行しています。

リスト 8-5　結合で繰り返し実行される検索　

```
-- 得られる行を現在注目している左表の行につなぐ
SELECT * FROM 右表 WHERE 結合条件の式
```

結合とは

結合とは、テーブルをまるごとつなぐのではなく、結合条件が満たされた行を 1 つひとつつなぐことである。

8.2.3 紙工作で JOIN を体験する

なんとなくわかったけど…まだちょっと不安だなあ。

じゃあちょっと工作してみましょう。子供の頃は大好きだったでしょ？

　結合の動作イメージに不安が残る場合には、実際に自分が DBMS になったつもりで結合処理をしてみるのがいちばんの近道です。ぜひ一度 DBMS になりきって、自分の手でテーブル結合を体験してみましょう。

紙工作に必要なもの

- ハサミ
- ノリ
- コピー機（コンビニのコピー機などでも OK）

手順 1　図 8-7 をコピーする
　次ページの図 8-7 をコピー機でコピーしてください。この図には、家計簿テーブルと費目テーブルのデータが記されており、特に費目テーブルについては、同じものを 2 つ掲載しています。

手順 2　費目テーブルの短冊を作る
　2 つの費目テーブルについて、各行をハサミで切り抜いて短冊を作ってください。6 枚の短冊ができあがれば準備は完了です（図 8-8）。

手順 3　結合の SQL 文を確認する
　結合の指示を行っている SQL 文（リスト 8-4）を次ページに再掲していますので、再度確認しておきましょう。

```
SELECT  ～
  FROM  家計簿
  JOIN  費目                        -- 結合するほかのテーブルを指定
    ON  家計簿.費目ID = 費目.ID      -- 結合条件を指定
```

今回の結合は、家計簿テーブルの各行に費目テーブルの各行を結合するという処理です（JOIN句）。各行の結合処理に際しては、費目IDが費目テーブルのID列と等しい行をつなぐ必要があることがわかります（ON句）。

家計簿テーブル

日付	費目ID	メモ	
2022-02-03	2	カフェラテ	ノリシロ
2022-02-05	2	昼食	ノリシロ
2022-02-10	1	1月の給料	ノリシロ

費目テーブル

ID	名前
1	給料
2	食費
3	水道光熱費

費目テーブル

ID	名前
1	給料
2	食費
3	水道光熱費

図 8-7　紙工作用のテーブルデータ

図 8-8　ハサミで切って 6 枚の短冊を作る

手順4　1行目の結合

家計簿テーブルの1行目（2月3日の行）の結合処理を行いましょう。手順3で確認した結合条件に従い、まずは費目IDを見ます。この行の費目IDは2であるため、「IDが2である費目テーブルの行」を右に結合する必要があることがわかります。

手元の費目テーブルの短冊から、「IDが2」のものを取り出し、家計簿テーブル1行目の「ノリシロ」にノリで貼り付けてください。

手順5　2行目の結合

家計簿テーブルの2行目（2月5日の行）も、費目ID列には2が格納されています。よって、「IDが2」の短冊をノリシロに貼り付けてください。

手順6　3行目の結合

家計簿テーブルの3行目（2月10日の行）は、費目ID列に1が格納されています。よって、「IDが1」の短冊をノリシロに貼り付けてください。

> なるほど！DBMSはこうやって結合しているんだね！

> 2枚以上使う短冊や、1枚も使わない短冊も出てくるのね。

実際に手を動かしてみて、DBMSが行ってくれる結合のイメージをつかめたでしょうか。

結合は、結合条件に指定した列の値に従って、結合相手のテーブルから該当する行を1つひとつ探し出してつなぐ処理です。朝香さんの言うように、列の値によっては、同じ行が何度も使われたり、使われない行が出てきたりする場合もあります。

> ここまでに紹介した結合の基本動作や概念は、いわば「幹」に相当するの。以降は、さらに踏み込んで、詳細な「枝葉」の部分を見ていきましょう。

8.3 結合条件の取り扱い

8.3.1 結合相手が複数行の場合

　私たちは前節で、DBMS は、左表の各行につなぐべき行を右表から探すために、内部で SELECT 文（リスト 8-5）のような処理を実行していることを学びました。これまでのケースでは、その検索結果は常に 1 行になります。なぜなら、結合条件の右辺に指定した列（費目テーブルの ID 列）は主キーであり、通常は値が重複しないためです。

　しかし、もし何らかの理由で、費目テーブルの ID 列に重複する値が入っていた場合はどうなるでしょうか。結合相手を探す SELECT 文の実行結果として、つなぐべき行は複数見つかってしまいます。

　たとえば次の図 8-9 の場合、2 月 10 日の給料の行について、DBMS は次のような SELECT 文を内部で実行します。

```
SELECT * FROM 費目 WHERE 1 = 費目.ID
```

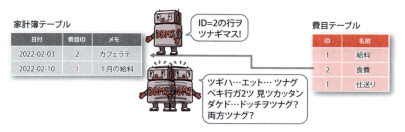

図 8-9　1 つの行に、2 つの行をつなぐ!?

　その結果、得られるつなぐべき行として、「給料」「仕送り」の 2 つの行が見つかってしまいます。もちろん、左表の 1 つの行に右表の 2 つの行を結合することは物理的に不可能です。そこでこのような場合、DBMS は見つかった**右表の行数に合わせて左表の行をコピーして結合**します（次ページの図 8-10）。

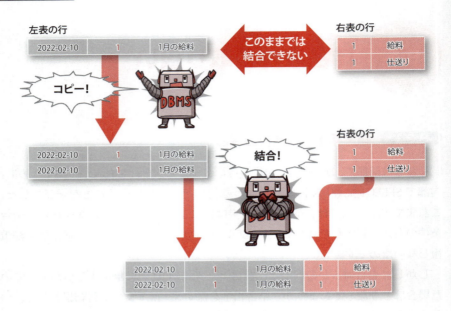

図 8-10　左表の行数が足りなければ、足りるまで増やす

　図 8-10 では、1 行しかなかった 2 月 10 日の行が、結合中のコピーによって 2 行に増えています。このように、**左表に対して重複がある列を相手とした結合を行うと、結合前より行数が増える**ことになります。

右表の結合条件列が重複するときは…

　つなぐべき右表の行が複数あるとき、DBMS は左表の行を複製して結合する。結果表の行数は、もとの左表の行数より増える。

8.3.2　結合相手の行がない場合

　では逆に、結合によって結果表の行数が減ってしまうケースを紹介します。図 8-11 のように結合条件で指定した右表に、結合相手の行が見つからない場合を考えてみましょう。

第 8 章　複数テーブルの結合

図 8-11　結合相手の行が見つからない場合

　左表の費目 ID 列の値「4」に相当する費目テーブルの ID が存在しないため、つなぐべき右表の行を見つけることができず、結合の際に DBMS が内部で実行する次の SELECT 文も、結果は常に 0 行です。

```
SELECT * FROM 費目 WHERE 4 = 費目.ID
```

　このような場合、DBMS はこの行の結合自体を諦めます。そのため、もともと左表にあった 2 月 5 日の行は結合結果からは消滅してしまいます（図 8-12）。

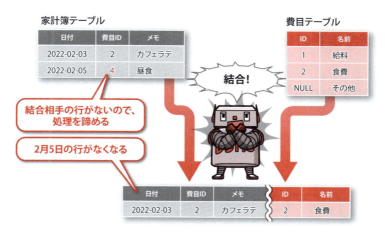

図 8-12　結合相手がいない左表の行は、結果表に出力されない

　さらに、費目 ID 列が NULL である場合を考えてみましょう。図 8-11 の費目テーブルには NULL の行がありますが、どのように結合されるでしょうか。

それなら、費目テーブルのIDがNULLの行（その他）とつながるんじゃない？

たぶんダメよ。NULLはほかの値と比較できないんだもの。

　第3章で学んだように、NULLはほかのどのような値と比較しても等しくならない存在です（3.3.2項）。もちろん、NULLとNULLが等しいかを比較しても、真にはなりません。そのため、結合の際にDBMSが内部で実行する次のようなSELECT文も、結果は常に0行です。

```
SELECT * FROM 費目 WHERE NULL = 費目.ID
```

　このように、結合条件に指定した列がNULLの場合も、もともと左表にあった行は結合結果から消滅し、結果表に現れることはありません。

結合相手のない結合
　右表に結合相手の行がない場合や、左表の結合条件の列がNULLの場合、結合結果から消滅する。

8.3.3　左外部結合

えっ…でも、結合相手がないからとか、NULLだからって消滅されると困るんですけど…。

　朝香さんの言うとおり、家計簿テーブルの費目IDには何らかの理由でNULLが入ることもあるかもしれません。だからといって、結合すると「2月5日の買

い物の記録」が結果から消滅してしまうのは問題がありますね。

このような場合、「左表については結合相手が見つからなくても、NULL であっても必ず出力せよ」という**左外部結合** (left outer join) を DBMS に対して指示することができます。具体的には、今まで SQL 文中で「JOIN」と記述していた部分を、「LEFT JOIN」とするだけです。

左外部結合

```
SELECT 〜 FROM  左表の名前
     LEFT JOIN  右表の名前
           ON  結合条件
```

※ LEFT JOIN は、LEFT OUTER JOIN と記述してもよい。

※結合相手の行がない場合や左表の結合条件列が NULL の場合、結果表に抽出される右表の列はすべて NULL となる。

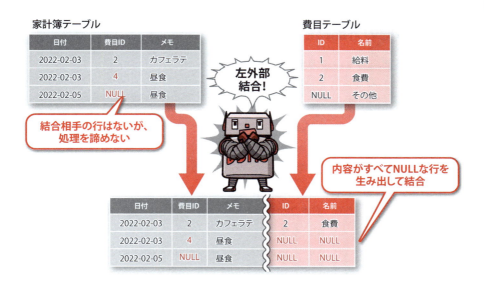

図 8-13　左外部結合を使えば、NULL の行も失われない

左外部結合の指示があると、右表に結合相手の行が存在しない場合でも、あるいは左表の行が NULL であっても、DBMS は結合を諦めません。右表のすべての値が NULL である行を新たに生み出して結合してくれます。結果的に、結合によって左表の行が失われることはなくなります（前ページの図 8-13）。

8.3.4 RIGHT JOIN と FULL JOIN

左があるってことは…。

もちろん、右もあるわよ。

左外部結合は「NULL の行を生み出してでも、左表の全行を必ず出力する」処理でした。同様に、**右外部結合**（right outer join）や**完全外部結合**（full outer join）も存在します。

  その他の外部結合

・右外部結合：右表の全行を必ず出力する
```
SELECT ～ FROM  左表の名前
    RIGHT JOIN  右表の名前
            ON  結合条件
```

・完全外部結合：左右の表の全行を必ず出力する
```
SELECT ～ FROM  左表の名前
     FULL JOIN  右表の名前
            ON  結合条件
```
※ RIGHT JOIN や FULL JOIN は、RIGHT OUTER JOIN や FULL OUTER JOIN と記述してもよい。

たとえば、右外部結合を使えば右表のすべての行が必ず結果表に出力されます。もし家計簿テーブル（左表）で使われていない費目が費目テーブル（右表）にあった場合も、その行の情報が失われることはありません（図 8-14）。

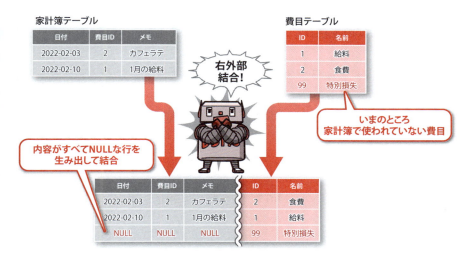

図 8-14　右外部結合を使って、使われていない費目についても出力する

　ここまで紹介した左外部結合、右外部結合、完全外部結合は、いずれも本来結果表から消滅してしまう行も強制的に出力する効果があります。これらを総称して**外部結合**（outer join）といいます。対して、結合すべき相手の行が見つからない場合に行が消滅してしまう通常の結合は、**内部結合**（inner join）といいます。

FULL JOIN を UNION で代用する

MySQL や MariaDB など、FULL JOIN を利用できない DBMS では、集合演算子 UNION を使って同等の処理を実現できます。

```
    SELECT 選択列リスト FROM 左表の名前
 LEFT JOIN 右表の名前
        ON 左表の結合条件列 = 右表の結合条件列
     UNION
    SELECT 選択列リスト FROM 左表の名前
RIGHT JOIN 右表の名前
        ON 左表の結合条件列 = 右表の結合条件列
```

LEFT JOIN によって左表のすべての行を出力した結果と、RIGHT JOIN によって右表のすべての行を出力した結果を、UNION によって足し合わせるという SQL 文です。これは、FULL JOIN によって左右の表の全行を取り出すことと同じ意味になります。

8.4 結合に関するさまざまな構文

ここからは、結合に関するより高度な構文を紹介していくね。

8.4.1 テーブル名の指定

2つのテーブルを結合すると、1つのSQL文に、同じ名称の列が複数登場する場合があります。たとえば、費目テーブルの「備考」列が「メモ」という列名だったとします。

```
SELECT 日付, メモ FROM 家計簿 JOIN 費目 〜
```

上のようなSQL文では、どちらのテーブルのメモ列を取り出せばよいのかを判断できず、DBMSは困ってしまいます。

このような場合、ON句に指定した結合条件と同じように、列名指定の前にテーブル名と「.」（ドット）を加え、どのテーブルに属する列であるかを明示的に指定することができます（リスト8-6）。

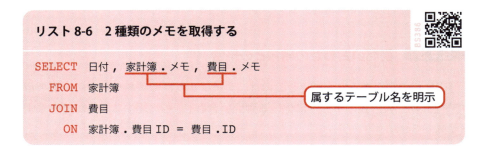

リスト8-6　2種類のメモを取得する

```
SELECT 日付, 家計簿.メモ, 費目.メモ
  FROM 家計簿
  JOIN 費目
    ON 家計簿.費目ID = 費目.ID
```

属するテーブル名を明示

なお、テーブル名が長く複雑な場合、次ページのリスト8-7のようにASで別名を付けておくと列指定や結合条件の記述が簡潔になります（Oracle DBではASの記述は省略し、スペースで区切ります）。

リスト 8-7　別名を使った SQL 文

```
SELECT  日付 , K.メモ , H.メモ
  FROM  家計簿  AS  K      -- 家計簿テーブルに別名 K を設定
  JOIN  費目    AS  H      -- 費目テーブルに別名 H を設定
    ON  K.費目ID = H.ID
```

8.4.2　3 テーブル以上の結合

「JOIN 〜 ON 〜」を繰り返して、3 つ以上のテーブルを結合することもできます。この場合も一度に 3 つのテーブルが結合されるわけではなく、前から順に 1 つずつ結合処理が行われていきます（リスト 8-8）。

リスト 8-8　3 つのテーブルを結合する SQL 文

```
SELECT  日付 , 費目.名前 , 経費区分.名称
  FROM  家計簿                      家計簿テーブルに対して…
  JOIN  費目                        まず費目テーブルを結合して…
    ON  家計簿.費目ID = 費目.ID
  JOIN  経費区分                    その結果にさらに経費区分テーブルを結合
    ON  費目.経費区分ID = 経費区分.ID
```

8.4.3　副問い合わせの結果との結合

JOIN 句のすぐ後ろに記述できるのは、テーブルだけではありません。第 7 章で学習した「表形式のデータに化ける副問い合わせ」も記述することができます（リスト 8-9）。

テーブルの代わりに副問い合わせの結果を利用することを除けば、通常の結合と違いはありません。ただし、選択列リストや結合条件の指定のために、副問い合わせに別名を付ける必要があります。

リスト 8-9　副問い合わせの結果と結合する SQL 文

```
SELECT  日付 , 費目.名前 , 費目.経費区分ID
  FROM  家計簿
  JOIN  ( SELECT * FROM 費目
          WHERE 経費区分ID = 1
        ) AS 費目
    ON  家計簿.費目ID = 費目.ID
```

- 家計簿テーブルに対して…
- 副問い合わせの結果を結合

8.4.4　同じテーブル同士を結合

　結合は異なるテーブル間で行われることが一般的ですが、自分自身と結合させることも可能です。同一テーブル同士を結合することを**自己結合**（self join）や**再帰結合**（recursive join）といいます。

　たとえば、家計簿テーブルに、「関連日付」という新しい列を作ることを考えてみましょう。この列には、その入出金が別の入出金と関連している場合のみ、関連している行の日付を記入します。具体的には、次ページ図8-15の左上のように、5月1日に返してもらったお金は4月2日の貸し付けと関連していることを記録します。

　このような家計簿テーブルでは、次のリスト 8-10 のように自己結合を使って、その関連をより見やすく表示することが可能になります。

リスト 8-10　自分自身と結合する SQL 文

```
    SELECT  A.日付 , A.メモ , A.関連日付 , B.メモ
      FROM  家計簿 AS A
 LEFT JOIN  家計簿 AS B
        ON  A.関連日付 = B.日付
```

　なお、自己結合を行う場合、選択列リストや条件式を記述するために、**同じテーブルに異なる別名を付ける**ことになります。

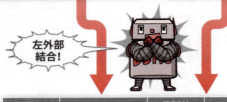

図 8-15 家計簿テーブルと家計簿テーブルを結合する

イコール以外の結合条件式

本文で紹介しているとおり、結合の条件には等価記号 (=) を用いた結合条件を指定することがほとんどです。しかし原理的には、= 以外の演算子を用いた条件式も記述することができます。

```
SELECT ～ FROM テーブルA
  JOIN テーブルB ON テーブルA.列名 < テーブルB.列名
```

このような結合を**非等価結合** (non-equi join) といいます。動作のしくみは通常の結合と同じですが、DBMS にかかる負荷が大きなものとなる点には注意してください。

第 8 章　複数テーブルの結合

8.5　この章のまとめ

8.5.1　この章で学習した内容

リレーションシップ
- 本格的にデータベースを活用するには、通常、データは複数のテーブルに分けて格納する。
- ほかのテーブルの行と関連付けるために、外部キーを利用してリレーションシップを構成する。
- 外部キーとは、関連する他テーブルの列（主キー列など）の値を記述した列である。

結合
- 結合を用いることで、複数のテーブルに格納された関連するデータを 1 つの結果表として取り出すことができる。
- 結合を行う相手テーブルを指定するために JOIN 句を、結合条件を指定するために ON 句を記述する。
- 外部結合を用いると、結合相手がない行も結果表に出力することができる。

結合構文のバリエーション
- 3 テーブル以上の結合も、順に 1 つずつ処理される。
- 副問い合わせの結果表と結合することもできる。
- 自分自身のテーブルと結合することができる。

269

8.5.2 この章でできるようになったこと

家計簿テーブルと費目テーブルを結合して、費目を日本語で表示したい！

※ QRコードは、この項のリストすべてに共通です。

```
SELECT  日付 , 名前 AS 費目 , メモ , 入金額 , 出金額
  FROM  家計簿
  JOIN  費目
    ON  家計簿.費目ID = 費目.ID
```

家計簿テーブルの費目IDが定義されていない行も結果表に出力されるように結合したい。

```
SELECT     日付 , 名前 AS 費目 , メモ , 入金額 , 出金額
  FROM     家計簿
  LEFT JOIN 費目
    ON     家計簿.費目ID = 費目.ID
```

「給料」という名前の費目に関する、家計簿テーブルの行を調べたい。

```
SELECT  家計簿.* FROM 家計簿
  JOIN  (SELECT * FROM 費目 WHERE 名前 = '給料') AS 費目
    ON  家計簿.費目ID = 費目.ID
```

第8章　複数テーブルの結合

8.6 練習問題

問題 8-1

　次のようなテーブル A とテーブル B があります。これらを用いて、下の SQL 文を実行したときの結果表を記述してください。

テーブル A

A1	A2
1	3
2	4

テーブル B

B1	B2
1	2
3	NULL

1. SELECT A1,A2,B1,B2 FROM A JOIN B ON A.A1 = B.B1
2. SELECT A1,A2,B1,B2 FROM B JOIN A ON B.B2 = A.A1
3. SELECT A1,A2,B1,B2 FROM B LEFT JOIN A ON B.B2 = A.A1
4. SELECT A.A1,C.A2,B1,B2 FROM A JOIN B ON A.A1 = B.B1 JOIN A AS C ON B.B1 = C.A1

問題 8-2

　社員情報を管理するデータベースに、次の3つのテーブルがあります。これらのテーブルを結合し、次ページに示した1〜5のような結果表を得るための SQL 文を作成してください。

社員テーブル

列名	データ型	備考
社員番号	CHAR(8)	社員を一意に識別する番号
名前	VARCHAR(40)	社員の名前
生年月日	DATE	社員の生年月日
部署 ID	INTEGER	所属部署の ID(外部キー)。全社員は必ず何らかの部署に所属する。
上司 ID	CHAR(8)	直属の上司の社員番号 (外部キー)。上司がいない場合は NULL。
勤務地 ID	INTEGER	勤務先支店 ID(外部キー)。全社員は必ず何らかの勤務地に所属する。

271

第 II 部　SQL を使いこなそう

部署テーブル

列名	データ型	備考
部署 ID	INTEGER	部署を一意に識別する ID
名前	VARCHAR(40)	部署の名前
本部拠点 ID	INTEGER	部署の本部がある支店 ID（外部キー）

支店テーブル

列名	データ型	備考
支店 ID	INTEGER	支店を一意に識別する ID
名前	VARCHAR(40)	支店の名前
支店長 ID	CHAR(8)	支店長の社員番号（外部キー）

想定する結果表

1.　部署名が入った全社員の一覧表

社員番号	名前	部署名
21000021	菅原拓真	開発部
:	:	:

2.　上司の名前が入った全社員の一覧表

社員番号	名前	上司名
21000021	菅原拓真	宇多田定一
:	:	:

3.　部署名と勤務地が入った社員一覧表

社員番号	名前	部署名	勤務地
21000021	菅原拓真	開発部	東京
:	:	:	:

4.　支店ごとの支店長名と社員数の一覧表

支店コード	支店名	支店長名	社員数
12	東京	宇多田定一	12
:	:	:	:

5.　上司と違う勤務地（離れて勤務している）社員の一覧表

社員番号	名前	本人勤務地	上司勤務地
21000021	菅原拓真	東京	京都
:	:	:	:

※ 1 ～ 5 の結果表に示したデータは一例です。

8.7 練習問題の解答

問題 8-1 の解答

1.

A1	A2	B1	B2
1	3	1	2

2.

A1	A2	B1	B2
2	4	1	2

3.

A1	A2	B1	B2
2	4	1	2
NULL	NULL	3	NULL

4.

A.A1	C.A2	B1	B2
1	3	1	2

問題 8-2 の解答

```
1. SELECT 社員番号, S.名前 AS 名前, B.名前 AS 部署名
     FROM 社員 AS S
     JOIN 部署 AS B
       ON S.部署ID = B.部署ID
2. SELECT S1.社員番号, S1.名前 AS 名前, S2.名前 AS 上司名
     FROM 社員 AS S1
     LEFT JOIN 社員 AS S2    -- 上司がいない場合もあるため外部結合
```

第Ⅱ部　SQL を使いこなそう

```
            ON S1.上司ID = S2.社員番号
3.  SELECT  社員番号 , S.名前 AS 名前 ,
            B.名前 AS 部署名 , K.名前 AS 勤務地
    FROM  社員 AS S
    JOIN  部署 AS B
      ON  S.部署ID = B.部署ID
    JOIN  支店 AS K
      ON  S.勤務地ID = K.支店ID
4.  SELECT  支店ID AS 支店コード , K.名前 AS 支店名 ,
            S.名前 AS 支店長名 , T.社員数
    FROM  支店 AS K
    JOIN  社員 AS S
      ON  K.支店長ID = S.社員番号
    JOIN  (SELECT COUNT(*) AS 社員数 , 勤務地ID
             FROM 社員 GROUP BY 勤務地ID) AS T
      ON  K.支店ID = T.勤務地ID
5.  SELECT  S1.社員番号 AS 社員番号 , S1.名前 AS 名前 ,
            K1.名前 AS 本人勤務地 , K2.名前 AS 上司勤務地
    FROM  社員 AS S1
    JOIN  社員 AS S2
      ON  S1.上司ID = S2.社員番号
     AND  S1.勤務地ID <> S2.勤務地ID
    JOIN  支店 AS K1
      ON  S1.勤務地ID = K1.支店ID
    JOIN  支店 AS K2
      ON  S2.勤務地ID = K2.支店ID
```

第 III 部

データベースの知識を深めよう

第 9 章 トランザクション
第 10 章 テーブルの作成
第 11 章 さまざまな支援機能

データベース自体を知ろう

これまで勉強のために気軽にDBMSを使ってきましたけど、本当は、たくさんの人が同時にアクセスして使うんですよね？

そうよ。銀行やSNSの中央データベースともなると、日本中や世界中の利用者から次々に届く膨大な量のSQL文をさばいているの。1秒間に数百〜数千のSQL文を処理することも珍しくないわね。

えっ！？　じゃあ、僕が必死に作った10行もあるSQL文も、DBMSは余裕で処理してたってことか。

膨大な要求を高速かつ正確に処理するために生まれたDBMSだもの。当然、そのためのさまざまな工夫や機構がしっかりと組み込まれているのよ。

特にお金の管理は、正確さが何より大事よね。DBMSのことをもっとよく知って、正確さを追求します！

正確な処理が実現できるようになったら、我が家の家計管理データベースを作ってもらおうかしらね。

　ここまでSQLを学んできた私たちは、DBMSに対してさまざまなデータ操作の指示を与えることができるようになりました。さらに、SQLはデータ操作だけでなく、データ処理にまつわる優先度の決定やデータの格納場所の準備など、DBMS自体に対してさまざまな指示をすることができます。
　このような指示を行うためには、当然、DBMSについての深い理解が不可欠です。この第Ⅲ部でDBMS内部やデータ処理のしくみについて理解を深め、より多くの機能を活用できるようになりましょう。

第9章

トランザクション

第II部まで、私たちは DBMS でデータを操作するための
さまざまな SQL の構文を学んできました。
しかし、DBMS に SQL 文を送っても、
常に正しくデータ操作が完了するとは限りません。
処理中に突然コンピュータの電源が落ちてしまうかもしれませんし、
ほかの人が書き換え途中のデータを読み込んでしまうかもしれません。
この章では、そのような思いがけない事態に備え、
安全で確実なデータ操作を実現する DBMS の機能について紹介します。

CONTENTS

9.1　正確なデータ操作
9.2　コミットとロールバック
9.3　トランザクションの分離
9.4　ロックの活用
9.5　この章のまとめ
9.6　練習問題
9.7　練習問題の解答

9.1 正確なデータ操作

9.1.1 正確なデータ操作を脅かすもの

「正確な処理を目指します！」って言っちゃったけど…何から始めようかしら。

「正確さを脅かすもの」を探して、片っ端から潰せばいいんじゃない？

　立花家のマネープランを誤った方向に導かないためにも、朝香さんが新しく開発する「家計管理データベース」には正確なデータ操作が求められています。金融機関や企業の中枢で稼働しているデータベースであればなおさらです。**安全で確実なデータ操作とデータ管理ほど重要なことはありません。**

　もちろん、DBMS は SQL 文の指示どおりに正確な処理を実行してくれます。理論的には、データベース内に誤ったデータを格納することはできないと感じる

図 9-1　データベースに起こりえるトラブルの例

かもしれません。しかし現実には、DBMSが正しく処理を完了できなかったり、テーブル内のデータがおかしな値になってしまったりする可能性があります。

たとえば、急にコンピュータの電源が落ちて、一連のSQLによる処理が中途半端なところで中断してしまうかもしれません。また、読み書きしかけていたデータを他人が横から書き換えてしまう可能性もあります（図9-1）。

さすがに停電になっちゃったりしたら、もうお手上げよね…。

重要なシステムは、お手上げじゃ済まされないわよ。だから私たちはDBMSに頼るの。

この項で紹介した2つのケースは、金融機関の基幹システムのように極めて重要なシステムでも発生する可能性があります。しかし、「停電があったのでデータベースが壊れ、残高がおかしくなりました」という言い訳は許されません。

そこで、DBMSにはこのような問題の発生を防ぐしくみがいくつか備わっています。この第3部を通してそれらを見ていきましょう。

9.1.2　トランザクション

実は、私たちがDBMSに対して複数のSQL文を送る際、1つ以上のSQL文をひとかたまりとして扱うよう指示することができます。このかたまりを**トランザクション**（transaction, TX）といいます（図9-2）。

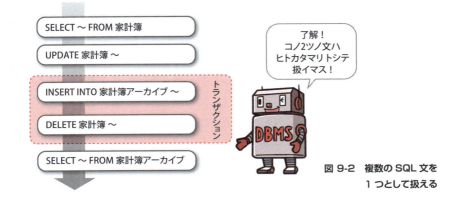

図9-2　複数のSQL文を1つとして扱える

DBMS はトランザクションを次のルールに基づいて扱います。

DBMS によるトランザクションの制御

- トランザクションの途中で、処理が中断されないようにする。
- トランザクションの途中に、ほかの人の処理が割り込めないようにする。

DBMS がこのようにひとかたまりの SQL 文を扱うことを**トランザクション制御**（transaction control）といいます。

9.2 節と 9.3 節では、DBMS がこのような制御をどのように実現するのか、またその指示の方法について、具体的な例をもとに学んでいきましょう。

SQL におけるセミコロンの取り扱い

1 つの SQL 文の終了を表すためにセミコロンを用いる方法があることは第 2 章のコラムでも触れました (p.45)。「仮に単一の SQL 文であっても、常に SQL の文末にはセミコロンを付ける」「末尾のセミコロンまで含めて SQL の文法」という理解をしても概ね差し支えありません。

ただし、現状では多くの DBMS 製品がセミコロンを「SQL の構文規則」というより、文の区切りを判定するための「単なる記号」として扱っている点には注意が必要です。たとえば、文の区切りをセミコロン以外の別の記号に設定できる DBMS は多数存在します。また、単一の SQL 文であることが明らかな場合にセミコロンを付けると、エラーになってしまうこともあります（Java から Oracle DB に単一の SQL 文を直接送信する場合など）。

この現状に鑑み、本書では、1 つのリストで複数の SQL 文を紹介する場合（リスト 9-1 など）にのみ、文末にセミコロンを記述しています。

第 9 章 トランザクション

9.2 コミットとロールバック

9.2.1 トランザクションの中断

複数の SQL 文を実行している最中に処理が中断してしまうと問題になるケースはたくさんあります。代表的なのが「金融機関における振り込み処理」です。

振り込み処理を実現するためには、「振込元口座の残高を減らす」「振込先口座の残高を増やす」という 2 つの UPDATE 文の実行が必要です。しかし、最初の SQL 文の実行が成功した直後に DBMS が異常停止して処理が中断してしまったら、「振込元口座からはお金が減らされたのに、振込先にはお金が増えない」事態となってしまいます（図 9-3）。

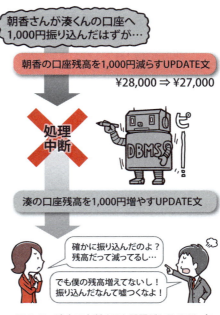

図 9-3 途中で中断すると問題がある SQL 文

私の 1,000 円が消えちゃった…。でも、DBMS を使いこなせば、こういう事態は防げるんですよね？

もちろん、そのための「トランザクション」よ。

この問題は、2 つの UPDATE 文を 1 つのトランザクションとして扱うよう DBMS に指示することで解決できます。なぜなら、DBMS はどんな非常時であっ

281

ても、トランザクションを「一部だけが実行されることはあってはならない、途中で分割不可能なもの」として取り扱うからです。

図 9-3 の例でいえば、残高を減らす UPDATE 文と残高を増やす UPDATE 文の「両方とも実行されている」か、「両方とも実行されていない」かのどちらかの状態にしかならないことを保証してくれます。

DBMS によるトランザクション制御（1）

DBMS は、トランザクションに含まれるすべての SQL 文について、必ず「すべての実行が完了している」 か 「1 つも実行されていない」かのどちらかの状態になるように制御する。

トランザクションに含まれる複数の SQL 文が、DBMS によって不可分なものとして扱われる性質のことをトランザクションの**原子性**（atomicity）といいます。

「原子」のように、それ以上細かく分割できないからよ。

9.2.2 原子性確保のしくみ

では、DBMS がどのようにこのしくみを実現しているのかを紹介しましょう。トランザクション中の SQL 文によってテーブルのデータが書き換えられると、そのデータは仮のものとして管理されます。そして、トランザクションが終了して初めて、それら「仮の書き換え」のすべてを確定させるのです（図 9-4 左）。この確定行為のことを**コミット**（commit）といいます。

もし、トランザクション中に異常が発生して中断した場合、DBMS はそれまで行ったすべての仮の書き換えをキャンセルして、「なかったこと」にします（図 9-4 右）。この DBMS による「なかったこと」にする動作を**ロールバック**（rollback）といい、SQL 文のエラーで失敗したり、明示的にキャンセルが指示された場合

などに行われます。もちろん、電源が落ちて突然処理が中断した場合も、再びデータベースを起動した際に自動的にロールバックが行われます。

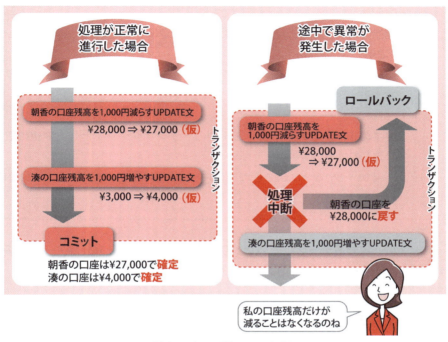

図 9-4 トランザクションのしくみ

9.2.3 トランザクションの指定方法

トランザクションを使うには、どうすればいいんですか？

DBMS に対してトランザクションの開始と終了を伝えればいいのよ。

　私たちが「複数ある SQL 文のうち、どの範囲が 1 つのトランザクションであるか」を伝えれば、DBMS は適切に制御してくれます。より具体的には、次の 3 つの SQL 文を使って指示を行います。

トランザクションを使うための指示

- BEGIN

  開始の指示。この指示以降のSQL文を1つのトランザクションとする。

- COMMIT

  終了の指示。この指示までを1つのトランザクションとし、変更を確定する。

- ROLLBACK

  終了の指示。この指示までを1つのトランザクションとし、変更の取り消しをする。

  ※Oracle DBやDb2などでは指示せずともトランザクションは自動で開始されるため、BEGINは使用しない。

たとえば、家計簿テーブルの2022年1月以前のデータを家計簿アーカイブテーブルに移動する場合は、リスト9-1のようなSQL文を記述します。

リスト9-1　1月のデータをアーカイブテーブルに移動する

```
BEGIN;                背景色の濃い部分がトランザクション
-- 処理1: アーカイブテーブルへコピー
INSERT INTO 家計簿アーカイブ
SELECT * FROM 家計簿 WHERE 日付 <= '2022-01-31';
-- 処理2: 家計簿テーブルから削除
DELETE FROM 家計簿 WHERE 日付 <= '2022-01-31';
COMMIT;
```

このSQL文を実行すると、処理1と処理2を不可分なものとして扱います。もし処理1を実行した直後に障害が発生した場合、自動的にロールバックが行われ、処理1の実行は取り消されます。また、最後の行に「COMMIT」ではなく「ROLLBACK」を記述すると、明示的にロールバックを発生させることになります。

9.2.4 自動コミットモードの解除

湊ってば、なんで「DELETE FROM 家計簿」とか実行しようとしてるのよ！！

大丈夫大丈夫。「ROLLBACK」って入力すればキャンセルできるんだし…って、あれれっ？？

　トランザクションがまだコミットされていない状態であれば、DELETE 文によるデータ削除でさえもキャンセルすることは可能です。しかし、dokoQL のほか、各 DBMS 付属の SQL クライアント（1.1.4 項）を使っていると、ロールバックができないことがあります。

　これは、多くのツールがデフォルト状態では**自動コミットモード**（auto commit mode）と呼ばれるモードで動作するためです。このモードにあるとき、**DBMS は 1 つの SQL 文が実行されるたびに、自動的に裏でコミットを実行して**しまいます。

というわけで、あなたの DELETE 文は実行直後にコミットされちゃってたわけ。

ええっ…そんなぁ…。

　DBMS によっては、自動コミットモード中であっても「`BEGIN`」を実行することで、コミットかロールバックまでの間、一時的に自動コミットを解除できます。

　明示的に自動コミットモードを解除するための方法はツールや環境によって異なります。たとえば、MySQL では「`SET AUTOCOMMIT=0`」という SQL 文を実行します。詳細は利用するツールのマニュアルを参照してください。

9.3 トランザクションの分離

9.3.1 同時実行の副作用

「中断の問題」は解決できたけど、読み書きしかけてたデータをほかの人が書き換えちゃう問題はどう対処すればいいんだろう？

まずはどんな問題が起きるのか、もう少し詳しく見ていきましょう。

本章の冒頭の図 9-1（p.278）では、やむを得ず正確なデータ操作が行えなくなる 2 つのケースを紹介しました。このうち、意図しない処理の中断に関しては、トランザクションを利用して原子性を維持できるのは前節で紹介したとおりです。残るは「同時実行の問題」です。

第 8 章までは、データベースに対して SQL 文を送る利用者は私たち自身だけでした。しかし、世の中で利用されている情報システムにおいては、**多くの利用者から 1 つの DBMS に対してたくさんの SQL 文が送られます**。

DBMS はそれらの要求を同時に処理しようとするので、同じ行を複数の利用者が同時に読み書きする可能性も大いにあります。しかし、そのような状態が発生すると、副作用が発生し、正しい処理が行えない場合があります。

どんな副作用が発生するんですか？

ではこれも、イメージしやすい「お金の振り込み」で説明しましょうか。

朝香さんは、朝 9 時ちょうどに残高が 30,000 円ある口座から ATM で 10,000

円を引き出そうとしました。偶然、ほぼ同時に口座から今月の電気代 6,200 円が引き落とされたとします（図 9-5）。

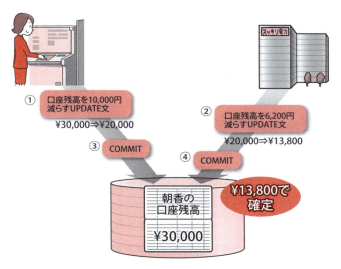

図 9-5　1 つの口座に対して、ほぼ同時に 2 つの処理が行われようとした例

この 2 つの処理要求はほぼ同時に行われているため、どのような順番で実行されるかはわかりません。仮に、次のような順番で DBMS が処理しようとしたとしましょう。

① ATM からの引き落とし要求に従い、口座残高を 10,000 円減らし、20,000 円にする（仮）。
② 電力会社からの引き落とし要求に従い、口座残高をさらに 6,200 円減らし、13,800 円にする（仮）。
③ ATM からの要求に従い、①によるデータ変更を確定して現金 10,000 円を払い戻す。
④ 電力会社からの要求に従い、②によるデータ変更を確定する。

通常は、このように正しく 2 つの出金が行われ、最終的な口座残高は 13,800 円となるでしょう。しかし、発生の確率は非常に低いものの、もし、①の処理が途中で止まってしまった場合はどうなるでしょうか（次ページの図 9-6）。

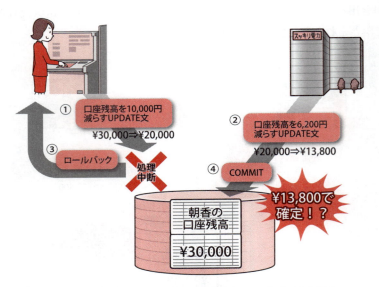

図 9-6　ATM からのトランザクションが途中でロールバックした場合

ATM からお金を引き出せなかったのに、口座からお金が減っちゃった…。

　①の処理が中断されてロールバックが行われたなら、朝香さんが 10,000 円を引き出そうとしたアクションは「なかったこと」にされるはずです。しかし、図 9-6 では①②の両方の金額が引かれてしまい、口座残高は 13,800 円になってしまいました。

9.3.2　3 つの代表的な副作用

　DBMS に対して複数の利用者が同時に処理を要求することで発生する副作用には、次の 3 つのものが知られています。

副作用 1　ダーティーリード

　まだコミットされていない未確定の変更を、ほかの人が読めてしまう副作用を**ダーティーリード**（dirty read）といいます。前項の図 9-6 の問題も、ATM からの

出金がまだ確定していない状態で、電力会社がその仮の残高をダーティーリードしてしまい、さらに電気代を引いてしまったために発生しています。

その後キャンセルされるかもしれない未確定の情報をもとにして別の処理を行ってしまうため、ダーティーリードは非常に危険な副作用です。

副作用2　反復不能読み取り

反復不能読み取り（non-repeatable read）とは、あるテーブルに対してSELECT文を実行した後、ほかの人がUPDATE文でデータを書き換えると、次にSELECTした際に検索結果が異なってしまうという副作用です。

え？　他人が書き換えたのなら、検索結果は変わって当然じゃない？

そうなんだけど、それでは困るときもあるのよ。

テーブルの内容を複数回読み取る際、その間にデータの内容が変化してしまっては困る場合があります。たとえば、家計簿テーブルの統計をとるために「①出金額の合計を集計する」「②出金額の最大値を集計する」という処理を2つのSELECT文で順番に実行しているとしましょう（図9-7）。

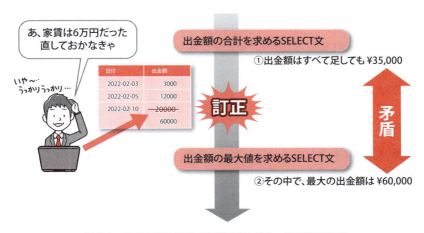

図9-7　2回の統計の間に値が書き換わると、整合性が崩れる

常識的に考えれば、②の結果が①の結果より大きくなることはありません。しかし、図 9-7 にあるように、①の SELECT 文が実行された直後に、ほかの人によって一部のデータが書き換えられると、②の結果が①より大きくなり、データの整合性が崩れてしまうことがあり得ます。

副作用3　ファントムリード

ファントムリード（phantom read）は、反復不能読み取りと似ています。2回の SELECT 文の間に、ほかの人が INSERT 文で行を追加すると、最初と次の SELECT で取得する結果の行数が変わってしまうという副作用です。

1 回目の検索結果の行数に依存する処理を行う場合に、問題となることがあります。

9.3.3 トランザクションの分離

前項で紹介した副作用は、トランザクションによって解決することができます。なぜなら、DBMS は個々のトランザクションについて**分離性**（isolation）を維持するために次のような制御を行うからです。

DBMS によるトランザクション制御（2）

> DBMS は、あるトランザクションを実行する際、ほかのトランザクションから影響を受けないよう、それぞれを分離して実行する。仮にほかのトランザクションと同時に実行していたとしても、あたかも単独で実行しているのと同じ結果となるよう制御する。

DBMS はこの制御を行うために、内部で**ロック**（lock）と呼ばれるしくみを使います。あるトランザクションが現在読み書きしている行に鍵をかけ、ほかの人のトランザクションからは読み書きできないようにしてしまうのです。

このように、あるトランザクションが特定の行などをロックすることを「ロックを取る」「ロックを取得する」と表現することもあります。

自分のトランザクションがコミットまたはロールバックで終了すると、かけた鍵は解除され、ほかの人のトランザクションがその行を読み書きできるようになります（図 9-8）。

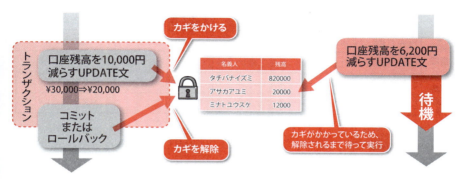

図 9-8　ロックによる排他制御

　自分が読み書きしたい行を他人がロックしている間、その**相手のトランザクションが完了するまで自分は待たされます**。このロック待ち時間は通常数ミリ秒以下と大変短いものですが、ロックがたくさん発生すると、データベースの動作は非常に遅くなってしまう点には注意が必要です。

9.3.4　分離レベル

ロックがかかると遅くなるから、トランザクションは使わないようにしようっと。

もう、極端ねぇ。速さと安全性はどちらかしか選べないってわけじゃないのよ。

　ここまで紹介したように、トランザクションを使うことでロックのしくみが有効になり、副作用は発生しないようになる一方、DBMSのパフォーマンスは損なわれてしまいます。このように、正確なデータ操作とパフォーマンスは二律背反の関係にありますが、どちらか片方しか選べないというわけではありません。

多くのDBMSでは、どの程度厳密にトランザクションを分離するかを**トランザクション分離レベル**（transaction isolation level）として指定することができます。

表9-1　一般的なトランザクション分離レベル

分離レベル	ダーティーリード	反復不能読み取り	ファントムリード
READ UNCOMMITTED	恐れあり	恐れあり	恐れあり
READ COMMITTED	発生しない	恐れあり	恐れあり
REPEATABLE READ	発生しない	発生しない	恐れあり
SERIALIZABLE	発生しない	発生しない	発生しない

↑高速危険　↓安全低速

多くのDBMSでは、デフォルトでREAD COMMITTEDという分離レベルで動作します。これは、さほど厳しいロックをかけないためダーティーリードしか防ぐことはできませんが、ある程度高速に動作するという特徴を持っているレベルです。

ほかの分離レベルを利用したい場合、多くのDBMSではSET TRANSACTION ISOLATION LEVEL命令を使用して任意の分離レベルを選択することができます。

トランザクション分離レベルの指定

```
SET TRANSACTION ISOLATION LEVEL 分離レベル名
SET CURRENT ISOLATION 分離レベル名
```
※どちらの構文を使うかは、DBMS製品によって異なる。

たとえば、最も安全であるもののデータベースの処理速度は落ちてしまうSERIALIZABLEという分離レベルを使う場合、リスト9-2のように指定します。

リスト9-2　SERIALIZABLE分離レベルを選択する

```
SET TRANSACTION ISOLATION LEVEL SERIALIZABLE
```

なお、DBMS によっては表 9-1 で挙げた 4 つの分離レベルのうち一部しか使えないものもありますので注意してください。たとえば Oracle DB の場合、READ COMMITTED と SERIALIZABLE のみ利用可能です。

> どの分離レベルを選べばいいのか、迷っちゃいそう…

> たいていの場合は READ COMMITTED を選んでおけば大丈夫よ。
> 必要に応じて適切な分離レベルを活用してね。

READ UNCOMMITTED が無効である理由

　Oracle DB や PostgreSQL には、分離レベルとして READ UNCOMMITTED が存在しません。これはデータベースの内部機構上、コミットされていない情報は読めないようになっているからです。

　これらの DBMS では、あるトランザクションによってデータが書き換えられている最中も書き換え前の情報が残っており、ほかのトランザクションから利用可能になっています。つまり、わざわざロックをかけずともダーティーリードが起こらないのです。

　このように、あるデータについて、「書き換え済み（ただし未確定）」と「書き換え前」の 2 つのバージョンを併存させることを **MVCC**（multi-version concurrency control）といいます。

9.4 ロックの活用

9.4.1 明示的なロック

前節で紹介したように、DBMSはトランザクションの分離性を確保するために自動的に行にロックをかけます。私たち自身が具体的に「いつ」「どの行に対して」ロックをする、という指示をする必要はありません。その一方、私たちは **SQL文を使って指定した対象を明示的にロックすることもできます**。また、行以外にもテーブル全体やデータベース全体のロックも可能です。

💡 明示的なロックの種類

行ロック　　　　　：ある特定の行だけをロックする。
表ロック　　　　　：ある特定のテーブル全体をロックする。
データベースロック：データベース全体をロックする。
※ DBMSによっては「ページ」や「表スペース」などもロック対象となる。

ロックをかける際には、その制限の強さを指定することができます。**排他ロック**（exclusive lock）は、ほかからのロックを一切許可しないため、主にデータの更新時に利用されます。**共有ロック**（shared lock）は、ほかからの共有ロックを許す特性があるため、データの読み取り時に多く利用されます。

① 行ロックの取得 – SELECT 〜 FOR UPDATE

通常、SELECT文で選択した行には自動的に共有ロックがかかります。しかしSELECT文の末尾に「FOR UPDATE」を追加すると、排他ロックがかかり、ほかのトランザクションからは該当行のデータを書き換えることができなくなります。

明示的な行ロックの取得

SELECT 〜 FOR UPDATE (NOWAIT)

　明示的なロックを取得しようとしたとき、すでにほかのトランザクションによって同じ行がロックされている場合、通常はロックが解除されるまで自分のトランザクションは待機状態となります。

　しかし、NOWAITオプションを指定した場合には、DBMSはロックの解除を待機せずにすぐさまロック失敗のエラーを返すため、トランザクションは即時終了します。これは、処理を待たせたくないアプリケーションなどに有効です。

　かけたロックは、コミットまたはロールバックによってトランザクションが終了すると解除されます。たとえば、家計簿テーブルの2月以降のデータについて、いくつも複雑な集計処理を行う場合、リスト9-3のように行ロックをかけておけば、ほかから更新されることがなくなるため安心でしょう。

リスト9-3　2月以降の行をロックして集計する

```
BEGIN;
SELECT * FROM 家計簿            背景色の濃い部分がトランザクション
  WHERE 日付 >= '2022-02-01'
    FOR UPDATE;           -- 2月以降のデータを明示的にロック
-- 集計処理1
SELECT 〜 ;
-- 集計処理2
SELECT 〜 ;
-- 集計処理3
SELECT 〜 ;
COMMIT;                   -- ロックが解除される
```

② 表ロックの取得 – LOCK TABLE

ある特定の表全体をロックするには、LOCK TABLE 命令を利用します。

明示的な表ロックの取得

```
LOCK TABLE テーブル名 IN モード名 MODE (NOWAIT)
```
※モード名は EXCLUSIVE で排他ロック、SHARE で共有ロックとなる。

なお、取得された表ロックは、行ロック同様にトランザクションの終了に伴い解除されます。リスト 9-3 を表ロックの形に書き換えたものがリスト 9-4 です。

リスト 9-4　家計簿テーブルをロックして集計する

```
BEGIN;                                    背景の濃い部分がトランザクション
LOCK TABLE 家計簿 IN EXCLUSIVE MODE ; -- 表を明示的にロック
-- 集計処理1
  SELECT ~ ;
-- 集計処理2
  SELECT ~ ;
-- 集計処理3
  SELECT ~ ;
COMMIT;                                              -- ロックが解除される
```

やっぱり安全なのが最優先だし、処理中にほかの人に触られたくないし、基本的に表をまるごと排他ロックしておいたほうがよさそうね…。

でも、そんなことしたら、ほかの人が全然使えなくなっちゃうじゃないか！

朝香さんの言うように、表ごと排他ロックをかけてしまえば、自分のトランザクション処理中に、ほかの人のトランザクションにデータを操作される心配はなくなります。しかし、それでは湊くんが指摘するように、「大勢の人が同時に利用できる」という DBMS の大きな利点が損なわれてしまいます。

　そのため、ロックは「できるだけ最小の範囲に留める」のが原則です。明示的にロックをかけるときは、必要のない行や表までロックしていないか、排他ロックではなく共有ロックでも事足りるかを検討してみましょう。

ロックは最小限に！

- 明示的にロックするときは、必要最小限の範囲に留める。
- 排他ロックの代わりに共有ロックを使用できないかを検討する。

ロックエスカレーション

　DBMS にとって、膨大な数の行をロックするのは大変な仕事です。ロックによって、負荷も上がり、メモリも逼迫してしまいます。

　そこで Db2 や SQL Server などの一部の DBMS は、あるテーブルについて多数の行ロックがかけられると 1 つの表ロックに自動的に切り替わる**ロックエスカレーション**（lock escalation）という機構を持っています。

　ロックエスカレーションによって DBMS の負荷が下がり、性能が向上することもありますが、同時に実行できるトランザクション数が減って逆に遅くなったり、デッドロック（9.4.2 項）の原因になったりすることもあります。

　ロックエスカレーションは、詳細な発動条件を設定したり、発動そのものを禁止したりすることも可能です。必要に応じて上手に活用していきましょう。

9.4.2 デッドロック

データベースで同時にたくさんのトランザクションが実行されると、まれにデッドロック（dead lock）と呼ばれる状態に陥り、トランザクションの処理が途中で永久に止まってしまうことがあります。デッドロックは、次のような2つのトランザクションの動作によって引き起こされます（図9-9）。

デッドロックの発生

「X」をロックしたトランザクションAが、
　　次に「Y」もロックしようとしている一方で、
「Y」をロックした別のトランザクションBが、
　　次に「X」をロックしようとするとき、デッドロックが発生する。

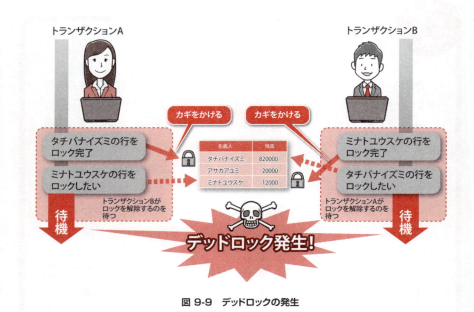

図 9-9　デッドロックの発生

なるほど、お互いに自分は譲らず、相手が譲るのを待っちゃうのね…。

っていうか、処理が永久に止まっちゃうなんて、困るよ！

　デッドロックが発生して処理が完全に停止してしまうことを防ぐため、多くのDBMSにはデッドロックを自動的に解決するしくみが備わっています。DBMSは、実行中のトランザクションの中にデッドロックに陥っているものがないかを定期的に調べ、もしそのようなものを発見したら、片方のトランザクションを強制的に失敗させることによって、デッドロック状態から抜け出せるようにします（図9-10）。

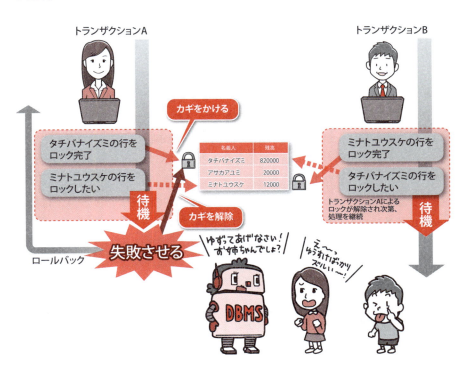

図9-10　デッドロックの解決

このように片方のトランザクションに強制的に道を譲らせることより、デッドロック状態は解決されます。しかし、少なくとも1つのトランザクションが失敗してしまうことや、処理が停止してしまう時間が存在することを考えると、可能な限りデッドロックは避けるべきです。

もちろん、デッドロックを100%防ぐことは難しいですが、次のような対策を講じることで、発生する確率を減らすことは可能です。

デッドロックを予防する方法

対策①　トランザクションの時間を短くする。
対策②　同じ順番でロックするようにする。

対策①は、直感的に理解しやすいでしょう。ロックしている時間が短いほど、ほかのトランザクションと競合してしまう確率は低くなります。

また、対策②も、ロックを行うときの基本的な心がまえです。

そもそもデッドロックは、2つのトランザクションが互いに相手と違う順番でロックを行おうとするために発生する現象です。たとえば、図9-9の例では、2つのトランザクションがそれぞれ「X→Y」「Y→X」の順番にロックを試みています。しかし、もし両者が「X→Y」の順にロックするトランザクションであれば、デッドロックは決して発生しません。

従って、行やテーブルをロックする際には、すべてのトランザクションにおいて、同じ順番でロックがかかるようにSQL文を工夫することで、デッドロックを未然に防ぐことが可能になるのです。

同じ順番でロックする

SQL文を組み立てる際には、可能な限り同じ順番で行やテーブルにロックがかかるよう意識する。

第 9 章 トランザクション

9.5 この章のまとめ

9.5.1 この章で学習した内容

トランザクション
- 複数の SQL 文を不可分な 1 つの命令として扱うことができる。
- DBMS は、トランザクションの原子性や分離性を保つよう制御を行う。

原子性
- トランザクションに含まれる複数の SQL 文は、すべて実行されたか、1 つも実行されていないかの状態になることが、DBMS により保証される。
- コミットでトランザクション中のすべての処理が確定する。
- ロールバックでトランザクション中のすべての処理がキャンセルされる。
- DBMS に付属する多くの SQL クライアントは、デフォルトで自動コミットモードになっている。

分離性
- トランザクションは、同時実行中のほかのトランザクションからの影響を受けないよう、分離して実行される。
- 代表的な副作用には「ダーティーリード」「反復不能読み取り」「ファントムリード」がある。
- トランザクション分離レベルで、性能と分離のバランスを選ぶことができる。

ロック
- 行や表、データベース全体に、明示的にロックをかけることができる。
- 複数の対象に異なる順番でロックをかけようとする複数のトランザクションは、デッドロックに陥ることがあるため注意を要する。

9章

301

9.5.2 この章でできるようになったこと

家賃60,000円を振り込むと同時に、420円の手数料も支払ったことを記録したい。

※ QRコードは、この項のリストすべてに共通です。

```
BEGIN;
INSERT INTO 家計簿
VALUES('2022-03-20', '住居費', '4月の家賃', 0, 60000);
INSERT INTO 家計簿
VALUES('2022-03-20', '手数料', '4月の家賃の振込', 0, 420);
COMMIT;
```

3月20日のデータを削除したけれど、やっぱりなかったことにしたい。

```
BEGIN;
DELETE FROM 家計簿 WHERE 日付 = '2022-03-20';
ROLLBACK;
```

処理中にほかの人によって家計簿テーブルの内容が変化しないようにしながら、各種統計を記録したい。

```
BEGIN;
LOCK TABLE 家計簿 IN EXCLUSIVE MODE;
INSERT INTO 統計結果
SELECT 'データ件数', COUNT(*) FROM 家計簿;
INSERT INTO 統計結果
SELECT '出金額平均', AVG(出金額) FROM 家計簿;
COMMIT;
```

9.6 練習問題

問題 9-1

次の文章の空欄 A ～ E に当てはまる適切な言葉を答えてください。

　DBMS は、複数の SQL 文をひとかたまりの (A) として取り扱うことができます。 (A) は、 (B) によってすべての内容を確定するか、もしくはロールバックによってすべての内容をキャンセルするかのどちらかの状態になることが保証されています。こうした性質を (C) といいます。また、同時実行する複数の (A) が互いに影響を与えない性質である (D) については、 (E) で性能と安全性のバランスを指定することができます。

問題 9-2

あるオンラインブックストアのシステムでは、ブラウザの注文画面でユーザーが購入ボタンを押すたびに次のような SQL 文が実行されます。

```
INSERT INTO 受注 ( 注文番号 , 日付 , 顧客番号 , 商品番号 , 注文数 )
VALUES ('1192296', '2022-04-08', '8828', '0008', 12);
UPDATE 在庫
   SET 残数 = 残数 - 12
 WHERE 商品番号 = '0008';
```

受注テーブルに書き込まれる内容は定期的に出荷管理プログラムが分離レベル READ COMMITTED で監視しており、新たな受注が入るとすぐに商品が宅配便で出荷されるようになっています。このとき、以下の設問に答えてください。

1. 正確なデータ処理の観点から、このシステムで懸念されることを 2 つ挙げてください。
2. その懸念を克服できるよう、SQL 文を修正してください。

第 III 部　データベースの知識を深めよう

問題 9-3 ‥‥‥‥‥‥‥‥‥‥‥‥‥‥‥‥‥‥‥‥‥‥‥‥‥‥‥‥‥‥‥‥‥‥

　問題 9-2 のオンラインブックストアのシステムでは、毎日深夜 0 時に自動的に次の統計処理が実行されます。利用している DBMS は 4 つの分離レベルすべてをサポートしており、ロックエスカレーションは発生しないものとします。

```
BEGIN;
SET TRANSACTION ISOLATION LEVEL READ UNCOMMITTED;
UPDATE 受注統計 -- (1)
    SET 統計値 = (SELECT COUNT(*) FROM 受注)
  WHERE 項目名 = '注文回数';
UPDATE 受注統計 -- (2)
    SET 統計値 = (SELECT AVG(注文数) FROM 受注)
  WHERE 項目名 = '平均受注数';
UPDATE 受注統計 -- (3)
    SET 統計値 = 20220413      -- 本日の日付を整数表記したもの
  WHERE 項目名 = '統計実施日';
COMMIT;
```

受注統計テーブル

列名	データ型	備考
項目名	VARCHAR(10)	統計の種類
統計値	INT	統計の値

　以上の SQL 文とテーブルに基づき、次の各項目について、正しければ○を、誤っていれば×を付けてください。

ア．この SQL 文は 1 つのトランザクションとして実行される。

イ．（2）の SQL 文の実行でエラーが発生した場合、（1）までの処理が確定される。

ウ．受注統計テーブルにまだ行が 1 つも存在しなかった場合、ロールバックが発生する。

エ．最後の 1 行を「ROLLBACK;」に書き換えると、受注統計テーブルのデータは更新されなくなる。

オ．（1）のSQL文では副問い合わせを使っているので、受注の回数を常に正確に取得できる。

カ．（1）のSQL文の実行と、（2）のSQL文の実行の間に書籍の注文が入ると、受注統計テーブルの「注文回数」と「平均注文数」を掛け算しても、合計注文数と一致しなくなってしまう恐れがある。

キ．このSQL文が実行されている間、受注統計テーブルにはロックがかかり、ほかのトランザクションからは一切アクセスできなくなる。

ク．統計処理の実行中に、READ UNCOMMITTED 分離レベルで「**SELECT * FROM 受注統計**」というSQL文を実行すると、統計実施日のみ、古い情報が取得できてしまうことがある。

ケ．2行目で選択する分離レベルは、SERIALIZABLE にしたほうが DBMS 全体のパフォーマンスは向上することが多い。

クラウドデータベース

　一昔前まで、データベースを利用するためには、サーバを購入して自社やデータセンターに設置し、自ら DBMS をインストールして環境を構築する必要がありました。この方法は**オンプレミス**（on-premises）といわれ、現在でもデータベースを利用する主要な方法の1つですが、高額な初期費用が必要となるほか、導入や運用には専門知識や経験のある技術者が求められます。

　そこで近年、DBMS 機能そのものをクラウド上に配置し利用する形態のデータベースが急増しています。クラウド事業者が提供する Web 画面から必要な製品やスペックを設定するだけで DBMS が自動的に構築され、数分後には利用が可能となります。利用者側でバックアップや保守作業が不要となり、商用 DBMS のライセンス費用も使用状況に応じた支払いができるなど、さまざまなメリットを享受することができます。

9.7 練習問題の解答

問題 9-1 の解答

(A)トランザクション　　(B)コミット　　(C)原子性　　(D)分離性
(E)トランザクション分離レベル（単に「分離レベル」も可）

問題 9-2 の解答

1.
- 受注テーブルに行を追加した直後に処理が中断すると、在庫が減らないままになってしまう。
- 受注テーブルに行を追加した直後に処理が中断しても、出荷管理プログラムによって商品が出荷されてしまう。

2.
先頭行に「`BEGIN;`」を、次の行に「`SET TRANSACTION ISOLATION LEVEL READ COMMITTED;`」を、最終行に「`COMMIT;`」を追加する（分離レベルはREAD UNCOMMITTED以外であればよい）。

問題 9-3 の解答

ア．○　BEGINとCOMMITで囲まれているためトランザクションとして扱われます。
イ．×　トランザクションとして扱われるため、（2）のSQL文でエラーが発生した場合、（1）の処理はキャンセルされます。
ウ．×　受注統計テーブルにまだ行が1つも存在しなかった場合、各UPDATE文は「0行を更新して正常終了」するためエラーにはならず、トランザクションはコミットされます。
エ．○　ロールバックにより、受注統計テーブルに対する各UPDATE文はキャンセルされるため、データは更新されません。
オ．×　このトランザクションはREAD UNCOMMITTED分離レベルで動作しているため、（1）のSQL文の副問い合わせ部分は、直後にキャンセルさ

れるかもしれない受注の行もカウントしてしまう可能性があります（ダーティーリード）。

カ．○　このトランザクションは READ UNCOMMITTED 分離レベルで動作しているため、（1）で検索したときの受注テーブルの行数と、（2）で検索したときの受注テーブルの行数が異なる可能性があり、統計結果の整合性が崩れる可能性があります（ファントムリード）。

キ．×　この SQL 文は LOCK TABLE などで明示的な表ロックを取得していないため、受注統計テーブル全体はロックされません。

ク．○　この SQL 文は、LOCK TABLE や SELECT 〜 FOR UPDATE などで明示的な排他ロックを取得していないため、（2）の SQL 文まで実行されている段階で、READ UNCOMMITTED 分離レベルで動作するほかのトランザクションが行を読み取ると、統計実施日のみ古い情報が取得できてしまう可能性があります。

ケ．×　SERIALIZABLE は、互いに影響を及ぼす可能性のある同時実行を厳しく制限するため、READ UNCOMMITTED より同時に実行できるトランザクション数が減り、一般的にはパフォーマンスが低下します。

2 フェーズコミット

2つ以上のデータベースに分けて情報を格納している場合、通常のトランザクションではデータの整合性を確保できないことがあります。たとえば、データベース A に入出金情報を、データベース B に入出金の更新日時を記録している場合、データベース A のトランザクションをコミットした直後にデータベース B がダウンしてしまうケースです。

このような場合、**2 フェーズコミット**（two phase commit, 2PC）と呼ばれる手法が利用されることがあります。2 フェーズコミットでは、各データベースに対してトランザクションの「確定準備」と「確定」の 2 段階の指示を出して、複数のデータベースにまたがったトランザクションの整合性を維持します。

JOIN 句を使わない結合

第 8 章では JOIN 句を用いた結合を紹介しましたが、一部の DBMS では次のような記述もできます。

```
SELECT  選択列リスト
  FROM  テーブル A，テーブル B
 WHERE  両テーブルの結合条件
```

しかし、この構文を採用する際には次のような点を考慮してください。

- すべてのテーブルを FROM 句に並列で記述するため、主（左表）となるテーブルがどれなのかがわかりにくくなる。
- WHERE 句には結合条件だけでなく絞り込み条件も記述するため、結合に関連する条件がどれなのかがわかりにくくなる。

同様に、外部結合についても、JOIN 句を使わない記述ができます。

```
SELECT  選択列リスト
  FROM  テーブル A，テーブル B
 WHERE  テーブル A の結合条件列 = テーブル B の結合条件列 (+)
```

この記述方法では、(+) 記号をどちらの側の結合条件に記述するかで、左外部結合をするか、右外部結合をするかが決まります。上記の例では、テーブル B に結合相手の行が存在しなくても、テーブル A の行をすべて抽出します（左外部結合）。

第10章

テーブルの作成

これまでは、既存のテーブルに対するデータの格納や
取り出しの命令を学んできました。
この章では、新しいテーブルを作成する命令を学びます。
しかし、単にテーブルの作成方法だけを学ぶわけではありません。
テーブル作成に伴うさまざまなオプションについての知識を身に付け、
データベースが提供してくれる機能や
高い信頼性を実現するためのしくみも理解していきましょう。

CONTENTS

10.1 SQL 命令の種類
10.2 テーブルの作成
10.3 制約
10.4 外部キーと参照整合性
10.5 この章のまとめ
10.6 練習問題
10.7 練習問題の解答

10.1 SQL 命令の種類

10.1.1 データベースを使う2つの立場

先輩、実はまた勉強用に新しいテーブルを作ってもらいたいのですが…。

いいわよ。でも、せっかくだから、自分で作ってみましょうか。

　これまで私たちは、SELECT、INSERT、UPDATE、DELETE などの命令を使って、既存のテーブルに対してデータを操作する方法を学んできました。本書の学習では、入力した SQL 文を私たちが直接 DBMS に送っていますが、一般的な情報システムの内部では、Java などで開発したプログラムが生成した SQL 文を DBMS に送ってデータ操作を指示することが大半です（1.1.4 項）。

　つまり、これまでの私たちや情報システムにおけるプログラムは、**データの操作を指示する立場**（立場①）として DBMS を利用しています。

図 10-1　データの操作を指示する立場でのデータベース利用

　しかし、立場①の人が SELECT 文や INSERT 文でデータの出し入れを行うには、そもそもデータベース内部にテーブルが存在していることを前提としています。

そこで必要になるのが、テーブルの作成や各種の設定など、**データベース自体の操作を指示する立場**（立場②）の存在です。

図 10-2　データベース自体の操作を指示する立場でのデータベース利用

 データベースを利用する2つの立場

立場①　データベースにデータの出し入れを指示する立場
立場②　立場①の人が、効率よく、安全にデータの出し入れができるよう必要なテーブルの準備や各種設定を指示する立場

　湊くんと朝香さんは、これまでずっと立場①でさまざまなSQL文を学んできました。これが可能だったのは、いずみさんが立場②を引き受けてテーブルなどを準備してくれていたからです。
　ここまでの9つの章を通して、私たちは立場①として知るべきことをひととおり学びました。そこで、この章からは、立場②としてデータベースの設定や構築についての方法を学んでいきます。

10.1.2　4種類の命令

テーブルそのものを作るには、専用のツールが必要だったり、難しそうなコマンドを打ち込まないといけなかったりするのかな…。

実は、立場②としてテーブル作成を指示する場合にも、SQL を使います。ただし、これまで学んだ SELECT や INSERT ではなく、CREATE TABLE という命令を使います。立場②として使う命令はほかにもたくさん準備されていますが、すべての SQL 文は、最終的に 4 種類の命令に分類することができます（図 10-3）。

図 10-3　SQL 命令の分類

なるほど。これまで、私たちは主に DML を学んできたのね。

これからは DDL と DCL を学べばいいんだね！

10.1.3 DCLとは

DDLについて学ぶ前に、データ制御を行うDCLについて、少し触れておきましょう。

DCLは、誰に、どのようなデータ操作やテーブル操作を許すかといった権限を設定するためのSQL命令の総称です。権限を付与する **GRANT文**（グラント）と権限を剥奪する **REVOKE文**（リヴォーク）があります。

GRANT文とREVOKE文

```
GRANT   権限名  TO    ユーザー名
REVOKE  権限名  FROM  ユーザー名
```
※権限名やユーザー名の記述の詳細は、DBMS製品によって異なる。

これらは、立場②の中でも特にデータベースの全権を管理する、**データベース管理者**（DBA：Database Administrator）だけが使う命令です。また、DBMS製品によって構文や位置づけが大きく異なるため、詳細は各製品のマニュアルに譲ることにします。

この章と次の章では、残るDDLについて学びながら、データベース自体の操作を行う方法について学んでいきましょう。

SQL文の分類方法

どのSQL命令がDML、TCL、DDL、DCLのいずれに分類されるかは、DBMS製品や資料によって異なることがあります。

たとえば、第9章で紹介したBEGIN、COMMIT、ROLLBACKは、DCLに分類される場合もあります。

10.2 テーブルの作成

10.2.1 テーブル作成の基本

テーブルを作成するには、代表的な DDL である **CREATE TABLE 文**（クリエイト テーブル）を使います。この文には、作成したいテーブルの名前、テーブルを構成する列と型の一覧を指定します。

 テーブルの作成（基本形）

```
CREATE TABLE テーブル名 (
    列名1    列1の型名,
    列名2    列2の型名,
    :
    列名X    列Xの型名
)
```

たとえば、これまで利用してきた家計簿テーブルを作成するには、リスト 10-1 のような SQL 文を実行します。

リスト 10-1　家計簿テーブルを作成する

```
CREATE TABLE 家計簿 (
    日付         DATE,
    費目ID       INTEGER,
    メモ         VARCHAR(100),
    入金額       INTEGER,
```

```
    出金額         INTEGER
)
```

テーブル作成のSQL文がこんなに単純だったなんて。

副問い合わせや結合のSQL文に比べれば楽勝よね。テーブルが作成できたら、次は列に対する設定を見ていきましょう。

10.2.2 デフォルト値の指定

あるテーブルに対して、INSERT文によって行が追加される際、一部の列の値が指定されないことがあります。たとえば、家計簿テーブルに行を追加する次のリスト10-2のように、「費目ID」や「入金額」が省略されるかもしれません。

リスト10-2 家計簿テーブルに対する行の追加

```
INSERT INTO 家計簿 ( 日付 , メモ , 出金額 )
    VALUES ('2022-04-12', '詳細は後で', 60000)
```

このSQL文が実行されると、テーブルに追加された行の「費目ID」と「入金額」の列の内容は、次の結果表にあるようにNULLとなります。

リスト10-2の結果表

日付	費目ID	メモ	入金額	出金額
2022-04-12	NULL	詳細は後で	NULL	60000

しかし、**INSERT文で具体的な値を指定しない列には、NULLではなく特定のデフォルト値（初期値）を格納**できたら便利だと思いませんか。テーブルを作成する際に、デフォルト値を決めておくことで、「特に指定しなければ入金額には0が格納される」というような設定が可能です。

そのためには、CREATE TABLE 文に DEFAULT（デフォルト）キーワードを指定します。

デフォルト値の指定を含むテーブルの作成

```
CREATE TABLE テーブル名 (
    列名  型名 DEFAULT デフォルト値,
    :
)
```

このしくみを活用して家計簿テーブルを作成するには、次の SQL 文を実行します。4～6行目で、デフォルト値として 0 や「不明」を指定しています。

リスト 10-3　家計簿テーブルを作成する（デフォルト値を活用）

```
CREATE TABLE 家計簿 (
    日付          DATE,
    費目ID        INTEGER,
    メモ          VARCHAR(100) DEFAULT '不明',
    入金額        INTEGER      DEFAULT 0,
    出金額        INTEGER      DEFAULT 0
)
```
デフォルト値の指定

10.2.3　DROP TABLE 文

あれっ？　リスト 10-3 を実行するとエラーになっちゃう…。

本書の解説の順に SQL 文を実行すると、朝香さんのように、リスト 10-3 の実行に失敗してしまいます。なぜなら、リスト 10-1 を実行した際に、すでに家計簿テーブルが作成されているためです。データベース内に、同じ名前のテーブル

を複数作ることはできません。つまり、家計簿テーブルを作り直すために、家計簿テーブルをいったん削除しなければなりません。

待ってました！「DELETE FROM 家計簿」だね！

…と言いたいところだけど、それじゃテーブルの中身しか消えないのよ。

先述したように、DELETE 文は DML に属する命令です。テーブルに登録されたデータの削除はできますが、その入れ物である家計簿テーブル自体を削除することはできません。

テーブルそのものを削除するには DDL に属する **DROP TABLE 文**（ドロップ テーブル）を利用します。

テーブルの削除

```
DROP TABLE テーブル名
```

DROP TABLE はキャンセルできない？

DML に属する DELETE 文などは、ロールバック命令によりキャンセルできるのが一般的です。しかし、DDL についてロールバックができるか否かは DBMS 製品によって異なります。

たとえば、Oracle DB では基本的に DDL はロールバックできず、一度実行すると取り消しができません。重要な操作を行う場合には、念のためバックアップをしておくなど安全への配慮も大切です。

10.2.4 ALTER TABLE 文

作成、削除ときたら…次は「更新」だね！ UPDATE TABLE 文とか？

惜しい！ いい線いってるわよ。

テーブル定義の内容を変更するには、**ALTER TABLE 文**（オルター テーブル）を使います。この文では、具体的にテーブルの「何を」「どう」変えるかを指定します。さまざまな変更が可能ですが、ここでは列の追加と削除について紹介しておきます。

テーブル定義の変更

・列の追加
```
ALTER TABLE テーブル名 ADD 列名 型
```
・列の削除
```
ALTER TABLE テーブル名 DROP 列名
```
※ DBMS 製品により詳細は異なる。

たとえば、家計簿テーブルに DATE 型の「関連日」列を追加してすぐ削除するには、リスト 10-4 のような SQL 文を実行します。

リスト 10-4　列の追加と削除

```
ALTER TABLE 家計簿 ADD 関連日 DATE;      -- 追加する
ALTER TABLE 家計簿 DROP 関連日 ;         -- 削除する
```

既存のテーブルに列を追加する場合、新しい列が挿入される位置は、原則としていちばん後ろになります（DBMS によっては、挿入位置を任意に指定できるものもあります）。

テーブルの存在を確認してから作成／削除する

テーブルの作成や削除の命令は、同名テーブルが存在しているかどうかによって成功の可否が左右されてしまいます（10.2.3 項）。そこで、DBMS によっては、実行の前にテーブルの存在を確認し、作成や削除が可能かどうかによって実行を制御できるオプションを提供しています（付録 A の DBMS 比較表を参照）。

```
-- 存在しないときのみテーブルを作成
CREATE TABLE IF NOT EXISTS 家計簿 ( … );
-- 存在するときのみテーブルを削除
DROP TABLE IF EXISTS 家計簿;
```

また、MariaDB では、既存のテーブルが存在する状態のまま CREATE TABLE 文を実行できるオプションがありますが、テーブルは一度削除されてしまう点に注意が必要です。

```
CREATE OR REPLACE TABLE 家計簿 ( … )

-- 同じ動作をする命令
DROP TABLE IF EXISTS 家計簿 ( … );
CREATE TABLE 家計簿 ( … );
```

10.3 制約

10.3.1 人為的ミスに備える

いけねっ…「日付」列を指定せずに INSERT しちゃった！

もう。家計簿なんだから、日付が NULL なんてあり得ないでしょ？

　データベースの本来の役割を考えると、テーブルに異常な値が格納されてしまうことは絶対に避けなければなりません。そこで第 9 章では、予期しない中断や同時実行など、システム的な理由でデータが異常な状態になってしまうことを避けるためにトランザクションの利用を学びました。

　しかし、SQL の文法としては正しいものの、システムの意図から見れば誤った SQL 文を DBMS に送ってしまう**人為的ミスに対して、トランザクション制御はまったくの無力**です。「誤った内容の SQL 文」が、「指示どおりに正しく実行」されてしまいます。

そんなの、SQL 文を書く人が気をつければ済む問題だよね。

いくら気をつけていても、人間は必ずミスをするわ。だからミスを防ぐしくみを考えるべきなの。

　DBMS は、人為的ミスによって意図しないデータが格納されないためのしくみをいくつも備えています。

　たとえば、本書の冒頭から利用してきた「データ型」もそんな安全機構の 1 つです。テーブルの各列に型を指定することで、その列に格納できるデータの種類

は制限されるようになります。型など指定せず、文字列でも数値でも格納できたほうが便利と感じる人もいるかもしれません。しかし、たとえば「出金額」の列が INTEGER 型で定義されているからこそ、万が一にも誤って文字列を格納してしまう人為的ミスを回避できるのです。

あえて制限することで安全性を高める

予期しない値を格納できないように制限をかけることで、
人為的ミスによるデータ破壊の可能性を減らすことができる。

加えて、多くの DBMS は**制約**（constraint）というしくみを備えており、型よりもさらに強力な制限をかけることができます。制約を使えば、「日付の列は絶対に NULL になってはならない」「入金額や出金額の列は 0 以上の数値しか格納してはならない」などのきめ細かい制限をかけることができます。

現在、広く用いられている DBMS では 5 種類の制約をサポートしています。まずはその中から、比較的シンプルな 3 つについて紹介していきましょう。

10.3.2 基本的な 3 つの制約

制約は、CREATE TABLE 文でテーブルを定義する際に、列定義の後ろに指定することが可能です。

CREATE TABLE 文中における制約の指定

```
CREATE TABLE テーブル名 (
    列名  型  制約の指定 ,
     :
)
```

なお、1つの列に複数の制約を指定することもできますが、その場合はカンマではなく半角の空白で区切って、並べて記述します。

さっそく、例を見てみましょう。次の図10-4のようなデータを格納するために、2つのテーブルを作成する場合を考えます。

図 10-4　望ましい家計簿テーブルと費目テーブル

この場合、NOT NULL、CHECK、UNIQUE という基本的な3種類の制約の指定を伴う次のような CREATE TABLE 文を実行します。

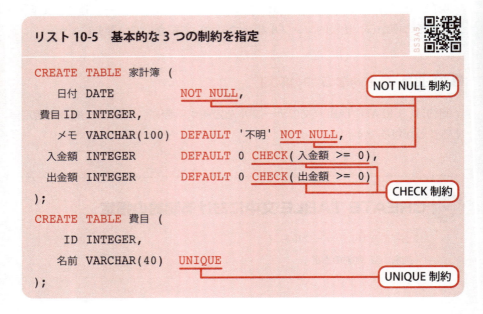

それでは、この3つの種類の制約について、その内容を具体的に見ていきましょう。

① NOT NULL 制約

NOT NULL 制約が設定された列には、NULL の格納は許可されません。仮に、家計簿テーブルがリスト 10-5 のように作られていた場合、この節の最初に湊くんがしたように、日付を指定せずに INSERT を実行するとエラーが発生して行の追加は失敗します。

> 安全装置のおかげで、意図しない処理をちゃんと中断してくれるんですね。

なお、リスト 10-5 の「メモ」列のように、**NOT NULL 制約は DEFAULT 指定と組み合わせて利用**されることがほとんどです。デフォルト値が設定されていれば、INSERT 文で特に値を入力しなくても自動的に値が設定されるため、エラーにならないからです（リスト 10-6）。

リスト 10-6　デフォルト値の利用

```
-- メモを明示的に指定して INSERT → '家賃' が入る
INSERT INTO 家計簿 ( 日付, 費目ID, メモ, 入金額, 出金額 )
    VALUES ('2022-04-04', 2, '家賃', 0, 60000);
-- メモを省略して INSERT → '不明' が入る
INSERT INTO 家計簿 ( 日付, 費目ID, 入金額, 出金額 )
    VALUES ('2022-04-05', 3, 0, 1350);
```

> 列に NOT NULL 制約がついていれば、複数行副問い合わせの落とし穴（p.222）についても心配が減るわよ。

② UNIQUE 制約

ある列の内容が決して重複してはならない場合、**UNIQUE 制約**を付けます。たとえば、費目テーブルは家計簿で利用される費目の一覧が格納されるテーブルで

す。通常、同じ名前の費目が複数あってはならないため、リスト 10-5 ではこの列に UNIQUE 制約が指定されています（図 10-5）。

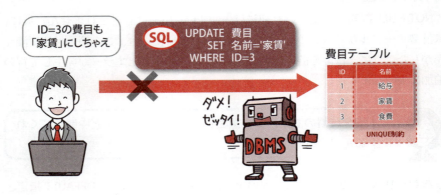

図 10-5　UNIQUE 制約が指定されていれば安全

なお、UNIQUE 制約がかけられていても、NULL が格納された行が複数存在することは許されます。「NULL は NULL とも等しくない」（3.3.2 項）からです。

③ CHECK 制約

ある列に格納される値が妥当であるかを細かく判定したい場合は、CHECK 制約を用います。「CHECK」の後ろのカッコ内に記述した条件式が真となるような値だけが格納を許されます。たとえば、リスト 10-5 では、入金額と出金額に 0 以上の数値しか格納できないよう制約をかけています。

10.3.3　主キー制約

ところで、2 人は「主キー」が持つべき性質を覚えてるかしら？

主キーって確か、「行を一意に識別する」ための列だったよね。ええと…。

第 10 章　テーブルの作成

　私たちが第 3 章で初めて主キーについて学んだときのことを思い出してください。主キーの列とは、「その列の値を指定すれば、どの 1 行のことかを完全に特定できる」という役割を与えられた列のことでした（p.100）。リスト 10-5 の費目テーブルでいえば、「ID」列が主キーの役割を期待されている列でしょう。

家計簿テーブル

日付	費目ID	メモ	入金額	出金額
2022-04-02	3	不明	0	250
2022-04-10	2	4月の家賃	0	60000
2022-04-11	1	3月の給料	210000	0

費目テーブル

主キー

ID	名前
1	給与
2	家賃
3	食費

図 10-6　費目テーブルの「ID」列は主キーの役割を担う

　そして、主キーがその役割を果たすための条件には、「ほかの行と重複してはならない」「必ず値が格納されなければならない（NULL であってはならない）」という 2 つが含まれていました。

> …ということは、UNIQUE 制約と NOT NULL 制約の両方を指定すればいいんですね！？

そうね、それも間違いじゃないけど、もっといい方法があるのよ。

　主キーの役割を担う列には、**主キー制約**（PRIMARY KEY 制約）を付けましょう。この制約が付いている列は、単なる「NULL も重複も許されない列」ではなく、そのテーブルで管理しているデータを一意に識別する、主キーとしての役割が期待されているという意味（セマンティクス）を持ちます。

　主キー制約を付ける方法は 2 つあります。ある単独の列に指定したい場合は、次ページのリスト 10-7 にあるように、これまで紹介してきたほかの制約と同様、列名の後ろに記述します。

リスト 10-7　主キー制約の指定（単独列）

```
CREATE TABLE 費目 (
  ID      INTEGER       PRIMARY KEY,
  名前    VARCHAR(40)   UNIQUE
)
```
主キー制約

この記法を用いる場合、複数の列に主キー制約を指定することはできません。
一方、次のリスト 10-8 のように CREATE TABLE 文の最後に記述する記法を用いれば複合主キー（p.101）の指定も可能です。

リスト 10-8　主キー制約の指定（複合主キー）

```
CREATE TABLE 費目 (
  ID      INTEGER,
  名前    VARCHAR(40)   UNIQUE,
  PRIMARY KEY(ID, 名前)
)
```
ID 列と名前列で複合主キーを構成する

主キーの役割を担うべき列に関しては、万が一にも NULL や重複値が格納されると行を識別できないという致命的な状況に陥るため、特別な理由がない限り、必ず主キー制約を指定するようにしましょう。

NOT NULL、UNIQUE、CHECK、PRIMARY KEY と。これで 4 つだね。最後の 1 つはどんな制約なの？

それを紹介するためにも、ちょっと試してほしい SQL 文があるの。詳しくは、また後でね。

第 10 章 テーブルの作成

10.4 外部キーと参照整合性

10.4.1 参照整合性の崩壊

ちょっとミナト！ 勝手に費目の行を削除したでしょ！ おかしくなっちゃったじゃない！

だって、姉さんが試してみろって言うから…。

いずみさんが 2 人に体験させたかったのは、次のような状況です（図 10-7）。

4月10日の費目は、具体的に何かというと…

図 10-7　外部キーで指しているはずの費目がない!

　家計簿テーブルの 4 月 10 日の行は、費目 ID に「2」が設定されています。費目 ID の列は外部キー（p.245）であって、費目テーブルに存在していた「家賃」（ID=2）を参照していました。しかし、費目テーブルから「家賃」の行が削除されたため、4 月 10 日の支出は、費目が不明な状態になってしまっています。

家計簿テーブルには「ID=2 の行を見てね」って書かれてるのに、費目テーブルにはそんな行はないんだもんなぁ…。

外部キーが指し示す先にあるべき行が存在してリレーションシップが成立していることを**参照整合性**(referential integrity)といいます。図 10-7 のような異常な状態になってしまうことは「参照整合性の崩壊」といわれ、データベース利用において絶対に避けなければなりません。

参照整合性の崩壊

外部キーで別テーブルの行を参照しているのに、その行が存在しない状態をいう。このような状態になることは、絶対に避けなければならない。

10.4.2 崩壊の原因

ほかにはどんな操作をしちゃうと、参照整合性が壊れちゃうのかしら。

全部で 4 つのパターンがあるのよ。

参照整合性の崩壊を引き起こすデータ操作には、次に挙げる 4 つのパターンがあります。

参照整合性の崩壊を引き起こすデータ操作

① 「ほかの行から参照されている」行を削除してしまう。
② 「ほかの行から参照されている」行の主キーを変更してしまう。
③ 「存在しない行を参照する」行を追加してしまう。
④ 「存在しない行を参照する」行に更新してしまう。

具体的に、図 10-7 の例で参照整合性を崩す 4 つの SQL 文を次に表します。コメントの丸数字は、4 つのパターンを示しています。

リスト 10-9　参照整合性制約を崩す 4 つの操作

```sql
-- ①家計簿テーブルで利用中の費目について、費目テーブルから削除
DELETE FROM 費目 WHERE ID = 2;
-- ②家計簿テーブルで利用中の費目について、費目テーブルの ID を変更
UPDATE 費目 SET ID = 5 WHERE ID = 1;
-- ③家計簿テーブルに行を追加する際、費目テーブルに存在しない費目を指定
INSERT INTO 家計簿 ( 日付 , 費目 ID, 入金額 , 出金額 )
    VALUES ('2022-04-06', 99, 0, 800);
-- ④家計簿テーブルの行を更新する際、費目テーブルに存在しない費目を指定
UPDATE 家計簿 SET 費目 ID = 99
 WHERE 日付 = '2022-04-10';
```

10.4.3　外部キー制約

参照整合性を崩す 4 つのパターンは絶対やっちゃいけないのはわかったけど…うっかりミスしそうだなぁ。

人によるミスを防ぐには…そう、制約ね。

　参照整合性が崩れるようなデータ操作をしようとした場合にエラーを発生させ、強制的に処理を中断させる制約が**外部キー制約**（FOREIGN KEY 制約）です。

　この制約は、参照元のテーブルの外部キー列に設定します。図 10-7 の例では、家計簿テーブルの費目 ID の列に外部キーの制約を付けることになります。

　CREATE TABLE 文で外部キー制約をかけるには、次ページのような構文を利用します。

外部キー制約の指定（1）

```
CREATE TABLE テーブル名 (
    列名    型    REFERENCES 参照先テーブル名 ( 参照先列名 )
    :
)
```

リスト 10-10　外部キー制約の指定

```
CREATE TABLE 家計簿 (
    日付      DATE          NOT NULL,
    費目ID    INTEGER       REFERENCES 費目(ID),
    メモ      VARCHAR(100)  DEFAULT '不明' NOT NULL,
    入金額    INTEGER       DEFAULT 0 CHECK( 入金額 >= 0),
    出金額    INTEGER       DEFAULT 0 CHECK( 出金額 >= 0)
)
```

 外部キー制約

また、主キーの場合と同様に、CREATE TABLE 文の最後にまとめて定義することも可能です。この場合は、「FOREIGN KEY」で制約を付ける列を指定します。

 外部キー制約の指定（2）

```
CREATE TABLE テーブル名 (
    :
    FOREIGN KEY ( 参照元列名 )
      REFERENCES 参照先テーブル名 ( 参照先列名 )
)
```

こちらの構文を用いる場合の家計簿テーブルの例では、費目IDの列定義には制約を記述しない代わりに、最後に「`FOREIGN KEY(費目ID) REFERENCES 費目(ID)`」という記述を加えることになるでしょう。

この章で学んだ制約をしっかり使いこなして、人為的なミスに強いデータベースを作れるようになってね。

制約が付いていなくても「主キー」

　主キー制約が付いている列は、主キーの列です。しかし、**この制約が付いていないからといって、主キーの列ではないとは言い切れません。**

　主キー制約は、あくまでもその列に「主キーであれば果たすべき2つの責任(非NULL、重複なし)を確実に果たさせるための安全装置」に過ぎません。制約が設定されていなくても、利用者が「行を識別するための列」として利用する列があれば、それは主キー列です。

第 Ⅲ 部　データベースの知識を深めよう

10.5 この章のまとめ

10.5.1 この章で学習した内容

4 種類の SQL 命令

- データを格納したり取り出したりする場合は、DML に属する命令を使う。
- データを格納するテーブル自体を作成したり削除したりする場合は、DDL に属する命令を使う。
- トランザクションの開始や終了を指示する場合は、TCL に属する命令を使う。
- DML や DDL に関する許可や禁止を設定する場合は、DCL に属する命令を使う。

テーブルの作成と削除

- CREATE TABLE 文を用いて、新規のテーブルを作成できる。
- テーブル作成時に、列にデフォルト値を指定できる。
- DROP TABLE 文でテーブルを削除できる。
- ALTER TABLE 文でテーブルの定義を変更できる。

制約

- テーブル作成時に各列に制約を設定し、予期しない値が格納されないように安全装置を設けることができる。
- NOT NULL 制約は、NULL の格納を防ぐことができる。
- UNIQUE 制約は、重複した値の格納を防ぐことができる。
- CHECK 制約は、格納しようとする値が妥当かどうかをチェックできる。
- 主キーとして取り扱いたい列には、主キー制約を設定する。
- データの更新や削除によって外部キーによる参照整合性が崩れることがないように、外部キー制約を設定する。

10.5.2 この章でできるようになったこと

「ID」列を主キーとする費目テーブルを作りたい。

※ QRコードは、この項のリストすべてに共通です。

```
CREATE TABLE 費目 (
  ID    INTEGER      PRIMARY KEY,
  名前   VARCHAR(40)  UNIQUE
)
```

適切な制約を設定した家計簿テーブルを作りたい。

```
CREATE TABLE 家計簿 (
  日付    DATE          NOT NULL,
  費目ID  INTEGER       REFERENCES 費目(ID),
  メモ    VARCHAR(100)  DEFAULT '不明' NOT NULL,
  入金額  INTEGER       DEFAULT 0 CHECK( 入金額 >= 0),
  出金額  INTEGER       DEFAULT 0 CHECK( 出金額 >= 0)
)
```

費目テーブルに「備考」列を追加したい。

```
ALTER TABLE 費目 ADD 備考 VARCHAR(50)
```

家計簿テーブルを削除したい！

```
DROP TABLE 家計簿
```

第 III 部　データベースの知識を深めよう

10.6 練習問題

問題 10-1

次の SQL 命令の中から DDL に属するものを選んでください。

ア. SELECT　　イ. DROP TABLE　　ウ. CREATE TABLE　　エ. INSERT
オ. DELETE　　カ. UPDATE TABLE　　キ. ALTER TABLE

問題 10-2

ある大学の学部一覧を管理する学部テーブルを作るため、次のような SQL 文を準備しました。

```
CREATE TABLE 学部 (
  ID    CHAR(1),        -- 学部を一意に特定する文字
  名前   VARCHAR(20),    -- 学部の名前（必須、重複不可）
  備考   VARCHAR(100)    -- 特にない場合は、'特になし'を設定
)
```

このテーブルの趣旨と目的を考慮し、適切なデフォルト値や制約を加えるよう SQL 文を改善してください。

問題 10-3

問題 10-2 の学部テーブルとリレーションシップを持つ、次ページのような学生テーブルがあります。

第 10 章　テーブルの作成

学生テーブル

列名	データ型	備考
学籍番号	CHAR(8)	学生を一意に特定する番号（必須）
名前	VARCHAR(30)	学生の名前（必須）
生年月日	DATE	学生の生年月日（必須）
血液型	CHAR(2)	学生の血液型　※ A、B、O、AB のいずれかで不明な場合は NULL
学部 ID	CHAR(1)	学部テーブルの ID 列の値を格納する外部キー

　制約やデフォルト値も活用して、このテーブルを生成する DDL を作成してください。

問題 10-4

　問題 10-3 で学生テーブルに正しく制約が設定されると、学生テーブルや学部テーブルに対するデータ操作時に参照整合性が崩れないか検証されるようになります。どのようなデータ操作が行われると「参照整合性を崩す恐れがある操作」としてエラーになるか、具体例を 2 つ挙げてください。

問題 10-5

　問題 10-2 〜 10-4 で取り扱ってきた大学では、理学部（ID は 'R'）を廃止することが決まりました。現在理学部に所属するすべての学生は、工学部（ID は 'K'）へと所属学部が変更になります。

　データベース内のデータについて、理学部の廃止と学生の所属変更の処理を行う SQL 文を、各種整合性の維持を考慮して作成してください。

10
章

10.7 練習問題の解答

問題 10-1 の解答

イ、ウ、キ

問題 10-2 の解答

```
CREATE TABLE 学部 (
  ID    CHAR(1)      PRIMARY KEY,
  名前   VARCHAR(20)  UNIQUE NOT NULL,
  備考   VARCHAR(100) DEFAULT '特になし' NOT NULL
)
```

問題 10-3 の解答

```
CREATE TABLE 学生 (
  学籍番号  CHAR(8)     PRIMARY KEY,
  名前     VARCHAR(30) NOT NULL,
  生年月日  DATE        NOT NULL,
  血液型   CHAR(2)     CHECK (
    血液型 IN ('A', 'B', 'O', 'AB') OR
    血液型 IS NULL
  ),
  学部ID   CHAR(1)     REFERENCES 学部(ID)
)
```

問題 10-4 の解答

次の中から 2 つを回答していれば正解とします。

- 学生テーブルで利用している学部について、学部テーブルから削除する。
- 学生テーブルで利用している学部について、学部テーブルでID列を更新する。
- 学生テーブルに行を追加する際、学部IDとして、学部テーブルのID列に存在しない値を利用する。
- 学生テーブルの行を更新する際、学部IDとして、学部テーブルのID列に存在しない値を利用する。

問題 10-5 の解答

```
BEGIN;
UPDATE 学生 SET 学部ID = 'K'
 WHERE 学部ID = 'R';
DELETE FROM 学部
 WHERE ID = 'R';
COMMIT;
```

処理のポイントは次の2つです。

- 原子性を確保するために、トランザクションを使う。
- 外部キー制約違反とならないために、「学生の所属変更」→「学部の削除」の順で処理する。

全データを高速に削除する

テーブルの全行を削除する場合、TRUNCATE TABLE 文(トランケート テーブル)が利用されることがあります。

```
TRUNCATE TABLE 家計簿        -- 家計簿テーブルの全行を削除
```

実行結果は「DELETE FROM 家計簿」とほぼ同じですが、その動作には次のような違いがあります。

・DELETE は WHERE 句で指定した行だけ削除できるが、TRUNCATE は必ず全行を削除する。
・DELETE は DML だが、TRUNCATE は DDL に属する命令である。
・DELETE はロールバックに備えて記録を残しながら仮削除していくが、TRUNCATE は記録を残さずに行を削除する（ロールバック不可）。
・DELETE は記録を残すため低速だが、TRUNCATE は高速。

TRUNCATE TABLE は、厳密にはデータ削除ではなくテーブル初期化の命令です。「テーブルを一度 DROP して同じものを CREATE する」というような動作イメージを描くとわかりやすいでしょう。

第11章

さまざまな支援機能

DBMS には、データベースを「より速く」「より便利に」「より安全に」
使うためのさまざまな機能が存在します。
この章では、それらの中から代表的なものを紹介します。
データベースを使うための命令をひととおり学び、
データを格納するテーブルの作成もできるようになったいま、
もう1歩、階段を上ってみましょう。

CONTENTS

11.1　データベースをより速くする
11.2　データベースをより便利にする
11.3　データベースをより安全に使う
11.4　この章のまとめ
11.5　練習問題
11.6　練習問題の解答

11.1 データベースをより速くする

11.1.1 検索を速くする方法

検索を何倍も速くできる方法があるって、ホント!?

場合によってはもっと速くなることもあるわよ。ヒントは、今手にしているこの本かしら。

「できるだけ素早く、本書の中からGROUP BYについて解説しているページを探してください」と言われたら、あなたはどうやって検索するでしょうか。

記憶をたどりながらページをめくる、目次を見ながら場所の目処をつける、最初のページからしらみつぶしに1ページずつ調べていくなど、さまざまな方法が考えられます。しかし、**最も効率がよいのは巻末の「索引」を使って検索する**ことではないでしょうか。

実は、データベース内のテーブルに対しても、書籍の索引と似たものを作ることができます。

11.1.2 インデックスの作成と削除

データベースで作成することのできる索引情報は**インデックス**（index）と呼ばれ、次のような特徴があります。

 インデックスの特徴

・インデックスは、指定した列に対して作られる。
・インデックスが存在する列に対して検索が行われると、DBMSは自動的に

インデックスの使用を試みるため、高速になる場合が多い（検索の内容によってはインデックスの利用はできず性能が向上しない場合もある）。
・インデックスには名前を付けなければならない。

　特に重要なのは、インデックスが「列ごとに」作られるという点です。たとえば、家計簿テーブルの「費目ID」列に関するインデックスを作ると、検索条件に費目IDを指定した検索は高速になります（図11-1）。もし、「メモ」列でも検索することが多ければ、メモ列にもインデックスを作成すべきでしょう。

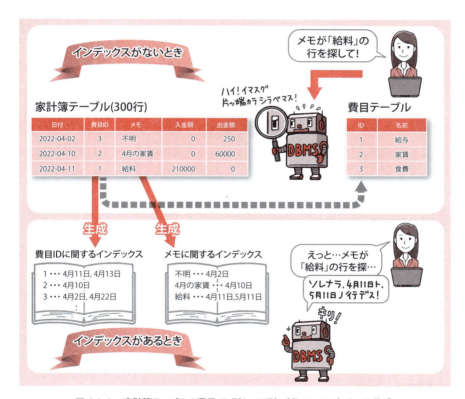

図 11-1　家計簿テーブルの費目ID列とメモ列に対してインデックスを作成

　インデックスを作成するには、DDLに属する命令である **CREATE INDEX文** を使います。

インデックスの作成

```
CREATE INDEX  インデックス名  ON  テーブル名 ( 列名 )
```

　リスト 11-1 は、図 11-1 のように 2 つの列にそれぞれインデックスを作る例です。費目 ID やメモのそれぞれの値が家計簿テーブルのどの行に格納されているのかを記録したインデックスを、データベース内に作成できます。

リスト 11-1　家計簿テーブルにインデックスを 2 つ作る

```
CREATE INDEX 費目IDインデックス ON 家計簿(費目ID);
CREATE INDEX メモインデックス ON 家計簿(メモ);
```

　インデックス名は、ほかと重複しない範囲で任意の名前を付けることができます。この名前は、DROP INDEX 文でインデックスを削除するときにも使います。

 ## インデックスの削除

```
DROP INDEX  インデックス名
```
※ SQL Server や MySQL、MariaDB では、「ON テーブル名」を付ける。

　なお、複数の列を 1 つのインデックスとする**複合インデックス**も作成可能です。

11.1.3　高速化のパターン

よし、インデックスも作れたし、これで検索はみんな爆速になるんだね！

残念ながら無条件に何でも速くなるわけじゃないの。効果が得られやすい典型的な3つのケースを紹介するわ。

前述のとおり、ある列についてインデックスを作成すると、その列に関する検索が高速化します。図 11-1 の下の部分のように「費目 ID」「メモ」の列に対するインデックスを生成してある状況では、具体的にどのような SQL 文を実行することによって高速化が見込まれるのでしょうか。ここでは、3 つのケースに分けて紹介します。

ケース1　WHERE 句による絞り込み

最もわかりやすいのは、WHERE 句の絞り込み条件でインデックスを作成した列を利用する場合です（リスト 11-2）。

リスト 11-2　インデックス列を WHERE 句に指定（完全一致検索）

```
SELECT  *  FROM  家計簿
 WHERE  メモ = '不明'
```

DBMS の種類やインデックスの内部構造にもよりますが、文字列比較の場合、完全一致検索（まったく同じ値であることを条件とした検索）だけではなく、前方一致検索（最初の部分の一致を条件とした検索）でもインデックスを利用した高速な検索が行われることがあります（リスト 11-3）。

ただし、部分一致検索（位置に関係なく任意の部分の一致を条件とした検索）や、後方一致検索（末尾の部分の一致を条件とした検索）では、通常、インデックスは利用されませんので注意が必要です。

リスト 11-3　インデックス列を WHERE 句に指定（前方一致検索）

```
SELECT  *  FROM  家計簿
 WHERE  メモ LIKE '1月の%'
```

ケース2　ORDER BY による並び替え

インデックスには並び替えを高速化する効果もあるため、ORDER BY の処理が速くなります（リスト 11-4）。

リスト 11-4　インデックス列を ORDER BY 句に指定

```
SELECT * FROM 家計簿
 ORDER BY 費目ID
```

ケース3　JOIN による結合の条件

結合処理は内部で並び替えを行っているため、インデックスが設定された列を結合条件に使うと高速になります（リスト 11-5）。

リスト 11-5　インデックス列を JOIN の結合条件に指定

```
SELECT * FROM 家計簿
  JOIN 費目
    ON 家計簿.費目ID = 費目.ID
```

これらのパターンからわかるように、一般的には、次のような列にインデックスを設定すると高い効果が得られるでしょう。

💡 インデックス設定の効果が得られやすい列

- WHERE 句に頻繁に登場する列
- ORDER BY 句に頻繁に登場する列
- JOIN の結合条件に頻繁に登場する列（外部キーの列）

※実際にどのような検索にインデックスが利用されるかは、DBMS 製品や DBMS が採用するインデックスのアルゴリズムに依存する。

11.1.4 インデックスの注意点

何倍も高速化するんだったら、いっそのこと全部の列にインデックスを付けちゃえばいいんじゃない！？

こら！　インデックスを作る列はしっかり選んで設定しなきゃダメなのよ。

　設定するだけで検索が高速化されるインデックスは、大変魅力的な道具です。処理性能で困った場合、ついつい気軽に頼りたくなるのも無理はありません。

　しかし、インデックスはただ作ればよいというものではありません。なぜなら、作成することにより、次のようなデメリットも生じるからです。

インデックスを作成することによるデメリット

- 索引情報を保存するために、ディスク容量を消費する。
- テーブルのデータが変更されるとインデックスも書き換える必要があるため、INSERT 文、UPDATE 文、DELETE 文のオーバーヘッドが増える。

　インデックスは、実際にデータベース内に保存される索引情報ですから、ディスク容量を消費します。使い方によっては大した容量にはならないこともありますが、テーブルのデータ量が増えればインデックスとして消費される容量も確実に増加します。

　特に重要なのがもう 1 つのデメリットです。みなさんが手にしている本書にも索引がありますが、たとえば、GROUP BY を紹介するページを 3 ページ後ろに変更する場合、併せて索引の内容も書き換える必要があります。

　同じ理由から、インデックスが作成されている列のデータを変更する場合、DBMS はそのたびにインデックス情報を更新する必要があり、更新処理に時間がかかってしまうのです（次ページの図 11-2）。

図 11-2 テーブルデータが変更されると、インデックスも書き換えなければならない

インデックスは乱用しない

インデックスによって検索性能は向上するが、書き換え時のオーバーヘッドは増加する。

なお、UPDATE 文や DELETE 文は、通常、WHERE 句とともに使用されます。そのため、インデックスの書き換えで多少のオーバーヘッドを伴ったとしても、WHERE 句の絞り込みによる高速化の効果が上回ることも少なくありません。

一方、INSERT 文は、原則として WHERE や JOIN、ORDER BY などと一緒に使われないため、インデックスの副作用には特に注意が必要です。

メリットとデメリットを検討して、インデックスを効果的に使ってね。

主キー制約によるインデックス

　主キー制約は制約の1つであり、インデックスとは異なるものです。しかし、主キー列は WHERE 句における検索条件や JOIN 句における結合条件として頻繁に利用されるほか、重複チェックが必要などの理由から、多くの DBMS では主キー制約を設定すると内部的にインデックスも作成されます。

高速化の効果を測ろう

　DBMS は指示された SQL 文をただ闇雲に実行するわけではありません。DBMS の環境に応じて、どの表に、どの順番で、どのような方法でアクセスすれば最も高速であるかを分析し、プラン（plan）と呼ばれる作戦を立ててから実行に移ります。プランには、インデックスを使って検索を行うか、1行ずつ地道に調べていくかなど、方策の決定も含まれています。

　詳細な構文は DBMS ごとに異なりますが、EXPLAIN PLAN 文（エクスプレイン プラン）または EXPLAIN 文（エクスプレイン）を使って、指定した SQL 文を実行するプランを調べることができます。インデックスによって処理がどのくらい速くなるか、目安を得たい場合にも有効です。

```
-- MySQL、MariaDB、PostgreSQLの場合
EXPLAIN SELECT * FROM 家計簿 WHERE メモ='不明'
```

11.2 データベースをより便利にする

11.2.1 ビューの作成とメリット

この節では、データベースをより便利に利用できる機能を紹介していくわ。まずは面倒くさがりなアナタのための機能よ。

えっ、なになに？

データベースを利用していると、同じような SQL 文を頻繁に実行する場面があります。たとえば、「4月のすべての入出金を表示」し、「4月に使った費目を一覧表示」するには、リスト 11-6 のような SELECT 文を実行します。

リスト 11-6　4月の家計簿に関するさまざまな SELECT 文の実行

```
SELECT * FROM 家計簿
  WHERE 日付 >= '2022-04-01'
    AND 日付 <= '2022-04-30';
SELECT DISTINCT 費目ID FROM 家計簿
  WHERE 日付 >= '2022-04-01'
    AND 日付 <= '2022-04-30';
```

重複している

2つの SELECT 文にまったく同じ WHERE 句が記述されていますね。4月に関する検索を行うたびに同じ検索条件を書くのは面倒です。このような場合に便利なのが、結果表をテーブルのように扱える**ビュー**（view）という機能です。たとえば、「家計簿テーブルから4月の分だけを抽出したもの」を「家計簿4月」ビューとして作成し、それをテーブルのように利用することができます（図 11-3）。

第 11 章　さまざまな支援機能

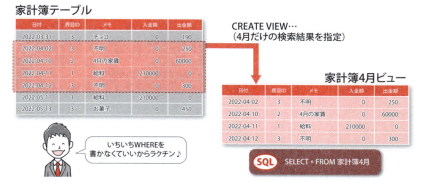

図 11-3　ビューを定義してテーブルのように使う

ビューの作成には **CREATE VIEW 文**を、削除には **DROP VIEW 文**を使います。

ビューの作成と削除

```
CREATE VIEW  ビュー名 AS SELECT文
DROP VIEW  ビュー名
```

※多くの DBMS では「CREATE OR REPLACE VIEW」として既存ビューの再定義が可能（SQLite を除く）。また、SQLServer では「CREATE OR ALTER VIEW」と指定する。

4 月のデータだけを抽出した「家計簿 4 月」のビューは、リスト 11-7 のような SQL 文によって作成することができます。

リスト 11-7　4 月の家計簿データのみを持つビューを定義

```
CREATE VIEW 家計簿4月 AS
SELECT * FROM 家計簿
 WHERE 日付 >= '2022-04-01'
   AND 日付 <= '2022-04-30'
```

このビューを使ってリスト 11-6 を書き換えると、次のリスト 11-8 のようにとてもシンプルな記述になります。

リスト 11-8　家計簿 4 月ビューを使った SELECT 文の実行

```
SELECT * FROM 家計簿4月;
SELECT DISTINCT 費目ID FROM 家計簿4月;
```

ビューにはもう 1 つメリットがあります。仮に、テーブル A のある列に機密情報が含まれており、一般の利用者にはその列を見せたくない状況であるとします。そのような場合、テーブル A から機密情報の列だけを除いたビュー B を定義しておきます。DCL（データ制御言語）として紹介した GRANT 文（p.313）を使って、一般の利用者に対して「テーブル A はアクセス禁止、ビュー B は許可」という設定をすれば、データ参照を許可する範囲を利用者の立場に応じて適切に定めることができます。

ビューのメリット

- シンプルでわかりやすい SQL 文を書くことができる。
- 権限と組み合わせて、データ参照を許可する範囲を柔軟に定めることができる。

11.2.2　ビューの制約とデメリット

> 結合して使うことの多いテーブルは、結合済みのものをビューとして定義しておくと便利よ。

> あ、なるほど。でもきっと、ビューにも制約やデメリットはあるんですよね？

ビューは、テーブルとよく似ていますが、テーブルとまったく同じというわけではありません。たとえば、テーブルに対しては自由に INSERT や UPDATE を行うことができますが、ビューに対してはいくつかの条件（DBMS によって異なります）が揃わなければ SELECT しか行えません。

これは、ビューがあくまでも仮想的なテーブルに過ぎず、データを内部に持っているわけではないからです。**ビューの実体は単なる「名前を付けた SELECT 文」**でしかありません。

実際、リスト 11-8 の SQL 文の実行指示を受け取ると、DBMS はビューを展開し、リスト 11-6 の SQL 文に変換して実行しています。つまり、DBMS に対して私たちが送信している SQL 文は非常にシンプルであるのに対し、実際に実行される SQL 文は非常に複雑になってしまいます。そのため、たくさんのビューを参照するような SQL 文を実行すると、想像以上に負荷の高い処理を DBMS に課す可能性もあるので注意が必要です（図 11-4）。

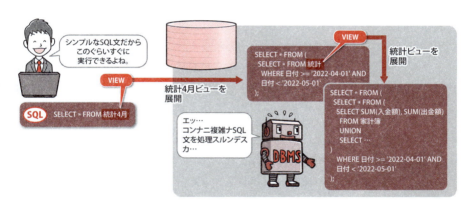

図 11-4　ビューを展開すると長く複雑で冗長な SQL 文になることも

ビュー使用時の注意点

実際に実行される SQL 文は、一見するよりも負荷の高い処理になる可能性がある。

11.2.3 重複しない番号の管理

先輩、費目テーブルのIDなんですが、いつも新しい費目を登録するたびに、使っても大丈夫な番号を調べるのが面倒で…。

あるテーブルに行を追加する際に、主キーの値を何にすべきか迷うことがあります。すでに使われている値との重複は許されませんので、連番を振る方法がよく用いられます。独自の番号を振るために、適切な番号を取得することを**採番**ともいいます。

たとえば、図11-5の費目テーブルでは、主キーであるID列は連番です。しかし、連番を振る行為は思いのほか面倒な作業です。行を追加する際には必ず使うべき番号を決める必要があり、「最後に使った番号」を調べなければなりません。それには、「最後に使った番号」をどこかに記録しておく必要に迫られます。

実際の開発現場では、すでに採番した番号や最後に採番した番号を、専用のテーブルに記録しておくなどの手法がよく使われます。この記録用のテーブルは**採番テーブル**と呼ばれ、工夫次第では記号や数字が混じった独自の形式の番号も重複せずに採番することが可能です。管理するのは少し大変ですが、すべてのDBMSにおいて共通に利用できる、最も汎用的な方法です。

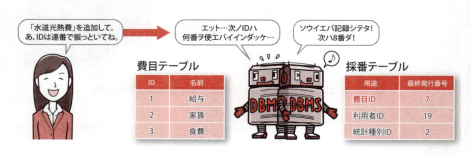

図11-5　すでに使った番号を管理するための採番テーブルを利用

こんなの面倒だよ。費目IDはただの連番なんだから、わざわざ管理なんてしたくないよ。

湊くんが面倒だと思うのももっともです。この方法では、新しい行の追加時に採番テーブルを必ず参照する、採番後は忘れずに番号を更新しておくなど、必要となる処理が増えてしまいます。

> 安心して。DBMSにお願いすれば、そんな面倒な作業からも解放されるわ。

DBMSには連番を管理する機能が提供されています。ただし、それぞれの製品によって具体的な利用方法が異なるため、実際の利用にあたっては、必ずマニュアルを確認してください。

（1）連番が自動的に振られる特殊な列を定義できる

CREATE TABLE文で列を定義する際に「連番を振る列である」と宣言するだけで、データが追加されるタイミングで自動的に連番が振られる列を定義することができます（リスト11-9）。それぞれのDBMSにおいて列定義に指定できるキーワードは、表11-1のとおりです。

表11-1 各DBMS製品における連番指定のキーワード

	キーワード	Oracle DB	Db2	SQL Server	MySQL	MariaDB	SQLite	PostgreSQL	H2
宣言に修飾	GENERATED ALWAYS AS IDENTITY	○	○					○	○
	IDENTITY			○					
	AUTO_INCREMENT				○	○			○
	AUTOINCREMENT						○		
型を利用	SERIAL型							○	

リスト11-9 連番指定の例

```
-- 宣言に修飾する
CREATE TABLE 費目 (
```

```
  ID   INTEGER GENERATED ALWAYS AS IDENTITY PRIMARY KEY,
  名前 VARCHAR(40)
);

-- 型を利用する
CREATE TABLE 費目 (
  ID   SERIAL PRIMARY KEY,
  名前 VARCHAR(40)
);
```

(2) 連番を管理してくれる専用の道具を利用できる

Oracle DB、Db2、SQL Server、MariaDB、PostgreSQL では、専用の道具として**シーケンス**（sequence）が利用できます。シーケンスは採番した最新の値を常に記憶しており、シーケンスに指示すると「現在の値」（最後に採番した値）や「次の値」（次に採番すべき値）を取り出すことができます（図 11-6）。

ただし、シーケンスから値を取り出すと、その操作はすぐに確定し、トランザクションをロールバックしてもシーケンスの値は戻りません。これは、1つのシーケンスが複数のトランザクションから利用されることを考慮しているためです。

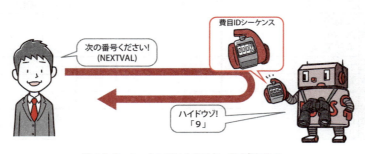

図 11-6　シーケンスはカウンターのようなもの

シーケンスは、**CREATE SEQUENCE 文**（クリエイト シーケンス）で作成し、**DROP SEQUENCE 文**（ドロップ シーケンス）で削除することができます。

シーケンスの作成と削除

```
CREATE SEQUENCE シーケンス名
DROP SEQUENCE シーケンス名
```
※作成時に「デフォルト値」「増加値」「最大値」などのオプションを指定可能。

シーケンスから値を取り出す方法は DBMS 製品によって大きく異なります。

Oracle DB や Db2 では、シーケンスを擬似的なテーブルとみなし、SELECT 文で値を取り出したり、次の値に進めたりできます（リスト 11-10、同 11-11）。

リスト 11-10　Oracle DB におけるシーケンスの作成と取得

```sql
-- シーケンスを作成
CREATE SEQUENCE 費目シーケンス ;
-- 次の値に進み、その値を取得
SELECT 費目シーケンス.NEXTVAL FROM DUAL;
-- 現在の値を取得
SELECT 費目シーケンス.CURRVAL FROM DUAL;
```
ダミーテーブル（p.166）

リスト 11-11　Db2 におけるシーケンスの作成と取得

```sql
-- シーケンスを作成
CREATE SEQUENCE 費目シーケンス ;
-- 次の値に進み、その値を取得
SELECT NEXTVAL FOR 費目シーケンス FROM SYSIBM.SYSDUMMY1;
-- 現在の値を取得
SELECT PREVVAL FOR 費目シーケンス FROM SYSIBM.SYSDUMMY1;
```
ダミーテーブル（p.166）

Oracle DB や Db2 では、シーケンスを作成した直後に CURRVAL や PREVVAL

で現在の値を取得することはできません。現在の値を知るには、必ず、NEXTVALでシーケンスを次の値に進めておく必要があります。

PostgreSQLでも、作成直後に現在の値を調べることができないのは同様ですが、シーケンスの値には関数でアクセスします（リスト11-2）。

リスト11-12　PostgreSQLにおけるシーケンスの作成と取得

```
-- シーケンスを作成
CREATE SEQUENCE 費目シーケンス;
-- 次の値に進み、その値を取得
SELECT NEXTVAL('費目シーケンス');     ← CURRVALの前に値を進めておく
-- 現在の値を取得
SELECT CURRVAL('費目シーケンス');
```

リスト11-10〜11-12では、単純にシーケンスの値を取得するだけのSELECT文を紹介しました。しかし、次のリスト11-13のように、これをINSERT文の副問い合わせとして記述すれば、シーケンス値の採番と同時にデータを追加することができます。

リスト11-13　PostgreSQLにおける費目行の追加

```
INSERT INTO 費目 (ID, 名前)
    VALUES ((SELECT NEXTVAL('費目シーケンス')),
            '接待交際費'
           )
```

（3）そのほかの方法

DBMSによっては、独自の採番機構を提供しているものもあります。たとえばSQLiteの場合、INTEGER型かつ主キー制約が付いた列にNULLを意図的に格納することで、自動的に連番を生成し、その列に格納してくれます。

最大値を用いた採番

シーケンスなどを使わなくても、テーブルに格納された値を調べて、その最大値から連番を取得する方法も考えられるかもしれません。

```
SELECT MAX(ID) + 1 AS 採番 FROM 費目
```

しかし、この方法は次の 2 つの理由からおすすめできません。

- ロックを用いない限り、複数の人に同じ番号が採番されてしまう。
   ⇒ ロックによるパフォーマンス低下の懸念
- 最後に採番した行を削除すると、同じ番号を再利用してしまう。
   ⇒ 主キーの持つべき特性 (p.100) の 1 つ「不変性」の崩壊

データベースオブジェクトとは

データの管理や操作のために、データベース内に作成するテーブルやビュー、インデックスや制約、シーケンスなどを総称して、**データベースオブジェクト**といいます。一般的に、CREATE 文で作成、ALTER 文で変更、DROP 文で削除できます。

11.3 データベースをより安全に使う

11.3.1 信頼性のために備えるべき4つの特性

データベースを安全に使う機能は、これまでもたくさん勉強してきたよね。

そうね。復習しながら、データベースの信頼性についてさらに考えてみましょう。

　第9章や第10章でも、DBMSに備わるさまざまな安全のためのしくみについて学んできました。あらためて振り返ると、データベースにとって「データを正確かつ安全に管理すること」がいかに大切かがわかります。

 これまでに学んだ安全機構

- コミットやロールバック（9.2節）
  途中で処理が中断しても、データが中途半端な状態にならない。
- 型（2.2節）や制約（10.3節）
  あらかじめ指定した種類や条件に従った値だけを格納する。
- 分離レベル（9.3.4項）やロック（9.4節）
  同時に実行しているほかの人の処理から副作用を受けない。

　ITの世界では、「データを正確かつ安全に取り扱うためにシステムが備えるべき4つの特性」として、**ACID特性**（アシッド）が広く知られています。これまで学んだ安全機構は、それぞれACID特性の原子性、一貫性、分離性の3つをカバーします。

第 11 章　さまざまな支援機能

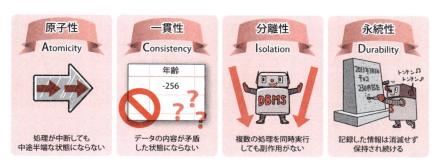

図 11-7　データベースが備えるべき 4 つの特性（ACID 特性）

残る 1 つは永続性ですが、「保存したデータが消えない」って、当たり前の話じゃないですか？

その「当たり前」が崩れ去ってしまう事態に備えることも大事なのよ。

　データベースに格納されたデータは、勝手に消えたり壊れたりすることがあってはなりません。そのため、情報はメモリなどの一時的な保存領域ではなく、ハードディスクなどの磁気記憶媒体に記録されます。

　しかし、ハードディスクも物理的な存在である以上、ある日突然データを読み書きできなくなってしまう可能性もゼロではありません。そのような事態が発生したとしても、情報の永続性をなんとか確保するためのしくみが DBMS には備わっているのです。

11.3.2　バックアップのしくみ

　多くの DBMS は、万が一のデータ消失に備えて*バックアップ*（backup）のしくみを備えています。それは、データベースの全内容（テーブル構成や格納されたデータなど）をファイルに出力することができる、というものです。

　具体的に使われるツールやコマンドは DBMS 製品ごとに異なりますが、通常の業務用システムの場合、バックアップは毎日や毎週などの定期的な間隔で自動的に行われるように設定されます。

出力されたバックアップファイルは、データベースから独立した別の記憶媒体（磁気記憶装置やテープ装置など）にコピーし、大切に保管しなければなりません。人の生命や財産、権利に関わるような、万が一にも失われることが許されない極めて重要なデータの場合、地震などで建物ごと破壊されるケースも想定し、**災害復旧対策**（DR：disaster recovery）の一環としてバックアップ媒体を複数の遠隔地に輸送して保管することもあります。

「もしも」を何重にも想定しておく対策が必要なのよ。

11.3.3 バックアップの整合性

データがたくさん入ってるデータベースは、バックアップするのに時間がかかるんじゃないかな。

そうよね。バックアップ中に UPDATE 文とかで更新しても、整合性は大丈夫なのかしら？

もし、INSERT や CREATE TABLE などでデータベースの内容を書き換えている間にバックアップが行われると、作成したバックアップファイルは中途半端な状態となり、バックアップデータとして整合性がとれなくなる恐れがあります。

整合性を保ちつつバックアップを行う最も簡単な方法は、データベースを停止してからバックアップを行う**オフラインバックアップ**です。

しかし、オフラインバックアップ中は一切のデータ処理が行えなくなります。データベースのバックアップには、データ量にもよりますが、短くても数分、長い場合には数時間かかることもあります。この間、データベースやそれを使ったシステムが停止してしまうのは状況によっては許されないかもしれません。

そのため、多くの DBMS は、稼働しながら整合性のあるバックアップデータを取得できる**オンラインバックアップ**機能も備えています。この機能は、便利な反面、制約を伴うこともあるので、製品マニュアルをよく確認して利用してください。

第 11 章　さまざまな支援機能

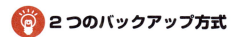

2つのバックアップ方式

オフラインバックアップ：DBMSを停止して行うバックアップ
オンラインバックアップ：DBMSを稼働させながら行うバックアップ

11.3.4　ログファイルのバックアップ

素朴な疑問なんだけど…。毎晩深夜0時にバックアップするとして、昼12時にディスクが壊れたらどうするんだろう？

「午前中に処理したデータは全部なくなりました」、では困るわよね。

　10分ごとなど高い頻度でバックアップを行えればいいのですが、バックアップは時間がかかる処理でもあり、あまり頻繁に行うわけにはいきません。しかし、バックアップを毎晩0時の1回だけにすると、正午にディスクが壊れてしまった場合、午前中に行った処理結果がすべて失われてしまいます（図11-8）。

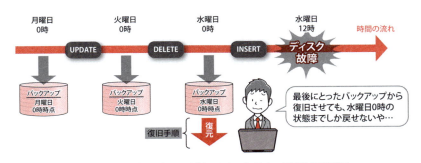

図 11-8　正午にディスクが壊れると、午前中の処理内容が消滅

　このような事態に陥らないために、重要な情報システムではもう一工夫します。通常のバックアップは1日ごとなどの低い頻度で行い、さらに、データベース

361

が出力する**ログファイルだけを高頻度でバックアップ**するのです（10分や1時間周期など）。

バックアップを組み合わせる

データベースの内容 ： 低頻度（日次、週次、月次など）で
ログファイルの内容 ： 高頻度（数分ごと〜数時間ごとなど）で

でもログファイルなんてバックアップして意味あるんですか？
「○時○分○秒に起動しました」とかが書かれてるだけですよね？

大ありよ。DBのログファイルはアプリのものとは全然違うの。

　ログファイルというと、プログラムの稼働状況やエラーメッセージなどが書き込まれており、分析や障害調査のために人間が読むファイルという印象を持つ人もいるかもしれません。しかし、DBMSが出力するログファイルは、そもそも人間が読むためのものではありません。データベースのログは、**REDOログ**（リドゥ）や**アーカイブログ**、または**トランザクションログ**などとも呼ばれ、その内容は**それまでにデータベースを更新したすべてのSQL文**にほかなりません。このログファイルを高い頻度でバックアップしておくと、データ消失時にも次のような手順を踏むことで、消失直前の時点までデータを復元することができます（次ページ図11-9）。

バックアップからのデータ復元方法

①最後に取得したデータベースのバックアップを復元する（図11-9の①）。
②ログに記録されているSQL文のうち、「最後のデータベースバックアップ以降に実行されたもの」を再実行する（図11-9の②）。

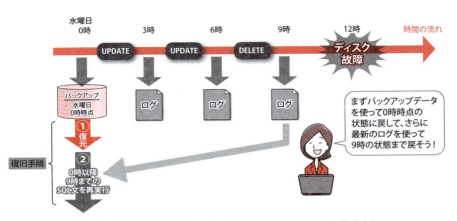

図 11-9 2段階の手順で、データベースを障害直前の状態に復元する

なるほど！ じゃあログもしっかり保管しておかないと、いざというときに最新の状態まで復元できないんですね。

　なお、ログに記録されているSQL文を再実行して、障害が発生する直前の状態までデータを更新する処理のことを**ロールフォワード**（roll forward）といいます。ロールバックと名前が似ており、処理内容としても両者は対照的な関係にありますが、混同しないようにしましょう。

 ロールバックとロールフォワード

- ロールバック（実行した処理を取り消す）
  データベースの利用中に実行失敗やデッドロックなどを要因として、たびたび発生する。
- ロールフォワード（まだ実行されていない処理を実行する）
  障害復旧時に行われる処理であるため、滅多に発生しない。

第 III 部　データベースの知識を深めよう

11.4 この章のまとめ

11.4.1　この章で学習した内容

インデックス
- テーブルの列に対して、索引情報を生成することができる。
- インデックスが存在する列に対する検索は、多くの場合、高速になる。
- すべての検索でインデックスが使われるわけではない。
- インデックスは書き込み性能の低下を招くこともあるため乱用は禁物。

ビュー
- SELECT 文の結果表を仮想的なテーブルとして扱うことができる。
- ビューを使うことで SQL 文はシンプルになるが、その実体は単なる SELECT 文のため、DBMS の負荷は変わらない。

採番とシーケンス
- 連番を生成する列定義やシーケンスを使って、連番を簡単に取得できる。
- 数字と記号を組み合わせたような複雑な採番を行う場合は、採番テーブルを作るなどして自力で実装する必要がある。

バックアップ
- 正確なデータ処理には、原子性、一貫性、分離性に永続性を加えた 4 特性（ACID 特性）が求められる。
- 記憶媒体が障害を起こした場合に備え、定期的にバックアップを取得する。
- データベースの内容だけでなく、ログファイルもバックアップしておくことで、障害時にはロールフォワードによって障害発生直前の状態までデータを復元できる。

11.4.2 この章でできるようになったこと

日付での並び替えや費目IDによる結合を行う家計簿テーブルの検索を高速に行いたい。

※ QRコードは、この項のリストすべてに共通です。

```
CREATE INDEX 日付インデックス ON 家計簿 ( 日付 );
CREATE INDEX 費目IDインデックス ON 家計簿 ( 費目ID );
```

費目テーブルと結合済みの家計簿を、ビューを利用して手軽に使えるようにしたい。

```
CREATE VIEW 費目名付き家計簿 AS
SELECT * FROM 家計簿
  JOIN 費目
    ON 家計簿.費目ID = 費目.ID
```

費目IDに連番を振るためのシーケンスを準備したい（PostgreSQLを想定）。

```
CREATE SEQUENCE 費目シーケンス
```

シーケンスを使って、費目テーブルに「接待交際費」を追加したい（PostgreSQLを想定）。

```
INSERT INTO 費目 (ID, 名前)
    VALUES ((SELECT NEXTVAL('費目シーケンス')),
            '接待交際費'
           )
```

11.5 練習問題

問題 11-1

次の文章の空欄 A 〜 E に当てはまる適切な言葉を答えてください。

データベースが正確にデータを取り扱うために備えるべき 4 つの特性は (A) と総称されます。この 4 つのうち一貫性とは、不適切で矛盾のあるデータが格納されないことを意味し、多くの DBMS では、型や (B) によって担保されます。保存したデータが失われずに保持されるという特性は (C) といわれ、万が一に備えてバックアップなどの対策を行います。

ディスク障害時に失うデータを最小限にとどめるには、テーブルやデータなどを含んだデータベース自体だけではなく、(D) もバックアップしなければなりません。なぜなら、障害復旧時にその内容に書かれた SQL 文を再実行する (E) 処理を行う必要があるからです。

問題 11-2

ある大学では、次のような学生テーブルを利用する学生管理システムを運用しています。

学生テーブル

列名	データ型	備考
学籍番号	CHAR(8)	学生を一意に特定する番号で PRIMARY KEY 制約付き
名前	VARCHAR(30)	学生の名前（必須）
生年月日	DATE	学生の生年月日（必須）
血液型	CHAR(2)	学生の血液型　※ A、B、O、AB のいずれかで不明な場合は NULL
学部 ID	CHAR(1)	学部テーブルの ID 列の値を格納する外部キー ※学部テーブルには学部名が格納されている
登録順	INTEGER	学生がこのデータベースに登録された順番 ※過去に登録された行ほど数字が小さい（欠番あり）

第 11 章　さまざまな支援機能

学生管理システム

・ 学籍番号を入力すると、その学生の学生情報（学籍番号、名前、生年月日、学部名、血液型）が表示される。

・ 名前をフルネームで入力して学生を検索すると、その学生情報（上記と同様）が表示される。

・ 学部名を入力すると、その学部に所属する全学生の学生情報（上記と同様）が表形式で表示される。

　このとき、次の問いに答えてください。

1.　学生テーブルの主キー列以外の 5 つの列について、インデックスを作成することが有効と思われる列を 2 つ選んでください。

2.　この学生テーブルの用途を考慮してビューを作成する場合、適当と思われる SQL 文を作成してください。ビュー名は任意でかまいません。

3.　次の学生情報を追加する際に実行すべき SQL 文を作成してください。ただし、DBMS については PostgreSQL を利用しているものとし、「登録順」はすでに作成されているシーケンス「ISTD」から取得して利用するものとします。

学籍番号	B1101022
名前	古島 進
生年月日	2002-02-12
血液型	A
学部 ID	K

11 章

367

11.6 練習問題の解答

問題 11-1 の解答

(A) ACID 特性　　(B) 制約　　(C) 永続性
(D) ログファイル　(E) ロールフォワード

問題 11-2 の解答

1. 名前（検索に利用されるため）
   学部 ID（結合に利用されるため）

2.

```
CREATE VIEW 学部名付き学生 AS
SELECT  S.学籍番号, S.名前, S.生年月日, S.血液型,
        S.学部ID, B.名前 AS 学部名
  FROM 学生 AS S
  JOIN 学部 AS B
    ON S.学部ID = B.ID
```

3.

```
INSERT INTO 学生
  (学籍番号, 名前, 生年月日, 血液型, 学部ID, 登録順)
VALUES
  ('B1101022', '古島 進', '2002-02-12', 'A', 'K',
   (SELECT NEXTVAL('ISTD'))
  )
```

UUIDを用いた主キー設計

この章では、重複しない主キーを生成する方法として、連番を用いる方法を紹介しました（p.352）。古くから利用されてきたアプローチですが、近年ではUUIDという数値を用いた設計も増えています。

UUID（universal unique identifier）とは、世界標準として定められたあるアルゴリズムに従って生成される、128ビットのランダムな数値です。まれに同じ値が生成されてしまうことがある通常の乱数とは異なり、「生成した値がほかのUUIDと偶然衝突してしまう確率は限りなく0に近い」という特性を持っています。

生成されたUUIDの例（16進表記）

1bd8e361-c340-4f7d-b487-1ef73514e31f

UUIDを生成する手段として、Webサイトや、アプリ用のライブラリも広く普及しており、いつでも・どこでも・誰でも・いくつでも、自由に生成することができ、それらが重複することはありません。

そのため、UUID方式の主キーを用いれば、RDBがシーケンスなどで管理する必要はなく、RDBにアクセスする各アプリケーション側で発番することが可能です。結果としてRDBが単一障害点（SPOF:single point of failure）や性能ボトルネックになりづらくなるため、特に大規模分散システムにおけるキーとして幅広く活用されています。

なお、近年のRDBMS製品には、UUIDを生成する関数や、データ型としてUUID型を備えているものもあります。

マテリアライズド・ビュー

　ビューは実体を持たないので、ビューを参照するたびに、物理的にデータを持っているテーブルへの SELECT 文が実行されます。そのため、性能上の問題となることがあります。そのような場合に一部の DBMS で利用可能なのが、マテリアライズド・ビュー（materialized view）です。

　マテリアライズド・ビューは、SELECT 文による検索結果をキャッシュしているテーブルのようなものと考えて差し支えありません。データの実体を持つのでディスク容量を消費しますが、テーブルを経由せずにデータを直接参照できるため高速に動作します。インデックスの作成も可能ですから、性能を重視したい場合には利用を検討してみるとよいでしょう。

第 IV 部

データベースで実現しよう

第12章 テーブルの設計

誰かのためにデータベースを作ろう

いよいよ本格的に、2人に我が家の家計管理データベースの構築をお願いしようかしら。

待ってました！ SQLもデータベースの機能もしっかり勉強したから、どんな複雑なものでも頑張れば作れると思います。

でも、2人とも「誰かのためにデータベースを作る」のは初めてでしょう？ わからないこともあるだろうから、いつでも相談してね。

ま、朝香と2人ですごいデータベースを作るから、楽しみにしててよ。

頼もしいわね、期待してるわよ。

　これまで、SQLの各種文法やDBMSの機能について幅広く学習してきました。しかし、データベースだけではただの情報格納庫にすぎません。家計の管理や商品在庫の管理など、ある特定の目的を達成するために、必要なテーブルを準備し、適切にデータを出し入れするシステムとなってはじめて、データベースは誰かの役に立つことができます。
　最後のステップとなる第Ⅳ部では、これまで学んだ各スキルを組み合わせて、誰かの願いを実現するための方法や手順について学びます。

第12章

テーブルの設計

私たちはこれまでの学習を通して、データの操作やテーブルの作成など、
さまざまな SQL 文を記述できるようになりました。
しかし、「家計を管理したい」というような漠然とした要件を満たすには、
どのような構造のテーブルをどのくらい作ればよいのか、
頭を悩ませてしまうのではないでしょうか。
この最終章では、要件に応じて適切なテーブル設計を行う手順と
方法を学び、SQL とデータベース入門の学習を締めくくりましょう。

CONTENTS

12.1　システムとデータベース
12.2　家計管理データベースの要件
12.3　概念設計
12.4　論理設計
12.5　正規化の手順
12.6　物理設計
12.7　正規化されたデータの利用
12.8　この章のまとめ
12.9　練習問題
12.10　練習問題の解答

12.1 システムとデータベース

いよいよ我が家の家計管理も紙から卒業できるのね。

データベースのことはしっかり学んだし、任せてください！

12.1.1 システム化と要件

　現代の社会生活の至るところで、情報システムは欠かせない存在になっています。システム化によって、かつては人力で行っていた処理をプログラムが行うよ

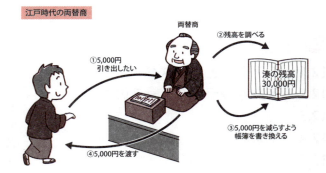

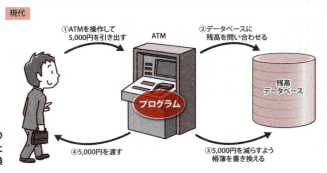

図 12-1
江戸時代の両替商の仕事は、プログラムとデータベースに置き換わった

うになり、紙の帳簿などに記録していたものはコンピュータ上のデータベースに保存するようになりました（図12-1）。

しかし、図12-1における江戸時代と現代の様子で「まったく変わっていないもの」があります。それは、「お金の入出金を管理したい」という両替商（銀行）の**要件**（requirements）です。現代社会では、要件の実現手段が「人と紙」から「ATMプログラムとデータベース」に置き換わったに過ぎません。

今回、朝香さんと湊くんの2人が挑む「立花家の家計管理データベース開発」も、「家計を管理したい」という目的でいずみ先輩夫妻がノートに書き込んでいる家計簿をコンピュータで管理しようというものです。

でも、いざ取りかかろうとしたら、具体的に何をしたらいいのかわからなくなってしまって…。

2人は家計管理データベースを作ろうとしたものの、すぐに壁にぶつかってしまったようです。

何が2人の壁になっているのか、整理してみましょう。

2人がこの段階でデータベースをうまく作れない理由は2つあります。

理由1　家計管理の要件を知らない

そもそも2人は、いずみ先輩夫妻がどのような家計管理をしたいのか、現在どのように管理しているのかをよく知りません。家計に関するどんな情報を管理すれば要件を満たせるかがわからないため、当然、「どのようなテーブルを作ればよいか」も決めることができません。

2人は、まず先輩夫妻にインタビューをして、「データベースを使ってどんな家計管理をしたいか」という要件をしっかり聞き出さなければなりません。

理由2　要件をテーブル設計に落とし込む方法を知らない

先輩夫妻から要件を聞き出せたとしても、その内容は「毎月の入出金の合計を一覧で見られるようにしたい」「システムは夫妻2人で使えるようにしたい」のよ

うな曖昧なものでしょう。つまり、要件をただ聞いただけでは「具体的にどんなテーブルを作ればよいか」までは明らかにならないのです（図 12-2）。

図 12-2　SQL は自由に使えるのに、データベースを作れない

　もちろん要件を意識しながら何となくテーブルを作ってみるという方法も考えられますが、しっかりとした根拠のないまま経験や勘、度胸で作ったデータベースが、速くて、便利で、安全である確率は極めて低いでしょう。
　私たちが誰かの役に立つデータベースを作るためには、聞き出した要件を優れたテーブル設計に確実に変換できる手法や手順を学ぶ必要があります。

データベースを用いたシステムを開発するには

SQL や DBMS の機能に関する知識だけでは、データベースを用いたシステムは開発できない。要件をしっかりと理解し、その要件をデータベース設計に適切に落とし込むための方法論を活用しなければならない。

12.1.2　データベース設計の流れ

要件を聞いてデータベースを作っていくためには、どんなことをすればいいのかな。

システム開発の一環としてデータベースを作ろうとする場合、私たちは何をすればよいのでしょうか。それを明らかにするには、まず私たちが使える材料（INPUT）と、作るべきもの（OUTPUT）を明確にすることが大切です。

図 12-3　データベース構築の INPUT と OUTPUT

　最初に行うことは要件聴取（インタビュー）です。前述したようにお客様（今回はいずみ先輩夫妻）から要件を聞き出すことは、私たちエンジニアにとって非常に大切な作業です。インタビューした要件は、後からでも確認しやすいように一覧表にまとめるとよいでしょう。これを材料として、最終的には、必要十分なテーブルを内部に持つデータベースを作ります。各テーブルは、CREATE TABLE 文や CREATE INDEX 文などの複数の DDL を実行すれば作ることができるので、成果物は DDL と考えてもよいでしょう。

 データベース構築の INPUT と OUTPUT

　　　INPUT　 ：　要件の一覧表（お客様から聴取したもの）
　　　OUTPUT ：　DDL 一式（実行すれば必要十分なテーブルが生成されるもの）

　問題は、どのような手順でどのような作業をすれば、この INPUT から OUTPUT を生み出せるかです。これまでもたくさんの先人がさまざまな方法を試してきましたが、その多くに共通するのが次ページ図 12-4 のような流れです。

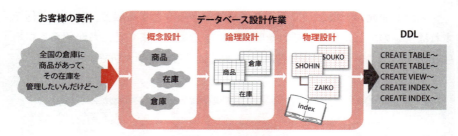

図 12-4 データベース構築のおおまかな流れ

それぞれの工程は次節以降でじっくり取り組んでいきますが、まずは概要をイメージしておきましょう。

概念設計

管理すべき情報はどのようなものなのかを整理します。データベースやシステムに関することは考えず、要件に登場する情報だけをザックリと把握します。

たとえば、立花家の家計管理データベースであれば、扱うべき情報として「利用者情報」や「入出金情報」などがあることを明確にします。また、情報同士に関連がある場合、どのような関係なのかも併せて整理します。

論理設計

概念設計で明らかになった各情報について、RDB を使う前提で構造を整理し、詳しく具体化していきます。論理設計では「どのようなテーブルを作り、それぞれのテーブルにどのような列を作るか」まで明らかにすれば十分です。型や制約など、付随的な部分については考えません。

物理設計

特定の DBMS 製品(たとえば Oracle DB)を使う前提に立ち、論理設計で明らかになった各テーブルについて、その内容を詳しく具体化していきます。すべてのテーブルのすべての列について、型、インデックス、制約、デフォルト値など、テーブル作成に必要なすべての要素を確定させます。

この物理設計に基づいて、CREATE TABLE 文などを含む一連の DDL を作成し、最終的にデータベース内にテーブルを作成することができます。

第 12 章 テーブルの設計

12.2 家計管理データベースの要件

ではまず、要件のインタビューをしたいと思います。いずみさん、どんなふうに家計を管理したいですか？

えっとね。たとえば…。

12.2.1 立花いずみの要件

朝香さんと湊くんは、お客様であるいずみ先輩にインタビューして、次のような要件を聞き出すことができました。

立花いずみの要件

① 毎日のお金の出入りを記録したい（家計簿の高機能版）。
② 利用者は家族全員で、それぞれ自分の入出金の行為を記録できるようにしたい。また、現在の家族は2人だが、将来増える可能性も考慮したい。
③ 費目の種類は後から追加できるようにしたい。
④ 支出にも関わらず誤って収入として集計してしまうことがあるので、費目の「入金」「出金」を明確に区別したい。
⑤ 1回の入出金行為で、複数の入出金が発生する場合についても、その明細（費目と入出金の金額）をきちんと分けて記録したい。
（例）『家賃を振り込んだ』場合

行為の日付	行為の内容	費目	入出金額
2022-04-10	家賃を振り込んだ	住居費	65,000
		振込手数料	525

⑥ 1回の入出金行為の中に、同じ費目の明細を複数作ることは許さない。
　　たとえば、「住居費」の明細を2つ含む行為は記録できない。
⑦ 将来的にはさまざまな集計をしたいけれど、今はいらない。
⑧ 入力時には入力ミスを防ぐしくみが欲しい。

12.2.2 立花コウジの要件

大変だ朝香！　週末に姉ちゃんの家に遊びに行ったら！！

　湊くんがいずみさんの家に遊びに行った際、その場でいずみさんの夫である立花コウジさんから次のような要件をお願いされたようです。

立花コウジの要件

⑨「利用者別の費目ごとの合計金額」を集計して、たとえば次のように表示したい。

利用者名	費目名	合計金額
立花いずみ	給与	871,900
立花いずみ	住居費	238,800
立花コウジ	給与	921,900
立花コウジ	住居費	238,800

⑩ できれば、入出金行為にいろいろなタグを付けたい。タグの内容は「いいね！」「ムダ遣い！」「反省中」などで、後から追加できるようにしたい。

えっ…集計機能は、今はいらないっていずみさん言ってたのに。

要件を抱えているお客様が複数いる場合は特に注意が必要です。別の相手にインタビューをすると新たな要件が出てきて、概念設計の結果が変わってしまう可能性があるからです。特にほかの要件と矛盾する要件が出てきた場合は、お客様同士で話し合い、どのようにするのかを決定してもらわなければなりません。

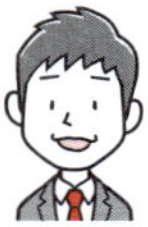

結局 2 人で話し合ってもらって、集計機能は付けてほしいってことになったんだ。

12.2.3 既存の家計管理ノート

湊くんは、いずみさんの家でもう 1 つ重要な材料を仕入れてきました。夫妻が現在記録している家計管理ノートです。このノートには、家計管理の要件が詰まっています。データベースの設計をしていく際のヒントになるでしょう。

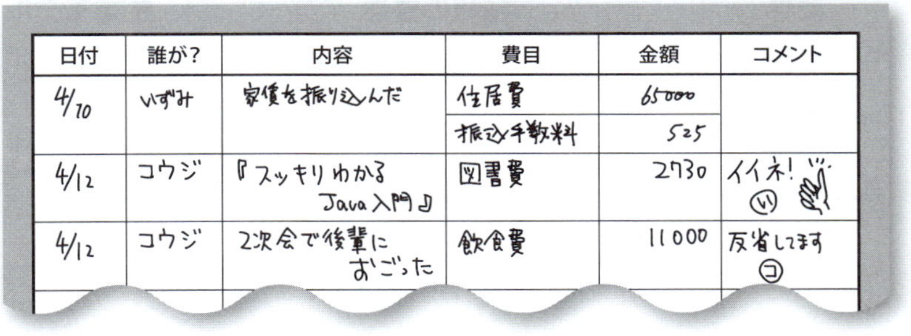

日付	誰が?	内容	費目	金額	コメント
4/10	いずみ	家賃を振り込んだ	住居費	65000	
			振込手数料	525	
4/12	コウジ	『スッキリわかる Java入門』	図書費	2730	イイネ! (い)
4/12	コウジ	2次会で後輩におごった	飲食費	11000	反省してます (コ)

図 12-5　立花夫妻が使っている家計管理ノート

このように、すでに紙などを使って情報を管理している場合、それを入手しておくとテーブル設計の補助資料として活用することができます。

12.3 概念設計

えーと…僕、概念とか難しいのニガテだし…。ちょっと借りてきたノート調べて来るから！ 朝香、あとよろしく！

こら雄輔、待ちなさい！ …もう、逃げ足だけは速いんだから。

12.3.1 概念設計ですること

まずは概念設計の流れを確認しておきましょう（図 12-6）。

図 12-6 概念設計の流れ

概念設計では、要件を実現するために、抽象的な概念としてどのような「情報の塊」を管理しなければならないかを明らかにします。

この情報の塊のことを**エンティティ**（entity）といい、通常エンティティは複数の**属性**（attribute）を持っています。さらに、エンティティ同士にどのような関連があるかも、この概念設計で明らかにします。

エンティティ…。聞き慣れない言葉ですね。

> 最初のうちは、「テーブルみたいなもの」と考えてもいいわよ。

　概念的な存在であるエンティティは、初心者にはなかなかイメージしにくいものです。慣れるまでは、これまで慣れ親しんだ「テーブル」のようなものと考えてもよいでしょう。実際、エンティティはこのあとの論理設計や物理設計を経てテーブルになるので、いわば「テーブルの原石」と捉えることができます。

 概念的なもののイメージをつかむためのヒント

　エンティティ ：「テーブル」のようなもの
　属性　　　　：テーブルの「列」のようなもの
　関連　　　　：「リレーションシップ」のようなもの

　たとえば、書店の在庫管理を概念モデルで表す場合、書籍情報や在庫情報がエンティティとして考えられます。書籍エンティティは、タイトルや価格という属性を持っています。また、在庫情報には「どの書籍が何冊あるか」という情報が含まれるため、書籍エンティティと在庫エンティティには関連があるな——というように考えていきます。

> 書店で「書籍」の在庫を管理するように、家計簿では「お金を使った事実」を管理するわよね？　だから、家計簿では「入出金行為」がエンティティになるのよ。

> 「書籍」のように形のあるものだけじゃなく、「事実」とか「行為」みたいな形のないものもエンティティになるんですね。

12.3.2　ER図

　概念設計の成果は、ER図（ERD：entity-relationship diagram）と呼ばれる図に

まとめることが一般的です。ER 図を使うことで、エンティティ、属性、リレーションシップを俯瞰して見ることができます。

次の図 12-7 は、家計管理に登場する概念を ER 図にとりまとめたものです。

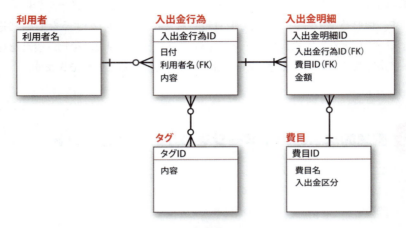

図 12-7　家計管理の概念をまとめた ER 図

ER 図には、2 つの記述形式があります。図 12-7 は、ジェームズ・マーチンという人が考案した **IE**（Information Engineering）という形式に基づく ER 図です。本書では以降 IE 形式による ER 図を紹介していきますが、アメリカ空軍が開発した **IDEF1X** という形式も広く使われています。

12.3.3　ER 図の記述ルール

ER 図に登場する四角形はエンティティを表しています。四角形の上にはエンティティの名前が、四角形の中には属性の一覧が記述されます。図 12-7 では「利用者」や「入出金行為」などのエンティティがそれぞれ四角形で表されています。

属性の一覧は、2 つのグループに分けられます（図 12-8）。四角形の中の

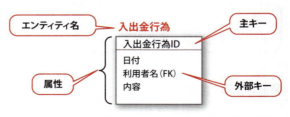

図 12-8　IE によるエンティティの書き方

線より上には、エンティティを一意に特定する主キーとなる属性を記述します。複数の属性で複合主キーを構成するときは、線より上に複数の属性を記述します。また、外部キーとなる属性には「(FK)」を付記します。

図12-7のエンティティの外側に書かれている、鳥の足みたいな不思議な線は何ですか？

エンティティ同士のリレーションシップを表しているのよ。

　エンティティ間にリレーションシップがある場合には、エンティティ同士を線でつなぎます。外部キーを持つエンティティは、おのずとほかのエンティティとリレーションシップを持つことがわかるでしょう。
　家計管理の場合、1人の「利用者」が複数の「入出金行為」をする可能性があります。このとき「利用者」と「入出金行為」の2つのエンティティは「1対多」の関係にあるといえます。このように、エンティティ同士の数量的な関係を**多重度**や**カーディナリティ**といいます。
　ER図では、多重度を図12-9のように表します。

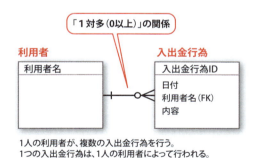
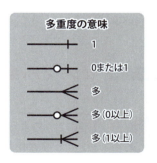

図12-9　IEによるリレーションシップの表現

　なお、ER図のより詳細な書き方については付録Aにまとめていますので参考にしてください。
　このルールを念頭に、再度、図12-7の全体を眺めてみましょう。特に次の点を確認してください。

家計管理に関する ER 図のチェックポイント

1. 立花夫妻が考える家計管理には、5つのエンティティが登場する。
2. 1人の「利用者」が、複数の「入出金行為」を行う（利用者が1件も「入出金行為」を行っていない状況もありえるので多重度は0以上）。
   (例)『立花いずみ』が、『家賃の振込』と『スーパーで買い物』を行う。
3. 1つの「入出金行為」には、1つ以上の「入出金明細」が含まれる（「入出金行為」には必ず1件以上の「入出金明細」があるはずなので多重度は1以上）。
   (例)『家賃の振込』には、『家賃の支払い』と『振込手数料の支払い』が含まれる。
4. 1つの「費目」が、複数の「入出金明細」に付けられる（多重度0以上）。
   (例)『家賃の支払い』を行った明細には、『住居費』費目が割り当てられる。
5. 1つの「タグ」が複数の「入出金行為」に付けられる（使われていないタグも考えられるので多重度0以上）。また、1つの「入出金行為」に複数の「タグ」が付けられる（タグが付かない「入出金行為」もあるので多重度0以上）。
   (例)『ありがとう！』タグが、『家賃の振り込み』と『スーパーで買い物』に付けられる。また、『外食の立て替え』には、『ありがとう！』と『反省中』タグが付けられる。

12.3.4 エンティティを導き出す方法

図12-7のような答えを見せられると「なるほど」って思えるけど…。実際に自分でできるか、ちょっと不安です。

何もないところから独力でエンティティを思いつくのは、なかなか難しいわよね。

前節でインタビューしたようなお客様からの要件だけを聞いて、「どのようなエンティティが必要か」を導き出すことは、実は非常に高度な作業です。曖昧な

第12章　テーブルの設計

要件に基づいてデータベースの利用イメージを頭の中に広げ、そこに登場する情報を見つけ出さなければならないからです。

　そこで、要件からエンティティを導き出すヒントを次に紹介します。

ステップ1　候補となる用語を洗い出す
・要件の中から「名詞」を抜き出す。
・要件が実現されている姿を仮定して、そこに登場する「人」「物」「事実」「行為」などの用語を書き出す。

ステップ2　不要な用語を捨てる
・ほかの用語の具体例でしかないものを捨てる。
　（例）「利用者」がすでにあれば、「いずみ」は捨ててよい。
・計算や集計をすれば算出可能な値は捨てる。

ステップ3　関連がありそうなものをまとめる
・同じ用語に関連するものを集める。
　（例）「日付」「利用者」「内容」はいずれも「入出金行為」に関連する。なぜなら「入出金行為をした日付」や「入出金行為の内容」だから。

ステップ4　エンティティ名と属性名に分ける
・ステップ3でまとめたグループの中で「〜をした〜」や「〜の〜」という日本語が成り立つ場合、前者がエンティティ名に、後者がその属性名になる。
　（例）「入出金行為をした日付」の「入出金行為」はエンティティ名に、「日付」はその属性になる。

　しかし、ここに挙げたヒントを使っても、概念設計はかなり曖昧で難しいと感じるはずです。でも、安心してください。練習を繰り返すことで自然にSQLに慣れていったように、たくさんのデータベース設計を行ったり、ほかの人が行った設計の結果を見たりすることを繰り返すうちに、自然と頭の中にエンティティが浮かぶようになっていきます。

　データベースを学び始めたばかりの段階で、いきなり「概念設計を完璧にできるようになろう！」と意気込むと挫折しやすいので、まずは概念設計の目的や流

れを把握することに専念します。その後、身の回りのさまざまなものについて「どんなエンティティになるか、どんな属性を持つか」を自由に想像し、ER図に書き出してみるとよいでしょう。

公園を散歩しながら樹木や遊具について考えてみたり、通勤中に鉄道や街について考えたり——「概念化遊び」はいつでもどこでもできるのよ。

いずみさんが挙げたような身近な題材について、**正解かどうかこだわらずに**自由に数多く妄想してみることが上達の近道です。特に概念設計は「その人が現実をどう整理し、どう捉えたか」によって、正解がいくつも考えられます。そのため、「自分の設計結果が正解か」にこだわるより、先輩や同僚などと「自分なりの正解」を見せあったり、意見を交換したりするほうが大事なのです。

 概念設計の上達のコツ

世界のどこかに「唯一の正解」があるとは考えない。「さまざまな正解」に出会うことで、「自分なりの正解」に自然と自信が持てるようになる。

12.3.5 二重構造エンティティは作らない

いくつも正解が考えられるとはいえ、1つだけ注意点があります。概念設計を行っていると、エンティティの中にほかのエンティティを登場させたくなることがあります。たとえば今回の家計管理の場合も、「1回の入出金行為の中に、入出金の明細がいくつか入るはずだ…」などと頭の中にイメージを広げたくなるかもしれません（図12-10左側）。

しかし、ER図ではエンティティの中にエンティティを作ること（二重構造）はできません。このような場合、「入出金明細」は別のエンティティとして、外部に取り出すようにしましょう（図12-10の右側）。

このとき、外部に取り出したエンティティは、元のエンティティと関連があるはずです。元のエンティティと関連付けられるように、取り出したエンティティに、元のエンティティの主キーを外部キーの属性として追加しておきます。図12-10の例では、取り出した入出金明細エンティティに、入出金行為エンティティの「入出金行為ID」を追加しました。

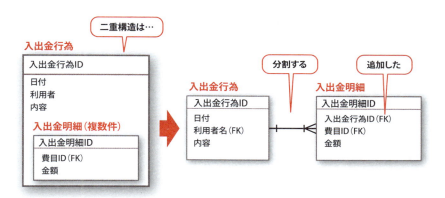

図12-10 二重構造になってしまいそうなエンティティは、分割する

ここまでで概念設計は一段落ね。

ちょっと不安だったけど、「いろんな正解があっていい」って思えてからは、楽しくなってきました。私、概念設計が好きになれるかも！

12.4 論理設計

12.4.1 論理設計ですること

　概念設計で作成した ER 図は、あくまでも概念の世界における理想的なエンティティ構造を表しているに過ぎないため、このままの姿でデータベースに格納できるとは限りません。そこで、利用する予定のデータベースが扱いやすい構造にエンティティを変形する作業を行います。

　私たちが学習している RDB は、「関係性のある複数の二次元表」として情報を扱う**リレーショナルデータモデル**（relational data model）でデータを管理します。このデータモデルでは、たとえば、前ページの図 12-10 の左側にあるような「二重構造のテーブル」を格納することができません。

💡 論理設計の目的

　概念上のエンティティをリレーショナルデータモデルで取り扱いやすい形のテーブルに変形する。

　それでは、具体的にどのような変形を行えばよいのか、論理設計の流れを確認しておきましょう（図 12-11）。

図 12-11　論理設計の流れ

12.4.2 「多対多」の分解

図 12-7（p.384）の ER 図によると、「タグ」と「入出金行為」は「多対多」の関係になっています。ですが、リレーショナルデータベースは「多対多」の関係をうまく扱うことができません。そこで、2 つのエンティティの対応を格納した中間テーブル（**連関エンティティ**ともいいます）を追加することによって、「多対多」を 2 つの「1 対多」の関係に変換します。

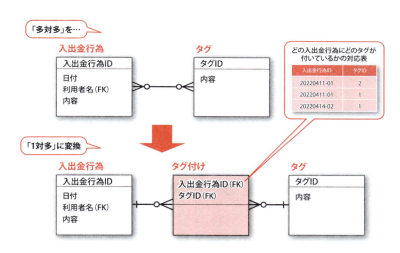

図 12-12　多対多のリレーションシップを 1 対多に変形する

難しそうに見えるけど、やり方はワンパターンだから、すぐできるようになるわよ。

12.4.3 キーの整理

ここで、出揃ったすべてのエンティティのキーについて整理と確認をします。特に重要なのは、主キーです。主キーを持たないエンティティには、管理をしやすくするために人工的な主キー（人工キー）を追加します（p.102）。たとえば、「入出金行為」エンティティには、概念設計の段階ですでに「入出金行為 ID」という人工キーを追加しています。

そのほか、不適切な主キーを持つエンティティがないか確認しておきましょう。

「利用者」エンティティの主キーは、「利用者名」で問題ないように思えますが…。

確かに家族内で名前は重複しないけど、主キーにするのはちょっとおすすめできないわね。

朝香さんの言うように、利用者エンティティの主キーは「利用者名」属性でよいようにも思えます。おそらく家族内で名前が重複することは考え難く、名前で利用者を一意に特定することが可能だからです。

しかし、いずみさんがこれに対して懸念を示したのは、第 3 章でも紹介した「主キーが備えるべき 3 つの特性」に合致しないからです (p.100)。

主キーが備えるべき 3 つの特性

非 NULL 性 ： 必ず何らかの値を持っている。
一意性　　 ： ほかと重複しない。
不変性　　 ： 一度決定されたら値が変化することがない（主キーは、一貫して同じ 1 行を指し示す）。

名前を持たない家族はいませんし（非 NULL 性を備える）、一部の例外を除いて、日本の法律では同一戸籍内に同姓同名は許されません（ほぼ一意性を備える）。その一方で、法律には「名前は正当な事由があれば変更できる」とも定められています。つまり、名前という情報は不変性を備えない情報なのです。

やはり利用者テーブルについても、「利用者 ID」のような人工キーを追加してあげるとよいでしょう。

それに、将来「登録する名前を本名からニックネームに変更したい」って思うかもしれないし！

それでは、図 12-7 の概念設計の結果に対して、ここまで学んだ論理設計の作業を行ったものを図 12-13 に示します。ここからは、エンティティをテーブルとして、属性を列として考えていきます。

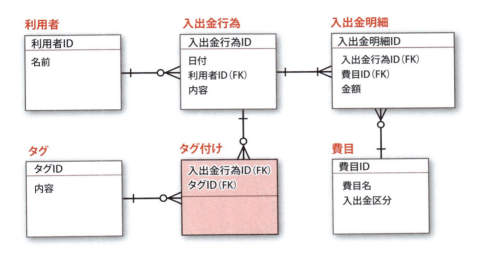

図 12-13　論理設計の途中まで実施した ER 図

12.4.4　正規化

論理設計における最も中心的な作業は、**正規化**（normalization）の作業です。正規化とは、矛盾したデータを格納できないよう、テーブルを複数に分割していく作業をいいます。

テーブルを分ける作業は、以前やったような気がします。

結合 (JOIN) の解説をしたときにちょっと紹介したわね。

第 8 章では、「家計簿テーブルと費目テーブルに分割する」例を紹介しました（8.1.2 項）。実は、このとき行ったテーブル分割も正規化です（図 12-14）。

図 12-14　家計簿テーブルから費目テーブルを分割した

　その際、テーブルを分割しないことでどのような問題が起きるのか、具体的に3つの例を挙げて紹介しました。ここでもう一度、8.1.4 項を復習しておきましょう。特に致命的な問題は次の2点でした。

 テーブルを分割しない場合の懸念

- 内容に重複が多く、わかりにくい (p.247 の例 2)。
- データ更新時には複数の関連箇所を正確に更新しなければならず、更新を忘れたり間違えたりすると、データの整合性が損なわれる (p.247 の例 3)。

　人間は忘れたり間違えたりする生き物です。ですから、複数の箇所に対して100% の正確さで更新できるなどと期待すべきではありません。同じ情報が複数の関連箇所にわたって格納されている限り、ある日、その一部の更新を忘れ、データの整合性が失われてしまうと考えるべきです。
　整合性が崩れにくい優れたテーブル設計の原則は、**1つの事実は1箇所に** (one-fact in one-place) です。私たちは正規化という手法を用いて正しくテーブルを分割し、この原則に則ったテーブル構造を手に入れることでヒューマンエラーを防止できるのです。

12.5 正規化の手順

でも、具体的にどういうルールでテーブルを分割すればいいんですか？

そうね、この節では、じっくりと正規化の手順について学んでいきましょう。

12.5.1 正規化の段階

　正規化によってテーブルが適切に分割された状態を正規形（normalized form）といいます。どの程度正規化されているかによって、正規形は第1正規形から第5正規形まで存在します。ただし、通常のシステム開発を目的とする場合は、業務で求められる第3正規形まで理解していれば問題ないでしょう。

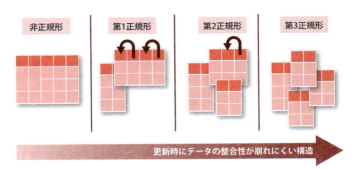

図 12-15　正規形の種類

　私たちがここまでに導き出したテーブル（図12-13）が、すでに第3正規形の構造になっていると理想的ですが、多くの場合そうではありません。そこでこの節では、テーブルを現在の形から第3正規形まで変形する作業を行っていきます。もし概念設計の結果得られたテーブルが第1正規形であれば、それを第2正規形に変形し、さらに第3正規形に変形するという手順を踏みます。

正規化の流れ

手元にあるテーブル構造を、非正規形から第3正規形まで順次変形していく。

> 慣れたら機械的に行える作業だから、これも練習あるのみよ！付録のドリルにも、ぜひチャレンジしてみてね。

12.5.2 非正規形

まずは最も整合性の崩れやすい非正規形を変形していきましょう。もし手元にあるテーブルが図 12-16 のような特徴を持つなら、非正規形といえます。

「セルの結合」を行っている

日付	内容	費目	金額
2022-04-11	家賃支払い	住居費	65000
		手数料	525
2022-04-12	書籍購入	図書費	2730

1つのセルに複数行書いている

日付	内容	費目	金額
2022-04-11	家賃支払い	住居費 手数料	65000 525
2022-04-12	書籍購入	図書費	2730

図 12-16　非正規形のテーブルの姿

> ええっと…図 12-13 のテーブルはどれも、非正規形ではなさそうです。図 12-16 のようにはなっていません。

> 概念設計をしっかりやったおかげね。

しっかりと概念設計を行った場合、その結果が非正規形になっている可能性はほとんどありません。なぜなら、非正規形の構造は通常の ER 図では表現できな

いからです。なお、実は図 12-10（p.389）の左側の段階が非正規形です。これを同じ図の右側に変形した時点で、非正規形から卒業しています。

ただいま！ 概念設計は難しそうだったから、「家計管理ノート」からテーブル設計を作ってみたよ！

　非正規形となる可能性が高まるのは、湊くんのように「現実のノート、帳票、画面などからテーブル設計を持ち込んだ」ケースです。湊くんは、立花夫妻が現在使っている「家計簿管理ノート」（p.381）をそのままテーブルにすればいいと考え、図 12-17 のようなテーブルを考えました。

入出金行為テーブル

入出金行為ID	日付	利用者ID	利用者名	内容	費目ID	費目名	金額
41001	2022-04-10	1	立花いずみ	家賃を振り込んだ	H01	住居費	65000
					H17	振込手数料	525
41201	2022-04-12	2	立花コウジ	『スッキリわかるJava入門』	H19	図書費	2730
41202	2022-04-12	2	立花コウジ	2次会で後輩におごった	H03	飲食費	11000

図 12 -17　湊くんが持ち込んだテーブル設計（タグ機能を除く）

ノートと比べると、「〜ID」という列が増えてるみたいだけど…。

DB に入れることを考えて、まず主キーを加えたんだ。あと、繰り返し同じ値が使われそうな「利用者」と「費目」にも、ID を付けてみたよ。あとは…あ、タグはちょっと相談したいことがあって、とりあえず無視！

　図 12-17 には「セルの結合」が含まれています。別の見方をすると、「1 つの日付や内容に対して、**複数の費目 ID、費目名、金額が繰り返し登場している**」ともいえます。このことから、「非正規形は**繰り返しの列**を含む」ともよく表現されます。
　ここからは、湊くんが持ち込んだテーブル設計について、手順を踏んで第 3 正規形まで変形していきましょう。

12.5.3 第1正規形への変形

まず、私たちは非正規形のテーブルを第1正規形に変形しなければなりません。第1正規形とは、次のような条件を満たす形をいいます。

 第1正規形の目指す姿と達成条件

テーブルのすべての行のすべての列に1つずつ値が入っているべきである。よって、「繰り返しの列」や「セルの結合」が現れてはならない。

非正規形を第1正規形に変形するには、次の3つの手順を実施します。次ページの図12-18と併せて読み進めてください。

ステップ1　繰り返しの列の部分を別の表に切り出す

まず、元のテーブルから「繰り返しの列」の部分を別テーブルとして切り出し、切り出したテーブルに名前を付けます。今回の場合は、繰り返されている「費目ID」「費目名」「金額」の列を切り出し、入出金明細テーブルとしました。

ステップ2　切り出したテーブルの仮の主キーを決める

入出金明細テーブルの主キーとなる列を決めます。ステップ1で切り出した入出金明細テーブルには、「費目ID」「費目名」「金額」の3つの列がありますが、1つの入出金行為で同じ費目が複数使われることはないという要件（立花いずみの要件⑥、p.380）がありましたので、「費目ID」を仮の主キーと定めます。

ステップ3　主キー列をコピーして複合主キーを構成する

元のテーブルの主キー列を、切り出したテーブルにも加え、ステップ2の仮の主キーとあわせて複合主キーを構成します。今回の場合は、入出金明細テーブルに「入出金行為ID」列を追加し、「費目ID」と併せて複合主キーを構成します。

第 12 章 テーブルの設計

図 12-18 非正規形を第 1 正規形に変形する

入出金明細テーブルに加えた入出金行為 ID 列は、それぞれの明細がどの「入出金行為」に属するかを表すんだね。

12.5.4 関数従属性

次は第2正規形への変形ですね。

その前に、新しく覚えておいてほしい言葉があるの。

ここで**関数従属性**（functional dependency）という用語を新たに紹介しましょう。これは列と列との間にある次のような関係性を示す用語です。

 関数従属性

「ある列 A の値が決まれば、自ずと列 B の値も決まる」という関係。このとき、「列 B は列 A に関数従属している」という。

図 12-18 の入出金行為テーブルでは、入出金行為 ID がわかれば、何月何日の入出金か（「日付」列の内容）が確定できます。よって、「日付」は「入出金行為 ID」に関数従属しているといえます。ほかにも、「費目 ID」と「費目名」、「利用者 ID」と「利用者名」など、あちこちに関数従属性が見つかりますね。

関数従属性っていう言葉は知らなかったけど、そういう関係性があることはなんとなく感じていました。

それはきっと主キーを勉強したからね。

主キーとは、「その値を決めると、どの行であるか（各列の内容が何であるか）を完全に特定できる」という列でした。つまり、そもそもテーブルに含まれる主キー以外の列（非キー列）は、主キー列に対して関数従属しているべきなのです。

テーブルにおける理想的な関数従属

すべての非キー列は、主キーにきれいに関数従属しているべきである。

ここでのポイントは、「主キーにきれいに関数従属している」ことです。実は、テーブルの列が何らかの理由で「主キーにきたなく関数従属してしまう」場合があります。これを排除することこそ、第2正規形の目的なのです。

> データベースにも「きれい」とか「きたない」っていう考え方があるんだね。僕の机の上みたいなもの？

12.5.5　第2正規形への変形

さて、それでは第2正規形を目指しましょう。第2正規形への変形は、主キーに対する「きたない関数従属」の排除が目的であるのはすでに述べました。どんな関数従属が「きたない」のか、注目して読み進めてください。

第2正規形の目指す姿と達成条件

複合主キーを持つテーブルの場合、非キー列は、複合主キーの全体に関数従属すべきである。よって、「複合主キーの一部の列に対してのみ関数従属する列」が含まれてはならない。

第2正規形では、すべての非キー列が「複合主キーの全体」に関数従属することを求めています（これを本書では「きれいに」と表現します）。複合主キーの一部の列にしか関数従属しない点が、「きたない関数従属」というわけですね。専門用語では、この状態を部分関数従属といいます（図12-19）。

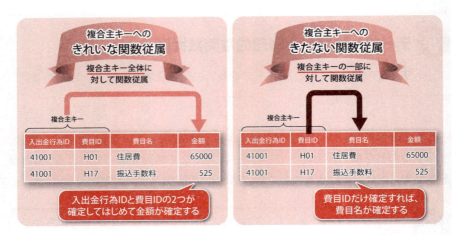

図 12-19　主キーに対する「きれいな従属」と「きたない従属」

　なお、そもそも複合主キーを持たないテーブルは「きたない関数従属」が含まれようがありませんから、すでに第2正規形になっているため、変形は不要といえます。よって図12-18のテーブルのうち、今回考慮しなければならないのは入出金明細テーブルのみとなります。

　さて、あらためて図12-18の入出金明細テーブルを見てみましょう。このテーブルに含まれる「費目ID」と「費目名」の2つの列は、次のように部分関数従属になってしまっています。

- 費目名は費目IDに関数従属している。
- 入出金行為IDと費目IDは複合主キーを構成している。

　この部分関数従属を排除し、第2正規形に変形するには、次の手順を実施します。次ページの図12-20と併せて読み進めてください。

ステップ1　複合主キーの一部に関数従属する列を切り出す
　複合主キーの一部の列に関数従属している列を、別のテーブルとして切り出して名前を付けます。今回の場合は「費目名」を切り出し、費目テーブルとします。

ステップ2　部分関数従属していた列をコピーする

切り出した列が関数従属していた列を、ステップ1で作ったテーブルにコピーして主キーとします。今回の場合は、切り出した費目テーブルに「費目ID」列を追加して主キーとします。

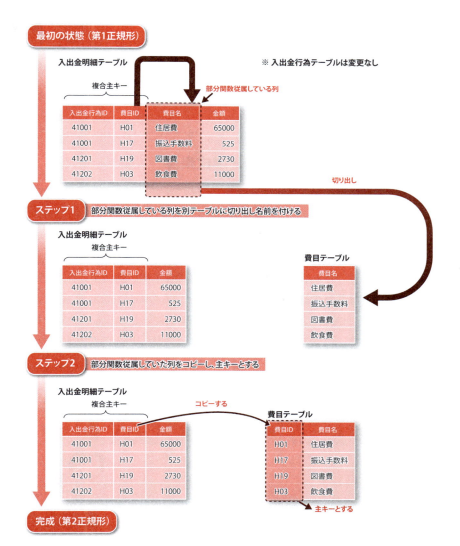

図 12-20　第2正規形への変形

12.5.6 第3正規形への変形

実は、「きたない関数従属」はもう1種類あるの。

それを排除すれば第3正規形になるんだね！？

最後に目指すのは、第3正規形です。目的を確認してみましょう。

第3正規形の目指す姿と達成条件

非キー列は、主キーに直接、関数従属すべきである。よって、「主キーに関数従属する列にさらに関数従属する列」は存在してはならない。

これまでの第1、第2正規形と同じく、「きたない関数従属を排除しよう」という考えに変わりはありませんが、排除しようとするものが異なります。今回は、「主キーに対する間接的な関数従属」をきたない関数従属とみなし、それを排除しようとしています。間接的に関数従属することを、専門用語では**推移関数従属**といいます（図12-21）。

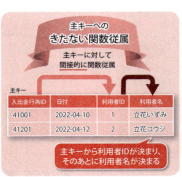

図12-21　間接的な関数従属（推移関数従属）

今回の例では、入出金行為テーブルの「利用者名」列が問題です。この列が関数従属する「利用者ID」はさらに主キーである「入出金行為ID」に関数従属していますから、「利用者名」は推移関数従属しているといえるでしょう。

次のような手順を踏んで、推移関数従属を排除しましょう（図12-22）。

ステップ1　間接的に主キーに関数従属する列を切り出す

間接的に主キーに関数従属している列を、別のテーブルとして切り出して名前を付けます。今回の場合は「利用者名」を切り出し、利用者テーブルとします。

ステップ2　直接的に関数従属していた列をコピーする

切り出した列が関数従属していた列を、切り出したテーブルにコピーして主キーとします。今回の場合は、「利用者名」列が関数従属していた列は「利用者ID」列ですから、利用者テーブルに「利用者ID」列を追加して主キーとします。

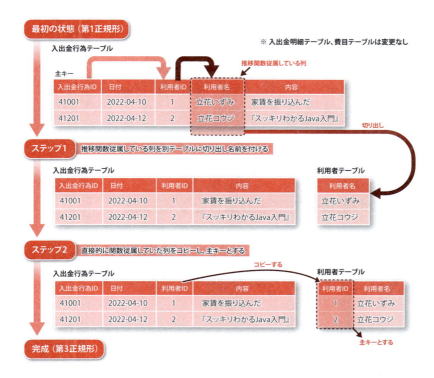

図12-22　第3正規形への変形

以上で湊くんが持ち込んだテーブル設計の正規化が終了しました。この時点でのテーブル構造を ER 図にまとめておきましょう（図 12-23）。最初の姿（p.397 の図 12-17）と比べてみてください。

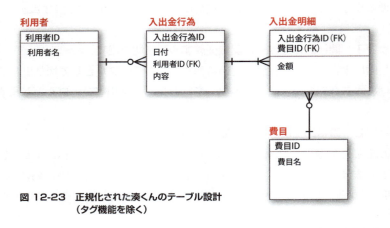

図 12-23　正規化された湊くんのテーブル設計（タグ機能を除く）

12.5.7　正規化を覚えるコツ

　これまで述べてきたように、第 2 正規形への変形と第 3 正規形への変形は非常によく似ています。どちらも「きたない関数従属」を排除するという点では同じだからです。それに対し、第 1 正規形への変形が排除しようとするのは「繰り返し列」でしたね。

---

3 つの正規化で排除しようとするもの

　第 1 正規形への変形：繰り返し列
　第 2 正規形への変形：複合主キーの一部への関数従属（部分関数従属）
　第 3 正規形への変形：間接的な関数従属（推移関数従属）

　正規化を 1 つひとつ覚えようとすると難しく感じるかもしれません。しかし、まず繰り返し列を、次に「きたない関数従属」を排除する、というようにザックリと 2 ステップとして捉えれば、かなり気持ちが楽になるはずです。

12.5.8 トップダウンとボトムアップの統合

> よし、正規化も終わったし、これをベースに次は物理設計だね！

> ちょっと待って。私の作ったER図もあるのよ。これ、ムダになっちゃうの？ 概念設計も頑張ったし、論理設計も確認してちゃんと第3正規形になっているのよ。

　私たちはこの節を通して、「湊くんが持って帰ってきた家計簿ノート」の情報に基づいて正規化を体験してきました。その最終成果として、図12-23のER図が導き出されたわけですが、私たちの手元にはもう1つ、朝香さんが作ったER図（図12-13、p.393）もあることを思い出してください。

　湊くんのER図は、「相談が必要」という理由でタグ関連のエンティティを含んでいないようですが（p.397）、その他の部分が朝香さんのER図と似ているのは偶然ではありません。両者は、「立花家の家計簿」という1つの対象について、異なる2つのアプローチで情報を整理しながら導いた図だからです。

- 朝香のER図：立花家へのインタビューを起点に、概念設計を経て、論理設計（多対多の解決・キー整理・正規化）をして求めたもの。
- 湊のER図　：立花家で使用している家計簿ノートを起点に、キーを補い正規化して求めたもの。

　実際のシステム開発の現場でも、1つのシステムを作るために2種類の異なるアプローチで2つのER図を作ることが一般的です。なぜなら、論理設計という工程を無事に終了するには、実務上とても大切な条件があるためです。

論理設計の重要な終了条件

システムに必要なすべてのテーブルと列をもれなく明らかにする。

この後に続く物理設計では、論理設計で明らかにした各テーブルについて、利用する DBMS 製品に基づいたより詳細な設計に落とし込んでいくだけです。そのため、万が一論理設計で導いておくべきテーブルに見落としがあると、実際のシステムにもそのテーブルが登場しなくなってしまうのです。

そうよね…。私が考えた 6 つのテーブルで「本当に全部なのか、不足はないのか」って考えたら、不安になってきちゃった…。

今回はたぶん大丈夫よ。その不安を解消するために、「概念がニガテな人」がいい仕事してくれたんだから。

　短時間のインタビューで聴取した「お客様の実現したいこと」を起点に、あれこれ机上で想像して作った論理設計には、どうしても見落としや想定ミスが含まれがちです。そして、システム開発プロジェクトにおいては、後になって論理設計に穴があることが発覚すると、アプリケーション開発やシステム間の通信設計まで波及する莫大な手戻りが発生してしまう可能性さえあります。

　可能な限りもれを防ぐためには、お客様への初期インタビューの際、「現在使っている帳票」や「現在使っているシステム（旧システム）の画面」など、具体的な情報が掲載されているものの提供を依頼することが一般的です。これらの情報は**ユーザービュー**（user view）と総称され、データベースで取り扱えない非正規形であることが少なくありません。また、現在まさに利用されている資料ですから、当然「新システムで新たに取り扱いたい要件」を読み取ることはできません。しかし、お客様が実際に現実として用いている情報がリアルに含まれているため、見逃していたテーブルや列、想定しなかったリレーションシップに気づくことがあるのです。

　今回、主に朝香さんが辿った「お客様の理想・要件を起点とする設計の流れ」を**トップダウン・アプローチ**（top down approach）、湊くんが行った「お客様の今の現実を起点とする設計の流れ」を**ボトムアップ・アプローチ**（bottom up approach）といいます。実務上は、前者による ER 図を基本にしつつ、後者による ER 図から得られる情報を適切に取り込んでいくことで、新たな要件を満たしながら見落としを防ぐという手法を採ります（次ページの図 12-24）。

第 12 章 テーブルの設計

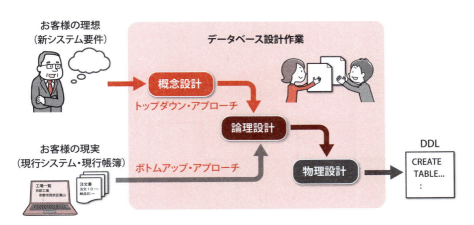

図 12-24　より実務的なデータベース設計の流れ

2 人の ER 図を見比べると、タグ機能以外の違いは 2 つだけね。まず 1 つは「入出金明細」の主キーだけど、これは複合キーでも人工キーでもどっちもアリよ。

　もう 1 つの違いは、「費目」テーブルの「入出金区分」です。朝香さんはいずみさんからインタビューで聞き出した要件④（p.379）から、それぞれの費目が「入金」と「出金」のどちらを意味するかを管理するために、この列を追加しました。この要件は「これから実現したいこと」であり、湊くんが参考にした「家計簿ノート」にはその情報が書かれていないため、湊くんは ER 図にこの要件を盛り込めませんでした。このことから、「入出金区分」は必要な列であることがわかります。

あ、思い出した！　タグで相談したかったのは、このノート、よく見たらコメントに「い」とか「コ」とか書いてあるんだよ（図 12-5、p.381）。

ほんとだ！　これ、タグに「記入者」っていう属性が実は必要ってことよね。ありがと湊、「タグ」テーブルに取り込みましょう！

409

2人のER図を統合して導いた論理モデルの最終形をここで改めて確認しておきましょう。

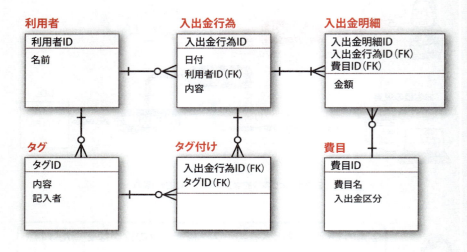

図 12-25　完成した家計管理データベース ER 図

12.6 物理設計

12.6.1 物理設計の流れ

　論理設計後、どのDBMS製品を利用するかを確定した上で行うのが物理設計です。DBMS製品がサポートする型や制約、インデックス、利用するハードウェアなどの制約を考慮し、全テーブルについて詳細な設計を確定させます。完成した物理モデルは、そのままDDLに変換できる内容となります（図12-26）。

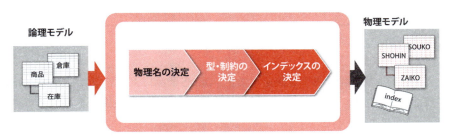

図12-26　物理設計の流れ

　本書で学んだ基礎的な知識でも最低限の物理設計は行えるでしょう。しかし、真に優れた物理設計のためには、利用するDBMS製品に関する深い知識が欠かせません。大規模なプロジェクトでは、DBMSに関する専門家に物理設計を依頼することもあります。

12.6.2 物理設計の内容

　それでは、家計管理データベースの利用者テーブルを例に、物理設計を行っていきましょう。DBMSとしてはPostgreSQLを使うことにします。

① 最終的なテーブル名、列名を決定する

　論理設計までは、わかりやすいように日本語のテーブル名や列名を使うことが

一般的ですが、最終的にはアルファベットを用いた名前を付ける場合が多いでしょう（コラム「テーブル名および列名」、p.38）。

なお、すでに述べたように、各DBMSでは、いくつかの単語を予約語として使っており、その単語はテーブルや列の名前として使うことができません。たとえば、「USER」という単語は多くのDBMSで予約されていますので、単独では使わないように注意してください。

最終的にデータベース内に作られるテーブル名や列名を、**物理名**（physical name）といいます。対して、論理設計までの段階で利用してきた名前は**論理名**（logical name）といいます。たとえば、今回の利用者テーブルでは、テーブル名を「ACCOUNTS」、「名前」列を「NAME」のように、物理名を決定します。

物理名を付けると、ぐっとシステムっぽくなるね。

② 列の型を決定する

各列に対して指定する型を決定します。DBMS製品によって型の種類や数値の精度は異なるため、マニュアルなどを参照しながら最適な型を選びます。

③ 制約、デフォルト値を決定する

各テーブルや各列に対して、設定する制約を決定します。型と同じく、利用できる制約やデフォルト値はDBMS製品によって異なることがあるため、物理設計の段階で決定します。

④ インデックスを決定する

どの列にインデックスを設定するのかについても、物理設計で決定する事柄です。DBMS製品のインデックス特性や、その列を利用する状況などを総合的に考慮して決定します。

⑤ その他

利便性を考慮してビューを作成したり、性能のためにあえて正規化を崩したり、巨大なテーブルを分割したりする作業が行われることもあります。

このような過程で確定した物理モデルは情報量が多く、ER図で表現できない仕様も含んでいます。そのため、通常は、ER図とは別に「テーブル設計仕様書」などの名称で呼ばれる別文書にとりまとめられます（図12-27）。

テーブル設計仕様書

論理テーブル名	入出金行為	作成日(作成者)	2022年4月3日 (湊)
物理テーブル名	TRANSACTIONS	プロジェクト名	入出金管理

カラムの定義

#	PK	FK	論理名	物理名	型(桁)	デフォルト	制約
1	*		入出金行為ID	transaction_id	CHAR(5)		NOT NULL
2			日付	transaction_date	DATE		NOT NULL
3		*	利用者ID	account_id	INTEGER		NOT NULL
4			内容	note	VARCHAR(100)		

図12-27　テーブル設計仕様書の例

あとは、これを見ながらCREATE TABLE文などを書いて実行すればいいだけですね。

完成した物理モデルを基に作成した家計管理データベースのDDLは次のようになるでしょう（リスト12-1）。

リスト12-1　家計管理DBのDDL

```
-- テーブルの作成
CREATE TABLE accounts (
  account_id INTEGER PRIMARY KEY,
  account_name VARCHAR(30) NOT NULL
);
CREATE TABLE expenses (
  expense_id CHAR(3) PRIMARY KEY,
  expense_name VARCHAR(30) NOT NULL UNIQUE,
  category CHAR(1) NOT NULL
```

第 Ⅳ 部　データベースで実現しよう

```sql
                    CHECK(category IN ('I', 'O'))
);
CREATE TABLE transactions (
  transaction_id CHAR(5) PRIMARY KEY,
  transaction_date DATE NOT NULL,
  account_id INTEGER NOT NULL
                    REFERENCES accounts(account_id),
  note VARCHAR(100)
);
CREATE TABLE transaction_items (
  transaction_id CHAR(5)
                  NOT NULL
                  REFERENCES transactions(transaction_id),
  expense_id CHAR(3) NOT NULL
                  REFERENCES expenses(expense_id),
  amount INTEGER NOT NULL DEFAULT 0,
  PRIMARY KEY(transaction_id, expense_id)
);
CREATE TABLE tags (
  tag_id INTEGER PRIMARY KEY,
  note VARCHAR(100),
  author_id INTEGER NOT NULL
                  REFERENCES accounts(account_id)
);
CREATE TABLE taggings (
  tag_id INTEGER NOT NULL
                REFERENCES tags(tag_id),
  transaction_id CHAR(5)
                  NOT NULL
                  REFERENCES transactions(transaction_id),
  PRIMARY KEY(tag_id, transaction_id)
```

```sql
);
-- インデックスの作成
CREATE INDEX idx_accounts_account_name
          ON accounts(account_name);
CREATE INDEX idx_expenses_expense_name
          ON expenses(expense_name);
CREATE INDEX idx_transactions_transaction_date
          ON transactions(transaction_date);
CREATE INDEX idx_transactions_account_id
          ON transactions(account_id);
CREATE INDEX idx_transaction_items_expense_id
          ON transaction_items(expense_id);
CREATE INDEX idx_transaction_items_amount
          ON transaction_items(amount);
CREATE INDEX idx_tags_author_id
          ON tags(author_id);
```

非正規化は最後の手段に

　せっかく第3正規形まで分割されたテーブルが、物理設計で第1正規形などの形に戻されることがあります（非正規化）。

　正規化を崩すことによって、多数のテーブルをSELECT文などで結合する必要が減り、処理性能が向上する可能性もありますが、12.4.4項で解説したようにデータの整合性が崩れやすくなります。

　近年では、ハードウェアの高性能化や、マテリアライズド・ビューをはじめとするDBMSの機能のおかげで、非正規化という「苦肉の策」を行わずに済むケースも増えました。非正規化は、あくまでも最後の手段と考えましょう。

12.7 正規化されたデータの利用

12.7.1 家計管理データベースを使おう

 家計管理データベースの DDL が完成しました！ それと、操作マニュアルも作ってみました！

ありがとう！ さっそく家に帰って使ってみるわね。

　これまでの努力の甲斐もあって、家計管理データベースの DDL が完成したようです。いずみさんは、家の PC に DBMS をインストールして、受け取った DDL を実行するだけで、必要なテーブル一式が備わったデータベースを作ることができるでしょう。

　湊くんと朝香さんの 2 人は、家計管理をするために「どのような状況でどのような SQL 文を実行すればよいか」も操作マニュアルとしてまとめたようです。たとえば、利用者を追加するには次の SQL 文を実行してください、という指示が書き込まれています（リスト 12-2）。

リスト 12-2　利用者を追加する

```
INSERT INTO accounts VALUES (
    1,              -- 利用者 ID：重複しない整数を指定してください
    '立花いずみ'     -- 利用者の名前を指定してください
)
```

 コウジさんの要望を実現するの、大変だったよ。

> 正規化でかなりテーブルを分割しちゃったからね。

　今回、正規化によって最終的に6つのテーブルに分割されました。ですから、コウジさんが要望する集計（p.380）を実現するためには、かなりたくさんのテーブル結合を行う必要があったようです（リスト 12-3）。

リスト 12-3　集計を表示する

```sql
/*  利用者と費目別の入出金統計を見るには  */
SELECT U.account_name AS 利用者名, H.expense_name AS 費目名,
       S.total AS 合計金額
  FROM (SELECT K.account_id, M.expense_id,
               SUM(M.amount) AS total
          FROM transaction_items AS M
          JOIN expenses AS H
            ON M.expense_id = H.expense_id
          JOIN transactions AS K
            ON M.transaction_id = K.transaction_id
         GROUP BY K.account_id, M.expense_id) AS S
  JOIN accounts AS U
    ON S.account_id = U.account_id
  JOIN expenses AS H
    ON S.expense_id = H.expense_id
```

　整合性を維持しつつ、より効率よくデータを管理するために、データベースの設計段階で正規化をしっかり行い、データを複数のテーブルに分けて格納する必要があることを前節まで学んできました。

　しかし、データを利用する立場からは、個々のテーブルを見せられてもデータの全体像を捉えることはできません。データを便利に利用してもらうには、正規化で分割した複数のテーブルの内容を、JOIN で結合して1つの結果として見せたり、それをさらに集計したりする必要があります。

管理に適した形、利用に適した形

管理するときは…　データは複数のテーブルに分割してあるほうがよい。
利用するときは…　データは1つのテーブルに結合してあるほうがよい。

　そもそも私たち人間は、曖昧で、ある程度の冗長を含む情報に取り囲まれて生活しています。立花夫妻の「家計管理ノート」がそうであったように、人間にとってはあまり正規化されていない情報のほうが取り扱いやすいのでしょう。従って、データベースを利用する際に結合をたくさん行うのは、ある程度仕方のないことといえます。

12.7.2　エンジニアの使命

　私たちはこの章を通じて、情報には「管理に適した形」と「利用に適した形」があることを学びました。そして、この2つの形態を必要に応じて相互に変換する方法もすでにマスターしています。

情報の2つの形態を変換する技術

正規化：現実世界の冗長な情報を、管理に適する複数の表の形に変換
結合　：IT世界の断片的な情報を、利用に適する統合した形に変換

　このことは、私たちが本書を通して「できるようになったこと」と、これから「やるべきこと」の全体像を示唆してくれます。
　次ページの図12-28は、情報をより効率よく管理したいと考えるお客様と、それを実現するデータベースシステムの全体像を示したものです。
　通常、お客様はITの専門家ではありませんから、コンピュータを思いのままに操ることはできません。そのため、人間の世界で、紙などを使った非効率な情

報管理を強いられていることもあります（図 12-28 の左上）。

しかし、私たちがお手伝いをすれば、お客様は IT の世界の道具であるデータベースも活用して、効率的で安全なデータ管理が可能になります（図 12-28 右と左下）。

なぜなら、私たちエンジニアは「正規化」や「結合」といった道具を操ることで、人間の世界と IT の世界を自由に行き来する能力を持っているからです。

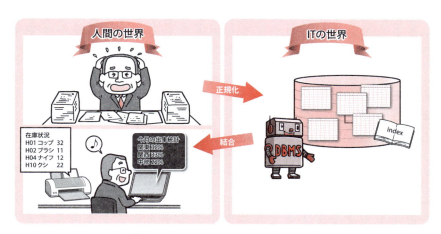

図 12-28　データベースシステムとエンジニアが、お客様に果たす役割

　IT の世界では整合性を保ちやすい形に管理し、人間の世界では人が見てわかりやすい形にする、そんな「いいとこ取り」を実現してくれるからこそ、リレーショナルデータベースはこれほど広く世の中で使われるようになったのでしょう。

だとすれば、私たちエンジニアは、人間の世界（お客様の要件）と IT の世界（データベース技術）の両方に精通してこそ、この 2 つの世界を上手に行き来する理想のシステムを作ることができるのではないでしょうか。

お客様とデータベースの両方に興味を持って、これからも 2 つの世界の架け橋になってね！

はい！

第 IV 部　データベースで実現しよう

12.8　この章のまとめ

12.8.1　この章で学習した内容

データベース設計

- お客様から聴取した要件は、概念設計、論理設計、物理設計を経て、DDL や DBMS の各種設定に落とし込む。
- 概念設計では、取り扱うエンティティとその関連を明らかにする。
- 論理設計では、キー設計や正規化などを行い RDB 用のモデルに変換する。
- 物理設計では、採用する DBMS 製品に依存した詳細な設計に落とし込む。

エンティティの関係

- エンティティ同士の多重度には「1 対 1」「1 対多」「多対多」がある。
- ER 図を用いてエンティティの関係を図示できる。

論理モデルと正規化

- 「多対多」の関係は、中間テーブルを使って「1 対多」に変換する。
- 主キーが存在しないテーブルには、人工キーを追加する。
- 「1 対多」を形成する概念は別テーブルとして設計する（第 1 正規形）。
- 複合主キーの一部に関数従属する部分を別テーブルに分割する（第 2 正規形）。
- 主キーに対して間接的に関数従属する部分を別テーブルに分割する（第 3 正規形）。
- 論理モデルには、見落としがないことが重要である。
- お客様の理想を起点とするトップダウンアプローチと、お客様の現実を起点とするボトムアップアプローチを組み合わせてもれを防ぐ。

12.9 練習問題

問題 12-1

次のような非正規形の社員テーブルがあります。

社員テーブル

部署番号	部署名	社員番号	社員名	役職コード	役職名	年齢
D1	開発1部	00107	菅原拓真	L	主任	31
		00121	湊雄輔	R	一般	22
		00122	朝香あゆみ	R	一般	24
D2	開発2部	00107	菅原拓真	L	主任	31
		00112	立花いずみ	C	副主任	29

なお、この会社では同一人物が複数の部署に所属することがあります(「菅原拓真」は開発1部と開発2部の両方に所属しています)。

このとき、以下の問いに答えてください。

1. 第1正規形に変形したものをER図で記述してください。
2. さらに第2正規形に変形したものをER図で記述してください。
3. さらに第3正規形に変形したものをER図で記述してください。

問題 12-2

問題12-1で論理設計を行った各テーブルについて、次の手順で物理設計を行ってください。ただし、利用するDBMS製品は任意とし、物理名の命名規則は自由とします。桁数や型を決定するための前提も、自由に想定してかまいません。

1. 適切な型、制約、デフォルト値、インデックスを指定してください。
2. 1の結果に基づいて、テーブルを生成するDDLを記述してください。

問題 12-3

次に示したユーザービューから読み取れる情報を材料に、設問に指示された数のテーブルとその列を考え、ER図に整理してください。

1. 名刺　テーブル数：1

　この会社では、個人の識別にメールアドレスを用いるものとする。

2. 見積書　テーブル数：少なくとも2つ

12.10 練習問題の解答

問題 12-1 の解答

1. 第 1 正規形

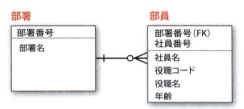

2. 第 2 正規形

3. 第 3 正規形

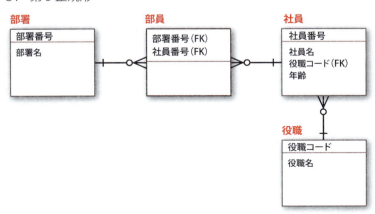

第 Ⅳ 部　データベースで実現しよう

問題 12-2 の解答 ···

1、2とも以下のリストを参照。

```sql
-- 部署テーブルの作成
CREATE TABLE dept (
  deptno    CHAR(2)     PRIMARY KEY,
  deptname VARCHAR(40) UNIQUE NOT NULL
);
-- 役職テーブルの作成
CREATE TABLE pos (
  poscode   CHAR(1)     PRIMARY KEY,
  posname   VARCHAR(20) UNIQUE NOT NULL
);
-- 社員テーブルの作成
CREATE TABLE emp (
  empno      CHAR(5)     PRIMARY KEY,
  empname   VARCHAR(40) NOT NULL,
  poscode   CHAR(1)     NOT NULL REFERENCES pos(poscode),
  age        INTEGER     CHECK(age >= 0)
);
-- 部員テーブルの作成
CREATE TABLE member (
  deptno    CHAR(2)     NOT NULL REFERENCES dept(deptno),
  empno     CHAR(5)     NOT NULL REFERENCES emp(empno),
  PRIMARY KEY(deptno, empno)
);
```

※この問題に対する解答は、前提とするビジネスルールや使用する DBMS に依存するため、上記はあく
まで一例です。設定した前提によっては、型や制約が上記と異なってもかまいません。また、アプリ
からのアクセスパターンを仮定し、デフォルト値やインデックスを指定してもよいでしょう。

問題 12-3 の解答

1. 名刺

名刺
メールアドレス
名前（日本語名）
名前（英語名）
携帯電話番号
会社名
部署名
会社住所
会社電話番号
会社FAX番号

※テーブル名は「社員」「従業員」などでも正解とします。

2. 見積書

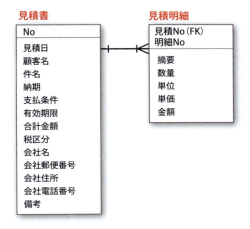

※ユーザービューには「No」という項目が2つありますが、それぞれ主キーとなるテーブルが異なることに注意してください。
※見積書の「合計金額」と見積明細の「金額」は、ほかの列から算出できると推測されるため除外しても正解とします。一方で、「ほかの列から算出できるという推測が真に正しいと断言できない」「後から検討して外すのは容易だが、その逆は見落とす可能性がある」などの理由から、この段階では読み取れる項目を可能な限り列挙し、できるだけ項目を削除しない方針を採用する場合もあります。

データベースに関する用語の対応

データベースに関する用語は、同じものを指す場合でも、分野（下記の表における3つの世界）によって異なる言葉が用いられます。厳密に1対1で対応するわけではないため、実務上はあまり区別せずに使うことも少なくありませんが、参考として対応関係を整理しておきます。

概念の世界 （概念設計や概念ER）	理論の世界 （関係モデル理論）	技術の世界 （RDB製品やSQL）
エンティティ	リレーション	テーブル
属性	属性	列（カラム／フィールド）
インスタンス	組（タプル）	行（レコード）

※関係モデル理論における「リレーション」は、外部キーによって実現される参照関係を指す「リレーションシップ」とは異なる概念。なお、本書では「関係モデル理論」は紹介していない。

付録 A

簡易リファレンス

複雑に部品を組み合わせることのできる SELECT 文をはじめとして、
SQL の構文を詳細まで正確に記憶しておくのは困難です。
この付録では、よく使う DML の一般的な構文を示すとともに、
代表的な 8 つの DBMS について、
その特性や互換性に関するポイントをまとめました。
また、ER 図の代表的な表記法についても紹介します。

CONTENTS

- **A.1** 各 DBMS に共通する DML の構文
- **A.2** Oracle DB に関する互換性のポイント
- **A.3** SQL Server に関する互換性のポイント
- **A.4** Db2 に関する互換性のポイント
- **A.5** MySQL に関する互換性のポイント
- **A.6** MariaDB に関する互換性のポイント
- **A.7** PostgreSQL に関する互換性のポイント
- **A.8** SQLite に関する互換性のポイント
- **A.9** H2 Database に関する互換性のポイント
- **A.10** DBMS 比較表
- **A.11** ER 図の表記法

付録

A.1 各DBMSに共通するDMLの構文

　多くのDBMSに共通するDMLの基本的な構文を図としてまとめました。これらは、構文規則をわかりやすく示すためにDBMSのマニュアルなどでもよく用いられる**構文図**（syntax diagram）と呼ばれる記法に従って記述されています。

　DBMS製品によっては、厳密には異なることもあるため、次節以降で紹介する各DBMSの互換性に関する記述や、製品リファレンスを参照してください。

構文図の例

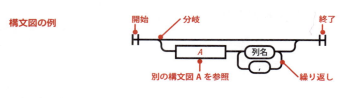

UPDATE文

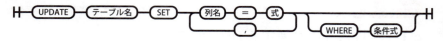

DELETE文

INSERT文

列名リスト

値リスト

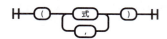

SELECT 文

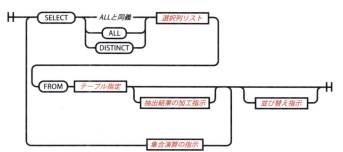

選択列リスト

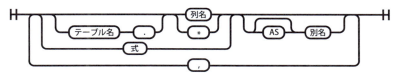

テーブル指定

結合の指示

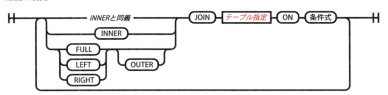

抽出結果の加工指示

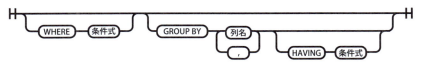

並び替えの指示

集合演算の指示

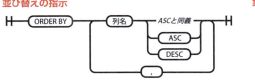

付録

A.2 Oracle DB に関する互換性のポイント

　Oracle DB は非常に高機能な DBMS で、本書で紹介した機能の多くを利用可能です。一方、過去のバージョンへの対応を目的とした、標準 SQL とは互換性のない独自構文には注意が必要です。

A.2.1 一般的な事項

- 日本語を含むマルチバイトのテーブル名や列名を使う場合、正式にはダブルクォーテーション（"）でくくらなければならない。
- 「INSERT ALL」を利用すると、1 回の INSERT 文で複数行を登録できる。
- 表に別名を付ける場合、AS は記述してはならない。
- 長さ 0 の文字列は NULL とみなされるが、今後のリリースでは同様の動作が保証されないため、空の文字列を NULL として処理してはならない。
- ALL 演算子や ANY 演算子は副問い合わせと組み合わせなくても利用が可能。
- 結果表には、行番号が格納された ROWNUM 列が存在する。ただし、この行番号は ORDER BY 句による並び替え前のものである。
- 12c より前のバージョンでは OFFSET - FETCH 句は利用できないため、取得行数の制御は ROW_NUMBER() や ROWID による副問い合わせによって実現する。
- 集合演算では、EXCEPT 演算子の代わりに MINUS 演算子を利用する。
- SELECT 文で FROM 句は省略できないが、ダミーテーブル DUAL を利用すると、演算結果のみ求めることができる。
- 自動的にトランザクションが開始する。
- DDL や DCL の実行は、その直後に自動的にコミットされる。
- 分離レベルは READ COMMITTED と SERIALIZABLE のみサポートする。
- ビューの作成時に「OR REPLACE」を記述することで、既存のビューを削除することなく再定義できる。
- CREATE SEQUENCE 文で作成した直後のシーケンスは値を持っていないため、CURRVAL で値を得る前に NEXTVAL を実行する必要がある。

A.2.2 関数に関する事項

- LENGTH 関数：長さを文字数として返す。バイト数の取得には LENGTHB 関数を利用する。LEN という関数名は使えない。
- SUBSTR 関数：文字数を指定し部分文字列を抽出する。SUBSTRING という関数名は使えない。
- COALESCE 関数：一部機能が類似した NVL 関数もよく利用される。

A.2.3 データ型に関する事項

[ ]：省略可能　　|：択一　　赤字：本書で利用した型

数値データ型	解説
NUMBER[(n[, m])]	有効桁数 n、小数部の有効桁数 m の数値
BINARY_FLOAT	32bit 浮動小数点数
BINARY_DOUBLE	64bit 浮動小数点数

NUMERIC、DECIMAL、FLOAT、REAL、DOUBLE PRECISION：NUMBER と同義
INTEGER、INT、SMALLINT：NUMBER(38) と同義

文字データ型	解説
CHAR[(n[BYTE|CHAR])]	最大桁数 n の固定長文字列
VARCHAR2[(n[BYTE|CHAR])]	最大桁数 n の可変長文字列
CLOB	長い文字列 (4GB)
LONG	長い文字列 (2GB)

CHARACTER：CHAR と同義
VARCHAR、CHAR VARYING、CHARACTER VARYING：VARCHAR2 と同義

※ Unicode 文字列を格納する NCHAR、NVARCHAR2、NCLOB も利用可能。
※ VARCHAR は VARCHAR2 と同義とされているが、今後は仕様変更予定であり、VARCHAR2 の代わりとして用いるべきでない（バージョン 19c）。
※ LONG は下位互換のための型であり、通常は CLOB を用いる。

日付データ型	解説
DATE	精度 1 秒の日付と時刻
TIMESTAMP[(n)]	秒に関する小数点以下の桁数を n とする、精度指定の日付と時刻

付録

**SQL Server に関する
互換性のポイント**

　SQL Server は、マイクロソフト系プラットフォームのシステム開発で幅広く
利用されており、本書で紹介した機能の多くを実装しています。ただし、関数や
型の種類、ロック機構などに独自性がある点に注意が必要です。

A.3.1　一般的な事項

- INSERT 文の VALUES 句の後ろに複数の値リストを記述することで、1 回の
  INSERT 文で複数行を登録できる。
- 文字列の連結には、|| 演算子ではなく CONCAT 関数や + 演算子を用いる。
- 2012 より前のバージョンでは OFFSET - FETCH 句は利用できないため、取
  得行数の制御は TOP キーワードによって実現する。
- CURRENT_DATE は存在せず、代わりに CURRENT_TIMESTAMP を利用する。
- トランザクションの開始には、BEGIN TRANSACTION 文を使う（設定により
  暗黙的な開始も可能）。
- DDL や DCL の実行はトランザクションの一部として扱われ、コミットする
  前であればロールバックすることができる。
- SELECT ～ FOR UPDATE 文や LOCK TABLE 文による明示的ロックは使用で
  きない。代わりに、FROM 句に「WITH (NOLOCK)」や「WITH (ROWLOCK)」
  のようなヒント情報を記述して、取るべきロックの種類を DBMS に与える。
- ALTER TABLE 文での列削除には、DROP COLUMN を指定する。
- UNIQUE 制約が設定された列では、NULL による重複も許されない。
- ビューの作成時に「OR ALTER」を記述することで、既存のビューを削除する
  ことなく再定義できる。

A.3.2　関数に関する事項

- LEN 関数：長さを文字数として返す。固定長文字列型の列については、末

付録 A　簡易リファレンス

尾の空白を除去した文字数を返す。LENGTH という関数名は使えない。

- SUBSTRING 関数：部分文字列を抽出する。引数には文字数を指定。SUBSTR という関数名は使えない。
- TRUNC 関数：存在しないため、ROUND 関数で代用する。

A.3.3 データ型に関する事項

[ ]：省略可能　　|：択一　　赤字：本書で利用した型

数値データ型	解説
[TINY|SMALL|BIG]INT	整数。TINYINT は符号なし 1byte、SMALLINT は符号あり 2byte、INT は符号あり 4byte、BIGINT は符号あり 8byte
NUMERIC[(n[, m])]	有効桁数 n で小数点以下 m 桁の固定長小数
FLOAT[(n)]	N bit 精度の浮動小数点数
[SMALL]MONEY	SMALLMONEY は 4byte の金額情報、MONEY は 8byte の金額情報。いずれも符号あり

INTEGER：INT と同義
DECIMAL、DEC：NUMERIC と同義
DOUBLE PRECISION：FLOAT と同義
REAL：FLOAT(24) と同義

文字データ型	解説
CHAR[(n)]	最大桁数 n の固定長文字列
VARCHAR[(n|MAX)]	最大桁数 n の可変長文字列 (MAX を指定した場合は 2GB)
TEXT	長い文字列 (2GB)

CHARACTER：CHAR と同義
CHAR VARYING、CHARACTER VARYING：VARCHAR と同義

※ Unicode 文字列を格納する NCHAR、NVARCHAR も利用可能。

※ TEXT は今後は削除予定であり、用いるべきでない (バージョン 2017)。代用として VARCHAR(MAX) が利用可能。

日付データ型	解説
TIME[(n)]	秒の小数点以下の有効桁数が n の時刻
DATE	日付
DATETIME	秒の小数点以下の有効桁数が 3 の日付と時刻

※ DATETIME と精度が異なる DATETIME2 や SMALLDATETIME も利用可能。

Db2 は大規模システム構築などで世界的に使われている商用 RDBMS です。Oracle DB 同様に長い歴史と豊富な機能を誇る一方、一部に独自構文も見られます。

A.4.1 一般的な事項

- INSERT 文の VALUES 句の後ろに複数の値リストを記述することで、1 回の INSERT 文で複数行を登録できる。
- SELECT 文で FROM 句は省略できないが、SYSIBM.SYSDUMMY1 テーブルを利用すると演算結果のみ求めることができる。
- 自動的にトランザクションが開始する。
- DDL や DCL の実行はトランザクションの一部として扱われ、コミットする前であればロールバックすることができる。
- 分離レベルの設定では SET CURRENT ISOLATION 文を使い、レベル名としては UR (READ UNCOMMITTED に相当)、CS (READ COMMITTED に相当)、RS (REPEATABLE READ に相当)、RR (SERIALIZABLE に相当) を用いる。
- ALTER TABLE 文で ACTIVATE NOT LOGGED INITIALLY WITH EMPTY TABLE を指定すると、TRUNCATE TABLE 文とほぼ同様の処理が行われる。
- UNIQUE 制約や主キー制約を指定する列には、NOT NULL 制約も併せて指定する必要がある。
- 「IF NOT EXISTS」「IF EXISTS」を指定すると、テーブルの存在状況に応じて作成・削除することができる。
- ビューの作成時に「OR REPLACE」を記述することで、既存のビューを削除することなく再定義できる。

A.4.2 関数に関する事項

- LENGTH 関数：長さをバイト数として返す。文字数で長さを得たい場合は、

CHARACTER_LENGTH 関数を使う。LEN という関数名は使えない。

- SUBSTRING 関数：部分文字列を抽出する。通常の引数に加え、CODEUNITS16（UTF-16 での文字単位）などのエンコーディング指定が可能。
- CONCAT 関数：2 つの引数を指定する。どちらかが NULL の場合、結果も NULL となる。

A.4.3　データ型に関する事項

[ ]：省略可能　　|：択一　　赤字：本書で利用した型

数値データ型	解説
SMALLINT	2byte 符号あり整数
INTEGER	4byte 符号あり整数
BIGINT	8byte 符号あり整数
NUMERIC[(n[, m])]	有効桁数 n で小数点以下 m 桁の固定長小数
REAL	4byte の浮動小数点数
DOUBLE	8byte の浮動小数点数

INT：INTEGER と同義
NUM、DECIMAL、DEC：NUMERIC と同義
DOUBLE PRECISION、FLOAT：DOUBLE と同義

文字データ型	解説
CHAR[(n)]	最大桁数 n の固定長文字列
VARCHAR[(n)]	最大桁数 n の可変長文字列
CLOB	長い文字列 (2GB)

CHARACTER：CHAR と同義
CHAR VARYING, CHARACTER VARYING：VARCHAR と同義
CHAR LARGE OBJECT, CHARACTER LARGE OBJECT：CLOB と同義

日付データ型	解説
TIME	時刻
DATE	日付
TIMESTAMP	日付と時刻

付録

A.5 MySQL に関する互換性のポイント

　MySQL は、シンプルで高性能な OSS 製品として Web サービスを中心に現在最も広く利用されています。近年では、型の厳密化や機能面の拡張など、より大規模なシステムでの採用を意識した改良もなされています。

A.5.1 一般的な事項

- INSERT 文の VALUES 句の後ろに複数の値リストを記述することで、1 回の INSERT 文で複数行を登録できる。
- 文字列の連結には + 演算子や || 演算子ではなく、CONCAT 関数を用いる。
- || 演算子は論理演算子 OR を意味するが、PIPES_AS_CONCAT オプションを有効にすると文字列連結の機能を持つ。
- 取得行を制限するには、OFFSET - FETCH 句ではなく LIMIT 句を利用する。
- UNION 以外の集合演算（EXCEPT、INTERSECT)に対応していない。
- GROUP BY 句と HAVING 句で、列の別名を利用することができる。また、結果表がデコボコになるようなグループ集計が許される（ONLY_FULL_GROUP_BY 設定が無効の場合。初期値は有効）。不足する列は自動的に補われるが、その値は不定。
- ALL 演算子や ANY 演算子は副問い合わせと組み合わせた場合のみ利用可能。
- 副問い合わせとその外側の問い合わせで LIMIT 句を利用した場合、最も外側の LIMIT 句が優先される。
- FULL JOIN 句を利用できない。
- DDL や DCL の実行は、その直後に自動的にコミットされる。
- 分離レベルの初期値は「REPEATABLE READ」。
- LOCK TABLE 文の代わりに LOCK TABLES 文を使う。

A.5.2 関数に関する事項

- LENGTH 関数：長さをバイト数として返す。文字数で長さを得たい場合は、

付録 A　簡易リファレンス

CHARACTER_LENGTH 関数を使う。LEN という関数名は使えない。
- CONCAT 関数：3 つ以上の引数指定可能（いずれか NULL で結果も NULL）。
- TRUNCATE 関数：値を指定した桁で切り捨てる。TRUNC 関数は利用不可。

A.5.3　データ型に関する事項

[ ]：省略可能　　|：択一　　赤字：本書で利用した型

数値データ型	解説
[TINY|SMALL|MEDIUM|BIG]INT	整数。TINYINT は 1byte、SMALLINT は 2byte、MEDIUMINT は 3byte、INT は 4byte、BIGINT は 8byte
DECIMAL[(n[, m])]	有効桁数 n で小数点以下 m 桁の固定長小数
FLOAT[(n, m)]	有効桁数 n で小数点以下 m 桁の単精度浮動小数点数
DOUBLE[(n, m)]	有効桁数 n で小数点以下 m 桁の倍精度浮動小数点数

INTEGER：INT と同義
NUMERIC、DEC、FIXED：DECIMAL と同義
DOUBLE PRECISION、REAL[2]：DOUBLE と同義

※1 型名の最後に UNSIGNED（正の数のみ）や ZEROFILL（ゼロ埋め）といった指定を付記可能。

※2 REAL_AS_FLOAT 設定が有効な場合は、FLOAT と同義となる。

文字データ型	解説
CHAR[(n)]	最大桁数 n の固定長文字列
VARCHAR[(n)]	最大桁数 n の可変長文字列
[TINY|MEDIUM|LONG]TEXT	TINYTEXT は 1byte、TEXT は 2byte、MEDIUMTEXT は 3byte、LONGTEXT は 4byte 以下の可変長文字列

CHARACTER：CHAR と同義
CHARACTER VARYING：VARCHAR と同義

日付データ型	解説
TIME	時刻
DATE	日付
DATETIME	日付と時刻
TIMESTAMP	日付と時刻（データ更新日時の記録に利用）

付録

A.6 MariaDBに関する互換性のポイント

MariaDB は MySQL から派生したオープンソースの RDBMS です。MySQL との高い互換性を保ちつつ、バージョンが上がるごとに、より堅牢でパフォーマンスに優れた性能を提供しています。Google や主要な Linux の標準データベースに採用されるなど、近年急速にシェアを拡大しています。

A.6.1 一般的な事項

- INSERT 文の VALUES 句の後ろに複数の値リストを記述することで、1 回の INSERT 文で複数行を登録できる。
- 文字列の連結には + 演算子や || 演算子ではなく、CONCAT 関数を用いる。
- || 演算子は論理演算子 OR を意味するが、PIPES_AS_CONCAT オプションを有効にすると文字列連結の機能を持つ。
- 取得行を制限するには、OFFSET - FETCH 句ではなく LIMIT 句を利用する。
- GROUP BY 句と HAVING 句で、列の別名を利用することができる。また、結果表がデコボコになるようなグループ集計が許される（ONLY_FULL_GROUP_BY 設定が無効の場合）。不足する列は自動的に補われるが、その値は不定。
- ALL 演算子や ANY 演算子は副問い合わせと組み合わせた場合のみ利用可能。
- 副問い合わせの中で LIMIT 句を利用できない。
- FULL JOIN 句を利用できない。
- 分離レベルの初期値は「REPEATABLE READ」。
- DDL や DCL の実行は、その直後に自動的にコミットされる。
- 「IF NOT EXISTS」「IF EXISTS」を指定すると、テーブルの存在状況に応じて作成・削除することができる。
- テーブルやビューの作成時に「OR REPLACE」を指定すると、既存のものを再定義できる。ただしテーブルは一度削除されてから作成される点に注意。

付録 A　簡易リファレンス

A.6.2　関数に関する事項

- LENGTH 関数：長さをバイト数として返す。文字数で長さを得たい場合は、CHAR_LENGTH 関数を使う。LEN という関数名は使えない。
- CONCAT 関数：3 つ以上の引数指定が可能だが、どれかが NULL の場合は結果も NULL となる。
- TRUNCATE 関数：値を指定した桁で切り捨てる。TRUNC 関数は存在しない。

A.6.3　データ型に関する事項

[ ]：省略可能　　|：択一　　赤字：本書で利用した型

数値データ型	解説
[TINY|SMALL|MEDIUM|BIG]INT	整数。TINYINT は 1byte、SMALLINT は 2byte、MEDIUMINT は 3byte、INT は 4byte、BIGINT は 8byte
DECIMAL[(n[, m])]	有効桁数 n で小数点以下 m 桁の固定長小数
FLOAT[(n, m)]	有効桁数 n で小数点以下 m 桁の単精度浮動小数点数
DOUBLE[(n, m)]	有効桁数 n で小数点以下 m 桁の倍精度浮動小数点数

INTEGER：INT と同義　　NUMERIC、DEC、FIXED：DECIMAL と同義

DOUBLE PRECISION、REAL[2]：DOUBLE と同義

※1 型名の最後に UNSIGNED（正の数のみ）や ZEROFILL（ゼロ埋め）といった指定を付記可能。

※2 REAL_AS_FLOAT 設定が有効な場合は、FLOAT と同義となる。

文字データ型	解説
CHAR[(n)]	最大桁数 n の固定長文字列
VARCHAR[(n)]	最大桁数 n の可変長文字列
[TINY|MEDIUM|LONG]TEXT	TINYTEXT は 1byte、TEXT は 2byte、MEDIUMTEXT は 3byte、LONGTEXT は 4byte 以下の可変長文字列

CHARACTER VARYING：VARCHAR と同義

日付データ型	解説
TIME	時刻
DATE	日付
DATETIME	日付と時刻
TIMESTAMP	日付と時刻（データ更新日時の記録に利用）

A.7 PostgreSQLに関する互換性のポイント

PostgreSQLは、MySQLと双璧をなすオープンソースのRDBMS製品です。オープンソース製品の中では機能が豊富、かつ標準SQLへの準拠度が比較的高く、本書で紹介したほぼすべてのコードを実行することができます。

A.7.1 一般的な事項

- テーブル名や列名などの名前は大文字小文字を区別せず、特に指定しない場合は自動的に小文字に変換される。大文字を使いたい場合は、ダブルクォーテーション(")で囲む必要がある。
- INSERT文のVALUES句の後ろに複数の値リストを記述することで、1回のINSERT文で複数行を登録できる。
- DDL文もトランザクション処理の一部として管理されるため、コミット前であればロールバックによりキャンセルすることができる。
- 4つすべての分離レベルを指定可能だが、内部的にはREAD UNCOMMITTEDは存在しない。この分離レベルを指定すると、実際にはREAD COMMITTEDとして動作する。
- 「IF NOT EXISTS」「IF EXISTS」を指定すると、テーブルの存在状況に応じて作成・削除することができる。
- ビューの作成時、「OR REPLACE」を記述することで、既存のビューを削除することなく再定義できる。
- シーケンスや、列定義時の修飾によって作成した列のほか、SERIAL型として定義された列を利用した採番が可能(シーケンス利用と同義)。

A.7.2 関数に関する事項

- LENGTH関数:長さを文字数として返す。バイト数で長さを得たい場合は、OCTET_LENGTH関数を使う。LENという関数名は使えない。

付録 A　簡易リファレンス

・CONCAT 関数：3 つ以上の引数を指定することが可能。NULL は無視される
ため、結果が NULL になることはない。

A.7.3　データ型に関する事項

[ ]：省略可能　　|：択一　　赤字：本書で利用した型

数値データ型	解説
SMALLINT	2byte 符号有り整数
INTEGER	4byte 符号有り整数
BIGINT	8byte 符号有り整数
NUMERIC[(n, m)]	有効桁数 n で小数点以下 m 桁の可変長小数
REAL	4byte 浮動小数点数
DOUBLE PRECISION	8byte 浮動小数点数

INT2：SMALLINT と同義　　INT4：INTEGER と同義
INT8：BIGINT と同義
DECIMAL：NUMERIC と同義
FLOAT4：REAL と同義
FLOAT8：DOUBLE PRECISION と同義

文字データ型	解説
CHAR[(n)]	最大桁数 n の固定長文字列
VARCHAR[(n)]	最大桁数 n の可変長文字列
TEXT	制限なし可変長文字列

CHARACTER：CHAR と同義
CHARACTER VARYING：VARCHAR と同義

日付データ型	解説
TIME[(n)]	秒の小数点以下の精度が n の時刻
DATE	日付
TIMESTAMP[(n)]	秒の小数点以下の桁数が n の日付と時刻

※ TIME や TIMESTAMP の型名の後ろに WITH TIME ZONE 指定を加えることで、タイムゾーン情報も格納できる。

付録

A.8 SQLite に関する互換性のポイント

　ほかの DBMS が単独で動作するのとは異なり、SQLite はアプリケーションの一部に組み込まれて動作するオープンソースの RDBMS です。大規模な利用には向かず、多くの DBMS で利用できる機能や関数でも SQLite ではサポートしないものもありますが、高速な動作と手軽さから中小規模の開発で活用されています。データ型の取り扱いがほかの DBMS と大きく異なる点には特に注意が必要です。

A.8.1　一般的な事項

- データ型を指定しない場合、列の型は BLOB となる（A.8.3 項）。
- INSERT 文の VALUES 句の後ろに複数の値リストを記述することで、1 回の INSERT 文で複数行を登録できる。
- ALL 演算子や ANY 演算子を利用できない。
- 集計関数を用いた検索の結果がデコボコになることも許される。
- RIGHT JOIN 句と FULL JOIN 句を利用することができない。
- DDL はトランザクションの一部として実行可能であり、コミット前であればロールバックによりキャンセルできる。
- 分離レベルの指定に SET TRANSACTION ISOLATION LEVEL 文を使えず、本編で紹介した 4 つの分離レベルも使えない。代わりに、BEGIN 文の後ろに「DEFERRED」「IMMEDIATE」「EXCLUSIVE」を指定し、ロックを制御する。
- LOCK TABLE 文や SELECT 〜 FOR UPDATE 文による明示的なロックは不可。
- 「IF NOT EXISTS」「IF EXISTS」を指定すると、テーブルの存在状況に応じて作成・削除することができる。
- ALTER TABLE 文では列の追加と名称変更のみ可能。
- TRUNCATE TABLE 文はサポートされない。
- AUTOINCREMENT を設定した列に格納される値は、sqlite_sequence テーブルで管理されている。
- ユーザーやアクセス権限の概念がなく、DCL をサポートしない。

442

付録 A　簡易リファレンス

A.8.2　関数に関する事項

- ・LENGTH 関数：長さを文字数として返す。LEN という関数名は使えない。
- ・SUBSTR 関数：部分文字列を返す。開始位置に負の数を指定した場合、文字列の末尾を基準とする。SUBSTRING という関数名は使えない。
- ・TRUNC 関数、CONCAT 関数：利用できない。

A.8.3　データ型に関する事項

- ・データ型を指定した列に対しても、ある程度の変換をした上で、どのような型でも格納することができる。
- ・列に定義できる型は、INTEGER、REAL、TEXT、NUMERIC、BLOB の 5 つのみ。ほかはすべてこれらの別名として扱われる。
- ・日付用のデータ型はなく、INTEGER、REAL、TEXT のどれに格納するかによって取り扱いが変化する（TEXT では日付文字列）。

[ ]：省略可能　　|：択一　　赤字：本書で利用した型

数値データ型	解説
INTEGER	符号あり整数
REAL	8byte の浮動小数点数

INT、SMALLINT、BIGINT など、「INT」を含む型名：INTEGER と同義
REAL、FLOAT、DOUBLE など、「REAL」「FLOA」「DOUB」のいずれかを含む型名：REAL と同義

文字データ型	解説
TEXT	可変長文字列

CHAR、VARCHAR など、「CHAR、CLOB、TEXT」を含む型名：TEXT と同義

バイナリデータ型	解説
BLOB	入力データをそのまま格納

「BLOB」を含む型名、データ型の指定がない場合：BLOB と同義

付録 A

443

A.9 H2 Database に関する互換性のポイント

　H2 Database は Java で実装されたオープンソースの RDBMS です。単独で動作するほか、SQLite のように組み込みで動作させることもできます。その手軽さに加え、非常に小さな消費メモリで高速に動作する特徴から、テストや中小規模での利用が急速に広まっています。

A.9.1　一般的な事項

- INSERT 文の VALUES 句の後ろに複数の値リストを記述することで、1 回の INSERT 文で複数行を登録できる。
- FULL JOIN 句を利用することができない。
- DDL はトランザクションとして実行できず、ロールバックできない。
- 分離レベルの指定に SET TRANSACTION ISOLATION LEVEL 文を使えず、本編で紹介した 4 つの分離レベルも使えない。代わりに、SET LOCK_MODE 文で、分離レベルを示す数値（0：READ UNCOMMITTED、1：SERIALIZABLE、2：REPEATABLE READ、3：READ COMMITTED）を指定する。
- SELECT ～ FOR UPDATE 文による明示的なロックは可能だが、設定によってはテーブル全体にロックがかかる。LOCK TABLE 文は使えない。
- 「IF NOT EXISTS」「IF EXISTS」を指定すると、テーブルの存在状況に応じて作成・削除することができる。
- SET MODE 文を用いると、Db2、SQL Server、MySQL、Oracle DB、PostgreSQL などのほかの DBMS をエミュレーションするよう動作を変更できる。

A.9.2　関数に関する事項

- LENGTH 関数：長さを文字数として返す。バイト数で長さを得たい場合、OCTET_LENGTH 関数を用いる。LEN という関数名は使えない。
- SUBSTRING 関数：部分文字列を返す。開始位置に負の数を指定した場合、

付録 A　簡易リファレンス

文字列の末尾を基準とする。

- CONCAT 関数：3 つ以上の引数指定が可能。NULL は無視されるため、結果が NULL になることはない。

A.9.3 　データ型に関する事項

[ ]：省略可能　　|：択一　　赤字：本書で利用した型

数値データ型	解説
TINYINT	1byte 符号付き整数
SMALLINT	2byte 符号付き整数
INTEGER	4byte 符号付き整数
BIGINT	8byte 符号付き整数
DECIMAL(n[, m])	全体桁数 n、小数部桁数 m の固定長小数

DOUBLE：倍精度浮動小数点数　　　REAL：単精度浮動小数点数
INT、INT4、MEDIUMINT、SIGNED：INTEGER と同義
INT2、YEAR：SMALLINT と同義　　　INT8：BIGINT と同義
DEC、NUMERIC、NUMBER：DECIMAL と同義
DOUBLE [PRECISION]、FLOAT、FLOAT8：DOUBLE と同義
FLOAT、FLOAT4：REAL と同義

文字データ型	解説
CHAR(n)	最大桁数 n の固定長文字列
VARCHAR[2](n)	最大桁数 n の可変長文字列
CLOB	制限なし可変長文字列

CHARACTER：CHAR と同義　　　VARCHAR2：VARCHAR と同義
TEXT、TINYTEXT、MEDIUMTEXT、LONGTEXT：CLOB と同義

日付データ型	解説
TIME	時刻
DATE	日付
TIMESTAMP	日付と時刻

DATETIME、SMALLDATETIME：TIMESTAMP と同義

付録 A

445

付録

A.10 DBMS 比較表

			Oracle DB	SQL Server
SELECT 文	FROM 句	省略可能	×	○
		AS による表の別名	AS 不要	○
	結合	INNER JOIN	○	○
		RIGHT JOIN	○	○
		LEFT JOIN	○	○
		FULL JOIN	○	○
		(+)	○	×
	集合演算子	UNION	○	○
		EXCEPT	×	○
		MINUS	○	×
		INTERSECT	○	○
	行制限	OFFSET - FETCH	○	○
		LIMIT	×	×
		TOP	×	○
		ROW_NUMBER()	○	○
		ROWNUM	○	×
文字列	連結	|| 演算子	○	×
		＋演算子	×	○
		CONCAT	○	○
関数	長さ取得	LEN	×	○
		LENGTH	○	×
	部分取得	SUBSTR	○	×
		SUBSTRING	×	○
	部分除去	TRIM	○	○
		RTRIM	○	○
		LTRIM	○	○
	置換	REPLACE	○	○
	丸め	ROUND	○	○
		TRUNC	○	×
		TRUNCATE	×	×
	NULL 判定	COALESCE	○	○
		NVL	○	×
INSERT 文	複数の値リストを指定して登録		INSERT ALL	○
データベースオブジェクト	テーブル存在確認	IF EXISTS/IF NOT EXISTS	×	×
	ビュー再定義	OR REPLACE	○	OR ALTER
トランザクション	開始	暗黙的	○	○ [1]
		BEGIN 文	×	○
	ロールバック	DML	○	○
		DDL	×	○
	分離レベル	READ UNCOMMITTED	×	○
		READ COMMITTED	○	○
		REPEATABLE READ	×	○
		SERIALIZABLE	○	○

※1 オプション設定　　※2 演算子および関数として　　※3 READ COMMITTED と同じ

* 本書で紹介した各 DBMS の相違点を一部のみ記載。

Db2	MySQL	MariaDB	PostgreSQL	SQLite	H2 Database
×	○	○	○	○	○
○	○	○	○	○	○
○	○	○	○	○	○
○	○	○	○	×	○
○	○	○	○	○	○
○	×	×	○	×	×
○	×	×	×	×	×
○	○	○	○	○	○
○	×	○	○	○	○
×	×	○	×	×	○
○	×	○	○	○	○
○	×	×	○	×	○
○	○	○	○	○	○
×	×	×	○	×	×
○[※1]	×	×	×	×	×
○	○[※1]	○[※1]	○	○	○
×	×	×	×	×	×
○[※2]	○	○	○	×	○
×	×	×	×	×	×
○	○	○	○	○	○
○	○	○	○	×	×
○	○	○	○	○	○
○	○	○	○	○	○
○	○	○	○	○	○
○	○	○	○	○	○
○	○	○	○	○	○
○	○	○	○	○	○
○	×	×	○	×	×
○	○	○	×	×	○
○	○	○	○	○	○
○	×	×	×	×	○
○	○	○	○	○	○
○	○	○	○	×	○
○	×	×	×	×	○
×	○	○	○	○	×
○	○	○	○	○	○
○	×	×	○	○	×
○	○	○	○[※3]	×	○
○	○	○	○	○	○
○	○	○	○	○	○
○	○	○	○	○	○

付録

A.11 ER図の表記法

A.11.1 エンティティの記法

基本的なエンティティ表記法

概念・論理モデルでは自然言語（日本語）、物理モデルではDBMSの制約や運用を考慮して英数字表記とするのが一般的。

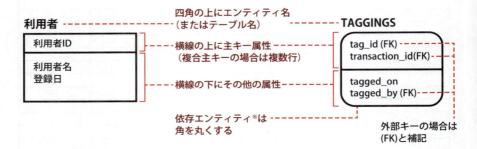

※新たなエンティティ実体（DBにおける1行）が生まれるとき、ビジネスルール上、先に関連先エンティティの実体が存在している必要があるものを**依存エンティティ**（dependent entity）という。依存エンティティではないものは、**独立エンティティ**や**非依存エンティティ**という。また、依存エンティティと独立エンティティが関連を持つとき、独立側を**親エンティティ**、依存側を**子エンティティ**という。

エンティティ表記法のバリエーション（参考）

（バリエーション1）

利用者	
利用者ID	利用者名 登録日

エンティティ枠をT字型に区切る
　上部: エンティティ名
　左側: 主キー属性
　右側: その他の属性

（バリエーション2）

TAGGINGS	
PK, FK	tag_id
PK, FK	transaction_id
	tagged_on
FK	tagged_by

エンティティ枠をT字型に区切る
　上部: エンティティ名
　左側: 主キーや外部キーの表明
　右側: すべての属性

付録A 簡易リファレンス

A.11.2 リレーションシップの記法（IE方式）

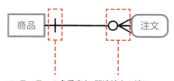

エンティティの多重度を、関連線上の端に、
3種類の記号を組み合わせて表記する
（2つの記号が併記された場合、最小と最大を意味する）

○	0
		1
≶※	多

※通称「鳥の足」。適切に整理されているモデルでは、通常、子エンティティ側にのみ現れる。

「鳥の足」をどっちに付けるかは、「親に依存しちゃうコトリ（子・鳥）ちゃん」って覚えると、混乱しにくいしおすすめよ。

A.11.3 リレーションシップの記法（IDEF1X方式）

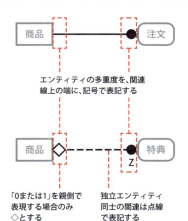

エンティティの多重度を、関連線上の端に、記号で表記する

「0または1」を親側で表現する場合のみ◇とする

独立エンティティ同士の関連は点線で表記する

なし	1
●	0以上
●P	1以上
●Z	0または1
●3	3
●2-8	2以上8以下

※適切に整理されているモデルでは、通常、●記号は子エンティティ側にのみ現れる。◇は、必ず「独立エンティティ同士の関連」（点線）における、親エンティティ側にしか現れない。

こっちは「親に依存しちゃうマルコ（丸・子）ちゃん」ね。

商用 RDBMS を無料で体験しよう

　この付録で紹介したDBMS製品のうち、Oracle DB、SQL Server、Db2は、商用製品として販売されているソフトウェアです。個人にとってはかなり高額な製品であるため、従来、学習目的での商用DBMSの利用はかなり難しいことでした。

　しかし近年、商用DBMSであっても、無料でダウンロードして利用できるエディションが提供されています。以下に、代表的な3つの製品のサイトを紹介します。

- **Oracle Database Express Edition**
https://www.oracle.com/jp/database/technologies/xe-downloads.html
- **SQL Server Express**
https://www.microsoft.com/ja-jp/sql-server/sql-server-downloads
- **Db2 Community Edition**
https://www.ibm.com/cloud/blog/announcements/ibm-db2-developer-community-edition

　これら無料エディションは、有料のものに比べて機能や利用範囲に制約がありますが、個人の学習用途としては十分ですので、興味があるDBMSを是非実際に試してみてください。

※上記URLは変更される可能性がありますので、アクセスできない場合は各社の公式サイトなどで最新情報を確認してください。

付録 B

エラー解決虎の巻

ここでは、各章で解説した内容ごとに、
陥りやすいエラーや落とし穴、およびその対応方法を紹介します。
問題を解決するには「こうなるハズだ」という先入観にとらわれることなく、
発生している事象をさまざまな角度から切り分け、
その要因を見極めることが重要です。
エラーや不具合に困ったときは、ぜひ参考にしてください。

CONTENTS

第1章	はじめての SQL
第2章	基本文法と4大命令
第3章	操作する行の絞り込み
第4章	検索結果の加工
第5章	式と関数
第6章	集計とグループ化
第7章	副問い合わせ
第8章	複数テーブルの結合
第9章	トランザクション
第10章	テーブルの作成
第11章	さまざまな支援機能

付録

第1章　はじめての SQL

1-1　DBMS のインストール方法がわからない

症状 SQL を勉強したいのですが、DBMS の種類やダウンロード方法、導入方法などが難しくて、どうしたらよいかわかりません。

原因 DBMS のインストール方法は、各 DBMS の種類やバージョン、導入先の OS によって大きく異なります。

対応 SQL の基本を学習する目的であれば、特定の DBMS を導入しなくてもかまいません。dokoQL を利用してください。

参照 1.2.1 項、p.4

1-2　日本語が文字化けする

症状 DBMS をインストールして利用し始めましたが、SELECT 文でテーブルの内容を表示させると、日本語の情報が文字化けしてしまいます。

原因 DBMS の文字コード設定が正しくない可能性があります。なお、DBMS 製品によっては、DBMS 全体やテーブル、ドライバ、文字コードの設定などを行う必要があります。

対応 対応 DBMS 製品のマニュアルに従い、日本語文字コードの設定を行います。

1-3　本書のとおりに入力したが実行できない（1）

症状 本書の紙面どおりに SQL 文を入力したつもりですが、実行するとエラーになってしまいます。

原因 利用する DBMS によっては、本書掲載の SQL 構文や関数をサポートしていない場合があります。

対応 本書の解説や付録 A を参照し、利用中の DBMS で使用可能な代替構文などに修正して実行します。

参照 1.1.3 項

452

付録 B　エラー解決　虎の巻

1-4　本書のとおりに入力したが実行できない（2）

症状 本書の紙面どおりに SQL 文を入力したつもりですが、実行するとエラーになってしまいます（環境によっては、「不正な文字」の存在を示すエラーメッセージが表示されることがある）。

原因 SQL 文の中に、全角スペースが含まれている可能性があります（例：「SELECT □ FROM 家計簿」）。全角スペースは、「Ａ」や「あ」と同じ 2 バイト文字ですので、半角スペースの代わりには使えません。

対応 全角スペースが含まれていた場合、半角スペースに置き換えます。

1-5　列名、テーブル名、関数名が「無効です」というエラーになる

症状 SQL 文を入力して実行すると「列名が無効です」「テーブル名が無効です」「関数名が無効です」のような内容のエラーメッセージが表示されます。

原因 （1）テーブルに存在しない列を指定している可能性があります。（2）列名、関数名、テーブル名などの記述でスペルミスをしている可能性があります。（3）シングルクォーテーションやカンマが全角で入力されている可能性があります。（4）カッコやシングルクォーテーションの対応が取れていない可能性があります。

対応 入力ミスをしていないか SQL 文を確認します。

1-6　テーブル名や列名に日本語を使ってはならないと言われた

症状 本書の紙面に掲載されている SQL 文と同様に、テーブル名や列名に日本語を使っていたところ、先輩から不適切であると指摘を受けました。

原因 テーブル名や列名に日本語を許すか否かは DBMS 製品によって異なります。許す場合も、ダブルクォーテーション（"）でくくらないと動作が保証されないなどの制約がある製品もあります。本書では、読みやすさを優先して日本語のテーブル名や列名を利用していますが、業務では不要な不具合を回避する目的で日本語を避けるのが一般的です。

対応 プロジェクトや会社で定められたルールに極力従いましょう。特に決まっていない場合、先輩や上司と相談して決めましょう。

参照 コラム「テーブル名および列名」（p.38）

付録B

453

付録

第2章　基本文法と4大命令

2-1　文字列情報として "MINATO" と記述するとエラーになる

症状 文字列を指定するために INSERT 文などで「"MINATO"」と記述するとエラーになります。

原因 SQL で文字列リテラルを示すためにはシングルクォーテーション (') を使います。プログラミング言語などで利用されるダブルクォーテーション (") は、一部の DBMS で日本語のテーブル名を記述するときなどに利用されます。

対応 文字列は「'MINATO'」のようにシングルクォーテーションでくくります。

参照 2.2.1 項

2-2　テーブル中の指定した位置に新たな行を挿入したい

症状 テーブル中の任意の位置に行を挿入したいのですが、その方法がわかりません。

原因 テーブルに含まれる各行をどのような順番で格納および管理するかは DBMS に任されています。よって、指定した位置に行を挿入することはできません。

対応 テーブルに行を挿入する際に位置を指定できない代わりに、SELECT 文で行を取り出す際に ORDER BY 句で並べ替えることができます。

参照 4.3 節

2-3　ある行の内容を更新したら表示順が変化してしまった

症状 UPDATE 文である行の内容を更新したあと SELECT 文を実行すると、行の表示される順番が変化します。

原因 テーブルに含まれる各行をどのような順番で管理するかは DBMS に任されています。そのため、ORDER BY 句を指定しない限り、どのような順番で行が表示されるかは不定です。

対応 並べたい順序が決まる列を ORDER BY 句に指定します。

参照 4.3 節

付録 B　エラー解決　虎の巻

2-4　SQL 文の末尾に付いているセミコロン (;) は何か

症状 本書の紙面や Web サイトなどを見ると、SQL 文の最後にセミコロン (;) が付いているものがありますが、どんな意味がありますか。

原因 SQL 文は途中で自由に改行を入れることが許されています。そのため、複数の SQL 文が連続して入力されると、DBMS は 1 つの文の終わりを区別できません。

対応 文末のセミコロンは SQL 標準に含まれていませんが、多くの DBMS では、SQL 文の文末を明確にするため文末にセミコロンを付けて記述することになっています。

参照 コラム「末尾のセミコロンで文の終了を表す」(p.45)

2-5　SQL 文を入力して Enter キーを押しても、SQL 文が実行されない

症状 DBMS に添付された SQL クライアントの画面で SQL 文を入力し、最後に Enter キーを押しても SQL 文が実行されません。

原因 一部の DBMS に添付されている SQL クライアントは、セミコロンが入力された位置までを 1 つの SQL 文と見なします。そのため、末尾にセミコロンを入力しないと SQL 文と認識されず、実行されません。

対応 SQL 文の末尾にセミコロンを入力します。

参照 コラム「末尾のセミコロンで文の終了を表す」(p.45)

2-6　登録した文字列情報で絞り込めない

症状 「SUKKIRI」という値を「名前」列に登録しましたが、「WHERE　名前　=　'SUKKIRI'」という条件で検索しても取り出せません。

原因 固定長文字列である CHAR 型の列に対して文字列情報を登録すると、右の余白にスペースが補われて登録されます。

対応 「WHERE TRIM(名前) = 'SUKKIRI'」のように TRIM 関数を使うなどして、余白を取り除いてから比較します。

参照 2.2.3 項、5.4.2 項

付録
B

455

付録

2-7　テーブル名に AS で別名を付けるとエラーになる

症状 Oracle DB で「SELECT ～ FROM 家計簿 AS K」のようにテーブルに別名を付けようとするとエラーになります。

原因 Oracle DB では、テーブル名に別名を付ける場合、AS を記述できません。

対応「SELECT ～ FROM 家計簿 K」のように AS を省略して記述します。

参照 2.4.2 項

2-8　UPDATE したら全行が上書きされてしまった

症状 ある行のデータだけを更新するために、「UPDATE 家計簿 SET 入金額 = 0」などとしたらすべての行が更新されてしまいました。

原因 WHERE 句による絞り込みを指定しないと、すべての行が更新の対象になります。

対応 特定の行のみを更新したい場合は、UPDATE 文に WHERE 句による絞り込みを記述します。

参照 2.5 節、3.1 節

2-9　DELETE したら全行が削除されてしまった

症状 ある行のデータだけを削除するために、「DELETE FROM 家計簿」などとしたらすべての行が削除されてしまいました。

原因 WHERE 句による絞り込みを指定しないと、すべての行が削除の対象になります。

対応 特定の行のみを削除したい場合は、DELETE 文に WHERE 句による絞り込みを記述します。

参照 2.6 節、3.1 節

2-10　INSERT 文で行を追加できない（列名リスト省略）

症状「INSERT INTO 家計簿 VALUES (値 1, 値 2…)」という SQL 文を実行するとエラーになります。

456

付録 B　エラー解決　虎の巻

原因 INSERT 文で列名リストが省略された場合、VALUES の後ろにはテーブルの全列について追加する値を列の定義順に指定する必要があります。

対応 テーブル定義を確認し、すべての列について定義されているとおりの順番で値を指定します。

参照 2.7.1 項

2-11　INSERT 文で行を追加できない（列名リスト指定）

症状 「INSERT INTO 家計簿 （メモ） VALUES （値 1， 値 2）」のような SQL 文を実行するとエラーになります。

原因 INSERT 文では、VALUES の前に指定する列名リストと、VALUES の後ろに指定する値リストの数やデータ型を対応させなければなりません。

対応 INSERT 文の列名リストと値リストの数とデータ型が正しく対応しているかを確認します。

参照 2.7.1 項

第3章　操作する行の絞り込み

3-1　「WHERE 列名 = NULL」で行を絞り込めない

症状 SELECT、UPDATE、DELETE の各文で NULL を含む行を絞り込むために、「WHERE 列名 = NULL」という記述をしていますが、目的の行を抽出、更新、または削除ができません。

原因 NULL であるかを判定する場合、= 演算子は使えません。

対応 IS NULL 演算子を利用し、「WHERE 列名 IS NULL」とします。

参照 3.3.2 項

3-2　「WHERE 列名 <> NULL」で行を絞り込めない

症状 NULL でない行を検索するために、「WHERE 列名 <> NULL」という記

付録

述をしていますが、目的の行を絞り込めません。

原因 NULL でないことを判定する場合、<> 演算子は使えません。

対応 IS NOT NULL演算子を利用し、「WHERE 列名 IS NOT NULL」とします。

参照 3.3.2 項

3-3　　　　「WHERE == 10」で行を絞り込めない

症状 列の値が 10 である行を絞り込むために「WHERE 列名 == 10」という記述をしていますが、エラーになります。

原因 等しいことを示すための比較演算子には = を使います。プログラミング言語などで利用される = 2 つの演算子は、一部の DBMS でしか利用できません。

対応 = 演算子を利用し、「WHERE 列名 = 10」とします。

参照 3.3.1 項

3-4　　　　「WHERE 列名 != 10」で行を絞り込めない

症状 列の値が 10 以外の行を絞り込むために「WHERE 列名 != 10」という記述をしていますが、エラーになります。

原因 等しくないことを示すための比較演算子には <> を使います。プログラミング言語などで利用される != 演算子は、一部の DBMS でしか利用できません。

対応 <> 演算子を利用し、「WHERE 列名 <> 10」とします。

参照 3.3.1 項

3-5　　　　AND と OR を同時に使った WHERE 句が正しく評価されない

症状 出金額か入金額が 0 で、かつ、メモが NULL である行を絞り込むために「WHERE 出金額 = 0 OR 入金額 = 0 AND メモ IS NULL」としても、正しく絞り込めません。

原因 AND は OR よりも優先して評価されます。そのため、先の記述では、「出金額が 0 か、または、入金額が 0 かつメモが NULL」の行が抽出されてしまいます。

対応 優先的に評価したい部分をカッコで囲みます。たとえば「WHERE (出金額 = 0 OR 入金額 = 0) AND メモ IS NULL」のようにします。

458

付録 B　エラー解決　虎の巻

参照 3.4.2 項

3-6　「WHERE メモ = '% チョコ %'」で行を絞り込めない

症状 WHERE 句によって、メモにチョコという文字を含む行を抽出するために「WHERE メモ = '％チョコ％'」という記述をしていますが、正しく絞り込めません。

原因 パターン文字 % を使ったあいまい検索を行うためには、LIKE 演算子の利用が必要です。

対応 「WHERE メモ LIKE '％チョコ％'」とします。

参照 3.3.3 項

3-7　「WHERE 費目 =' 交際費 ' OR ' 水道光熱費 '」で行を絞り込めない

症状 WHERE 句によって、交際費と水道光熱費の行を絞り込むために「WHERE 費目 = ' 交際費 ' OR ' 水道光熱費 '」としていますが、正しく絞り込めません。

原因 OR 演算子や AND 演算子は、完成された条件式をつなぐものです。よって、OR の右側が単なるリテラルであってはなりません。

対応 「WHERE 費目 = ' 交際費 ' OR 費目 = ' 水道光熱費 '」とします。

参照 3.4.1 項

第4章　検索結果の加工

4-1　検索するたびに並び順が変わってしまう

症状 データを変更していないのに、検索するたびに表示される結果の並び順が変わってしまいます。

原因 どのような並び順で結果を返すかは DBMS に任されています。そのため、ORDER BY 句を指定しない限り、どのような順番で行が返されるかは不定です。

付録B

459

付録

対応 並べたい順序が決まる列を ORDER BY 句に指定します。

参照 4.3.4 項

4-2　文字列型の列で並び替えると、おかしな順で並んでしまう

症状 文字列型の列（たとえば「名前」列）があるとき、「ORDER BY 名前」とすると、並び順が意図した結果と異なります。また、実行する環境によっても結果が異なります。

原因 文字列型の列に格納された値をどう並べ替えるかは、DBMS ごとに定める照合順序やその設定に依存します。

対応 DBMS のマニュアルを調べ、適切な照合順序を設定するようにします。もしくは、文字列型以外の列で並べ替えるようにします。

参照 4.3.1 項

4-3　OFFSET - FETCH 句を含む SQL 文が実行できない

症状 OFFSET - FETCH 句を含む SQL 文を実行するとエラーになります。

原因 MySQL、PostgreSQL および SQLite では OFFSET - FETCH 句をサポートしていません。

対応 LIMIT 句などを用いて同等の処理を実現する記述を行います。

参照 4.4.1 項

4-4　LIMIT や TOP を含む SQL 文が実行できない

症状 LIMIT や TOP を含む SQL 文を実行するとエラーになります。

原因 LIMIT や TOP は標準 SQL で定められた構文ではなく、Oracle DB や SQL Server などの商用 DBMS ではサポートされません。

対応 標準 SQL である OFFSET - FETCH 句などを用いて同等の処理を実現する記述を行います。

参照 4.4.1 項

付録 B　エラー解決　虎の巻

4-5　**UNION を使って結果表をつなげると、行数が減ってしまう**

症状 10 行と 20 行の結果が得られる 2 つの SELECT 文を UNION でつないでも、最終的な結果表の行数が 30 行になりません。

原因 2 つの検索結果に重複する内容が含まれる場合、重複行は 1 行にまとめられてしまいます。

対応 重複を許したい場合、UNION ALL を使います。

参照 4.5.2 項

第5章　式と関数

5-1　**式の中で ‖ を使って文字列を結合できない**

症状 「SELECT 名前 ‖ ' くん '」のようにして、文字列を連結できません。

原因 一部の DBMS では、‖ 演算子で文字列を連結できません。

対応 + 演算子や CONCAT 関数などを用いて文字列を結合します。

参照 5.2.1 項、5.4.5 項

5-2　**本書のとおりに入力したが実行できない（3）**

症状 SUBSTRING、LEN、TRUNC などの関数を含む SQL 文を実行するとエラーになってしまいます。

原因 利用できる関数や指定すべき引数の内容は DBMS 製品によって異なります。そのため、利用中の DBMS によっては本書の記述どおりでは動かない可能性があります。

対応 付録 A や製品マニュアルを参照して、利用可能な関数で代替します。

参照 5.3.4 項

付録 B

461

付録

5-3　LEN 関数／ LENGTH 関数で正しい文字数が得られない

症状 LEN 関数や LENGTH 関数を使って得られる長さが、実際の文字列の長さと違っています。

原因 (1) LEN 関数や LENGTH 関数の結果が意味するものは、DBMS によって異なり、文字数ではなくバイト数を得ている可能性があります。(2) データの右端にスペースが付いている可能性があります。

対応 (1) DBMS のマニュアルを参照して「バイト数ではなく文字数を返す関数」で代替します。(2)TRIM 関数を利用して不要なスペースを削除します。

参照 5.4.1 項

5-4　NVL 関数を使おうとするとエラーになる

症状 NULL を別の値に置き換えるために NVL 関数を使おうとするとエラーになります。

原因 NVL 関数は Oracle DB と Db2 でのみサポートされる関数です。

対応 COALESCE 関数を用いて同等の処理を実現することができます。

参照 5.7.2 項

5-5　DUAL というテーブルは作った覚えがない

症状 DUAL という名前のテーブルを利用する SQL 文を実行すると確かに動きますが、このようなテーブルを作った覚えがありません。

原因 DUAL (Oracle DB) や SYSIBM.SYSDUMMY1 (Db2) は、DBMS が準備しているダミーテーブルです。

対応 関数や式の処理を確認したい場合、これらのダミーテーブルを利用します。

参照 コラム「SELECT 文に FROM 句がない！？」(p.166)

5-6　DUAL テーブルを使おうとするとエラーになる

症状 関数や式の処理を確認するために DUAL テーブルを使おうとするとエラーになります。

付録 B　エラー解決　虎の巻

原因 DUAL（Oracle DB）や SYSTEM.DUMMY1（Db2）はそれぞれの DBMS が準備
している ダミーテーブルです。

対応 これら以外の DBMS では、「**SELECT** 関数や式」のように、FROM 句を記
述せずに SELECT 文を実行できます。

参照 コラム「SELECT 文に FROM 句がない！？」（p.166）

第6章　集計とグループ化

6-1　SUM 関数などの集計関数を使おうとするとエラーになる

症状 「**SELECT** メモ ， **SUM(** 出金額 **)** 〜」のような SQL 文を実行しようと
するとエラーになります。

原因 「**SUM(** 出金額 **)**」のような集計関数の実行結果は 1 行になります。一方、「メ
モ」のように列名だけを指定すると該当する行の数だけ取得されるため、結果表
が「デコボコ」になってしまいます。多くの DBMS では、デコボコの結果表とな
る検索を許していません。

対応 集計関数を使っていない列についても、結果が必ず 1 行となるように SQL
文を修正します。

参照 6.3.2 項

6-2　グループ集計を用いた SELECT 文でエラーになる

症状 「**SELECT** 出金額 **FROM** 〜 **GROUP BY** 費目」のような SQL 文を実行
しようとするとエラーになります。

原因 グループ化のために指定した列は、必ず SELECT 文の選択列リストに登場
しなければなりません。

対応 選択列リストにグループ化して利用する列を加えます。もし結果表にグ
ループ化した列を含めたくない場合は副問い合わせとし、外側の SQL 文の選択
列リストでグループ化した列を除外します。

参照 6.4.2 項

付録
B

463

付録

第7章　副問い合わせ

7-1　副問い合わせを使った SELECT 文でエラーになる

症状「〜 WHERE メモ = (SELECT 〜)」という副問い合わせを含む SQL 文を実行すると、行が多すぎる（TOO MANY ROWS）というエラーになります。

原因 WHERE 句で = 演算子による比較をしようとしていますが、副問い合わせの結果が複数行であるため、単一の値に置き換えることができません。

対応（1）結果が単一行となるような副問い合わせ文に修正します。（2）複数行と比較するには、IN、ANY、ALL などの演算子と比較するように修正します。

参照 7.3.4 項

7-2　副問い合わせを使った WHERE 句で、1 行も選択されない

症状「〜 WHERE 出金額 NOT IN (SELECT 〜)」のような SQL 文を実行すると、結果が 1 行も出力されません。

原因 副問い合わせの結果に NULL が含まれている可能性があります。NOT IN、<> ALL などで NULL と比較すると正しく比較できないため、結果が 0 行となります。

対応 NULL が含まれないような副問い合わせに修正します。

参照 7.3.5 項

7-3　副問い合わせの結果をテーブルに挿入する INSERT 文がエラーになる

症状「INSERT INTO 家計簿 VALUES (SELECT 〜)」のような SQL 文を実行するとエラーになります。

原因 通常、副問い合わせは丸カッコで囲みます。しかし、INSERT 文で用いる場合のみカッコは省略する必要があります。

対応 副問い合わせを囲んでいる丸カッコを除去します。

参照 7.4.3 項

464

付録 B　エラー解決　虎の巻

第8章　複数テーブルの結合

8-1　JOIN 句を用いて結合を行ったら、行が消えてしまった

症状「SELECT 〜 FROM A JOIN B ON A.AA = B.BB」で結合をして得られた結果表の行数が明らかに少なすぎます。出てくるべき行が出てきません。
原因 結合条件に指定した列（A.AA と B.BB）のどちらかに NULL が含まれているか、テーブル B（右表）に結合相手がない可能性があります。その場合、その行は結果表に出力されません。
対応 結合条件に指定する列に NULL が含まれていないか、または結合相手があるかを確認します。NULL や結合相手のない行が含まれていても出力したい場合は、OUTER JOIN を利用します。
参照 8.3.2 項

8-2　FROM 句にカンマ区切りで複数のテーブルを表記した SQL 文は、どんな意味か

症状「SELECT 〜 FROM A, B WHERE A.AA = B.BB」のような SQL 文を見かけましたが、その意味がわかりません。
原因 Oracle DB などの一部の DBMS で対応している結合を指示する構文です。JOIN の代わりに FROM 句に複数のテーブルを記述し、結合条件は WHERE 句に記述します。
対応 結合を行っている SQL 文であると解釈します。なお、結合条件を意味する WHERE 句を省略すると、すべての行の組み合わせを求める交差結合（cross join）となってしまう点に注意してください。
参照 コラム「JOIN 句を使わない結合」（p.308）

8-3　結合を用いた SQL 文を実行すると「ambiguous」エラーになる

症状 SQL 文を実行すると、「ambiguous」（曖昧である）というエラーメッセージが表示されます。
原因 選択列リストや結合条件に記述した列名が、結合元の複数のテーブルに存

465

付録

在しているため、どのテーブルの列を指定しているかをDBMSが判断できません。たとえば、テーブルAとBの両方に列Xが存在するとき、「**SELECT X FROM A JOIN B ～**」というSQL文を記述するとこのようなエラーになります。

対応 選択列リストや結合条件に、どのテーブルの列であるかを「テーブル名.列名」の形式で明示します（例：「**SELECT A.X FROM A JOIN B ～**」）。

参照 8.4.1項

8-4　FULL JOIN を含む SQL 文が実行できない

症状 FULL JOIN（完全外部結合）を行おうとするとエラーになります。

原因 FULL JOIN は、MySQL や SQLite などの一部の DBMS ではサポートされません。

対応 UNION を用いて同等の処理を実現することができます。

参照 コラム「FULL JOIN を UNION で代用する」（p.264）

第9章　トランザクション

9-1　更新処理の実行後、テーブルが書き換わらない

症状 更新系の SQL 文を実行した後、SELECT 文でテーブルの中身を確認しても、書き換わっていません。

原因 更新系の SQL 文を実行した後にコミットを忘れている場合、更新が反映されていないため、ほかのトランザクション（別ウィンドウなど）として SELECT 文で検索をしても更新後のデータを確認することはできません。

対応 更新系の SQL 文を実行した後に COMMIT 文を実行します。または、SELECT を実行するトランザクションの分離レベルを READ UNCOMMITTED に落とします。

参照 9.2.2項

付録B　エラー解決　虎の巻

9-2　　ロールバックしてもテーブルの内容が元に戻らない

症状 UPDATE 文や DELETE 文でデータを更新した後に明示的に ROLLBACK 文を実行しても、テーブル内容が元に戻りません。

原因 SQL 実行後に自動的にコミットが行われる自動コミットモードになっている可能性があります。DBMS に付属する SQL クライアントの多くは、デフォルトで自動コミットモードです。

対応 各ツールに定められた方法で、自動コミットモードを解除します。

参照 9.2.4 項

9-3　　SQL 文を実行したが、応答が返ってこない

症状 あるテーブルのデータを操作する SQL 文を実行すると、応答がなくなります。別のテーブルの場合はそのようなことはありません。

原因 ほかのトランザクションで過去に実行した SQL 文がまだコミットされておらず、行やテーブルにロックがかかったままになっている可能性があります。または、LOCK TABLE 文などによる明示的なロックがかかったままになっているかもしれません。

対応 ロックをかけたトランザクションの SQL 文をコミットするかロールバックします。明示的ロックは UNLOCK TABLE 文などで解除できます。

参照 9.3.3 項

第10章　テーブルの作成

10-1　　本書のとおりに入力したが実行できない（4）

症状 CREATE TABLE 文でエラーになってしまい実行できません。

原因（1）すでに同名のテーブルやビューが存在している可能性があります。（2）利用できるデータ型や指定すべき桁数は DBMS 製品によって異なります。そのため、利用中の DBMS によっては本書の記述どおりでは動かない可能性があります。

付録B

467

付録

対応 (1) 重複しない名前で作成するか、同名のテーブルやビューを削除してから実行します。または、「`IF NOT EXISTS`」など状況に応じて実行を制御するオプションを CREATE TABLE 文に記述します。(2) 本書の付録 A や製品マニュアルを参照して、利用可能なデータ型で代替します。

参照 10.2.1 項、10.2.3 項、コラム「テーブルの存在を確認してから作成／削除する」(p.319)

10-2 テーブルを削除できない

症状 「`DELETE FROM テーブル名`」で全削除を行っても、テーブルが消えません。

原因 DELETE 文はテーブル内の行を削除する命令です。すべての行を削除できたとしても、その入れ物であるテーブル自体を削除することはできません。

対応 DROP TABLE 文を利用します。

参照 10.2.3 項

10-3 同じ INSERT 文を 2 回実行しても、2 行挿入できない

症状 同じ INSERT 文を 2 回実行すると、2 回目がエラーになります。

原因 テーブルのある列に主キー制約や UNIQUE 制約が設定されている場合、同じ内容の行を登録することはできません。

対応 主キー制約や UNIQUE 制約が設定されている列に登録すべきデータを見直します。どうしても登録が必要な場合、制約を削除します。

参照 10.3.2 項

10-4 主キー制約を複数の列に指定できない

症状 列 A と列 B の 2 つの列で複合主キーを構成するために実行した SQL 文「`CREATE TABLE T (列A INTEGER PRIMARY KEY, 列B INTEGER PRIMARY KEY)`」がエラーになります。

原因 主キー制約を複数の列に指定することはできません。複数の列にまたがる 1 つの複合主キーを指定するには、各列の定義とは別に主キーの指定を行います。

付録 B　エラー解決　虎の巻

対応 「CREATE TABLE T (列A INTEGER, 列B INTEGER, PRIMARY KEY(列A, 列B))」のように記述します。
参照 10.3.3 項

| 10-5 | 更新系の SQL 文の実行が失敗してしまう |

症状 テーブルに対して INSERT、DELETE、UPDATE の各文を実行するとエラーになります。

原因 テーブルに外部キー制約が設定されている場合、参照整合性が崩れるようなテーブル更新は失敗します。

対応 参照整合性が崩れるような SQL 文になっていないか、内容を見直します。どうしても更新を行う必要がある場合、テーブルの制約を解除します。
参照 10.4 節

第11章　さまざまな機能

| 11-1 | インデックスを作成したのに検索が速くならない |

症状 検索に用いる列にインデックスを作成したにもかかわらず、検索性能（速度)が向上しません。

原因 インデックスのアルゴリズムや検索条件の指定方法によっては、検索にインデックスが利用されません。たとえば、多くの DBMS では、後方一致検索ではインデックスが利用されません。

対応 EXPLAIN 文を用いてインデックスが利用されているかを確認しながら、インデックスが機能するような SQL 文に修正します。
参照 11.1.3 項、コラム「高速化の効果を測ろう」(p.347)

付録B

| 11-2 | バックアップを復元しても最新状態に戻らない |

症状 DBMS が故障したため、最新のバックアップデータを用いてデータベース

付録

を復元しました。しかし、故障直前の状態ではなく、少し過去の状態で復元されてしまいます。

原因 最後にバックアップを実行した時刻から障害が発生した時刻までに行った変更は、バックアップに記録されていないため復元できません。

対応 バックアップの復元後、別途保管しているログを用いて、最後のバックアップ後に実行されたすべての SQL 命令を再実行します（ロールフォワード）。

参照 11.3.4 項

付録 C

特訓ドリル

SQL 上達の近道は「実際に手を動かして、何度も練習すること」です。
特に第 8 章までに扱った DML は、さまざまな状況に応じた SQL 文を
書いて実行することでより一層理解が深まるでしょう。
第 12 章で学んだデータベース設計についても、読むだけでなく実際に
自分の頭と手を動かして実例に取り組むことがとても大切です。
この特訓ドリルでは、3 つの題材による SQL ドリル、
正規化ドリル、DB 設計を体験する総合問題を準備しました。
繰り返し練習して、実力と自信を付けていきましょう。

CONTENTS

C.1　SQL ドリル
C.2　正規化ドリル
C.3　総合問題
C.4　解答例について

C.1 SQL ドリル

　このドリルでは、銀行口座・商店・RPG の 3 つを題材に、それぞれ約 70 問ずつの問題を掲載しています。各題材では、使用するテーブル構成（列名、型、制約、備考）が示されています。それらのテーブルをもとに、問題に指示された SQL 文を作成してください。SQL 文以外の解答を求める問題もあります。なお、制約は第 10 章で学ぶ内容です。まだ学んでいない場合は気にせず問題に取り組んでください。「PKEY」は主キー制約、「NOT NULL」は NOT NULL 制約、「FKEY」は外部キー制約を表します。

> それぞれの題材のテーブルにどんなデータが入っているかは、dokoQL で確認してみてね。

C.1.1　銀行口座データベース

* QR コードから設問データを確認できます。

「口座」テーブル…現在有効な口座を管理するテーブル

列名	型	制約	備考
口座番号	CHAR(7)	PKEY	
名義	VARCHAR(40)	NOT NULL	姓名の間は全角スペース
種別	CHAR(1)	NOT NULL	1: 普通 2: 当座 3: 別段
残高	INTEGER	NOT NULL	0 以上とする
更新日	DATE		

「廃止口座」テーブル…すでに解約された口座を管理するテーブル

列名	型	制約	備考
口座番号	CHAR(7)	PKEY	
名義	VARCHAR(40)	NOT NULL	姓名の間は全角スペース
種別	CHAR(1)	NOT NULL	1: 普通 2: 当座 3: 別段
解約時残高	INTEGER	NOT NULL	0 以上とする
解約日	DATE		

付録 C　特訓ドリル

「取引」テーブル…日付ごとに口座の入出金を記録するテーブル

列名	型	制約	備考
取引番号	INTEGER	PKEY	取引の連番
取引事由 ID	INTEGER	FKEY	取引内容のコード値
日付	DATE	NOT NULL	取引のあった日付
口座番号	CHAR(7)	NOT NULL	取引のあった口座
入金額	INTEGER		預け入れの金額
出金額	INTEGER		引き出しの金額

「取引事由」テーブル…取引事由の一覧を管理するテーブル

列名	型	制約	備考
取引事由 ID	INTEGER	PKEY	
取引事由名	VARCHAR(20)	NOT NULL	

第 2 章　基本文法と四大命令

1.　口座テーブルのすべてのデータを「*」を用いずに抽出する。

2.　口座テーブルのすべての口座番号を抽出する。

3.　口座テーブルのすべての口座番号と残高を抽出する。

4.　口座テーブルのすべてのデータを「*」を用いて抽出する。

5.　口座テーブルのすべての名義を「ＸＸＸＸＸ」に更新する。

6.　口座テーブルのすべての残高を 99999999、更新日を「2022-03-01」に更新する。

7.　口座テーブルに次の 3 つのデータを 1 回の実行ごとに 1 つずつ登録する。

列名	データ 1	データ 2	データ 3
口座番号	0642191	1039410	1239855
名義	アオキ　ハルカ	キノシタ　リュウジ	タカシナ　ミツル
種別	1	1	2
残高	3640551	259017	6509773
更新日	2022-03-13	2021-11-30	指定なし

8.　口座テーブルのすべてのデータを削除する。

第 3 章　操作する行の絞り込み

9.　口座テーブルから、口座番号が「0037651」のデータを抽出する。

10.　口座テーブルから、残高が 0 より大きいデータを抽出する。

11.　口座テーブルから、口座番号が「1000000」番より前のデータを抽出する。

付録

12. 口座テーブルから、更新日が 2021 年以前のデータを抽出する。

13. 口座テーブルから、残高が 100 万円以上のデータを抽出する。

14. 口座テーブルから、種別が「普通」ではないデータを抽出する。

15. 口座テーブルから、更新日が登録されていないデータを抽出する。

16. 口座テーブルから、「ハシ」を含む名義のデータを抽出する。

17. 口座テーブルから、更新日が 2022 年 1 月の日付であるデータを抽出する。ただし、記述する条件式は 1 つであること。

18. 口座テーブルから、種別が「当座」または「別段」のデータを抽出する。ただし、記述する条件式は 1 つであること。

19. 口座テーブルから、名義が「サカタ　リョウヘイ」「マツモト　ミワコ」「ハマダ　サトシ」のデータを抽出する。

20. 口座テーブルから、更新日が 2021 年 12 月 30 日から 2022 年 1 月 4 日であるデータを抽出する。

21. 口座テーブルから、残高が 1 万円未満で、更新日が登録されているデータを抽出する。

22. 口座テーブルから、次の条件のいずれかに当てはまるデータを抽出する。
    ・口座番号が「2000000」番台
    ・名義の姓が「エ」から始まる 3 文字で、名が「コ」で終わる

23. 口座テーブル、取引テーブル、取引事由テーブルにおいて主キーの役割を果たしている列名を日本語で解答する。

第 4 章　検索結果の加工

24. 口座テーブルから、口座番号順にすべてのデータを抽出する。ただし、並び替えには列名を指定し、昇順にすること。

25. 口座テーブルから、名義の一覧を取得する。データの重複を除外し、名義の昇順にすること。

26. 口座テーブルから、残高の大きい順にすべてのデータを抽出する。残高が同額の場合には口座番号の昇順にし、並び替えには列番号を指定すること。

27. 口座テーブルから、更新日を過去の日付順に 10 件抽出する。ただし、更新日の設定がないデータは除くこと。

28. 口座テーブルから、更新日と残高を、残高の小さい順に 11 ～ 20 件目のみを抽出する。ただし、残高が 0 円または更新日の設定がないデータは除外し、残高が同額の場合には更新日の新しい順（降順）とする。

29. 口座テーブルと廃止口座テーブルに登録されている口座番号を昇順に抽出する。

30. 口座テーブルに登録されている名義のうち、廃止口座テーブルには存在しない名義を抽出する。重複したデータは除き、降順で並べること。

31. 口座テーブルと廃止口座テーブルの両方に登録されている名義を昇順に抽出する。

32. 口座テーブルと廃止口座テーブルに登録されている口座番号と残高の一覧を取得する。ただし、口座テーブルは残高が 0 のもの、廃止口座テーブルは解約時残高が 0 でない

付録 C　特訓ドリル

ものを抽出の対象とする。一覧は口座番号順とする。

第 5 章　式と関数

33. 口座テーブルと廃止口座テーブルに登録されている口座番号と名義の一覧を取得する。一覧は名義の昇順にし、その口座の状況がわかるように、有効な口座には「○」を、廃止した口座には「×」を一覧に付記すること。

34. 口座テーブルから、残高が 100 万円以上の口座番号と残高を抽出する。ただし、残高は千円単位で表記し、見出しを「千円単位の残高」とする。

35. 口座テーブルに次の 3 つのデータを 1 回の実行ごとに 1 つずつ登録する。ただし、キャンペーンにより登録時に残高を 3,000 円プラスする。

列名	データ 1	データ 2	データ 3
口座番号	0652281	1026413	2239710
名義	タカギ　ノブオ	マツモト　サワコ	ササキ　シゲノリ
種別	1	1	1
残高	100000	300000	1000000
更新日	2022-04-01	2022-04-02	2022-04-03

36. 35 の問題で登録したデータについて、キャンペーンの価格が間違っていたことが判明した。該当するデータの残高それぞれから 3,000 円を差し引き、あらためて残高の 0.3％を上乗せした金額になるよう更新する。

37. 口座テーブルから、更新日が 2020 年以前のデータを対象に、口座番号、更新日、通帳期限日を抽出する。通帳期限日は、更新日の 180 日後とする。

38. 口座テーブルから、種別が「別段」のデータについて、口座番号と名義を抽出する。ただし、名義の前に「カ)」を付記すること。

39. 口座テーブルから、登録されている種別の一覧を取得する。見出しは「種別コード」と「種別名」とし、種別名には日本語名を表記する。

40. 口座テーブルから、口座番号、名義、残高ランクを抽出する。残高ランクは、残高が 10 万円未満を「C」、10 万円以上 100 万円未満を「B」、それ以外を「A」とする。

41. 口座テーブルから、口座番号、名義、残高の文字数を抽出する。ただし、名義の姓名の間の全角スペースは除外すること。

42. 口座テーブルから、名義の 1 ～ 5 文字目に「カワ」が含まれるデータを抽出する。

43. 口座テーブルから、残高の桁数が 4 桁以上で、1,000 円未満の端数がないデータを抽出する。ただし、どちらの条件も文字数を求める関数を使って判定すること。

44. 口座テーブルから、口座番号、残高、利息を残高の降順に抽出する。利息は、残高に普通預金利息 0.02％を掛けて求め、1 円未満を切り捨てること。

45. 口座テーブルから、口座番号、残高、残高別利息を抽出する。残高別利息は、残高が

付録C

475

50 万円未満を 0.01％、50 万円以上 200 万円未満を 0.02％、200 万円以上を 0.03％として計算し、1 円未満を切り捨てる。一覧は、残高別利息の降順、口座番号の昇順に並べること。

46. 口座テーブルに以下にある 3 つのデータを 1 回の実行ごとに 1 つずつ登録する。ただし、更新日は現在の日付を求める関数を利用して指定すること。

列名	データ 1	データ 2	データ 3
口座番号	0351262	1015513	1739298
名義	イトカワ　ダイ	アキツ　ジュンジ	ホシノ　サトミ
種別	2	1	1
残高	635110	88463	704610
更新日	現在の日付	現在の日付	現在の日付

47. 口座テーブルから更新日が 2022 年以降のデータを抽出する。その際、更新日は「2022 年 01 月 01 日」のような形式で抽出すること。

48. 口座テーブルから更新日を抽出する。更新日が登録されていない場合は、「設定なし」と表記すること。

第 6 章　集計とグループ化

49. 口座テーブルから、残高の合計、最大、最小、平均、登録データ件数を求める。

50. 口座テーブルから、種別が「普通」以外、残高が 100 万円以上、更新日が 2021 年以前のデータ件数を求める。

51. 口座テーブルから、更新日が登録されていないデータ件数を求める。ただし、条件式は用いないこと。

52. 口座テーブルから、名義の最大値と最小値を求める。

53. 口座テーブルから、最も新しい更新日と最も古い更新日を求める。

54. 口座テーブルから、種別ごとの残高の合計、最大、最小、平均、および登録されているデータ件数を求める。

55. 口座テーブルから、口座番号の下 1 桁目が同じ数字であるものを同じグループとし、それぞれのデータ件数を求める。ただし、件数の多い順に並べること。

56. 口座テーブルから、更新日の年ごとの残高の合計、最大、最小、平均、登録データ件数を求める。ただし、更新日の登録がないデータは、「XXXX 年」として集計する。

57. 口座テーブルから、種別ごとの残高の合計とデータ件数を求める。ただし、合計が 300 万円以下のものは一覧から取り除く。

58. 口座テーブルから、名義の 1 文字目が同じグループごとに、データ件数と名義文字数の平均を求める。ただし、件数が 10 件以上、または文字数の平均が 5 文字より多いものを抽出の対象とする。なお、名義の全角スペースは文字数に含めない。

付録 C　特訓ドリル

第 7 章　副問い合わせ

59. 次の口座について、取引日の取引結果を口座テーブルの残高に反映する。更新には、SET 句にて取引テーブルを副問い合わせする UPDATE 文を用いること。
    ・口座番号：0351333、取引日：2022-01-11

60. 次の口座について、現在の残高と、取引日に発生した取引による入出金額それぞれの合計金額を取得する。取得には、選択列リストにて取引テーブルを副問い合わせする SELECT 文を用いること。
    ・口座番号：1115600、取引日：2021-12-28

61. これまで 1 回の取引で 100 万円以上の入金があった口座について、口座番号、名義、残高を取得する。ただし、WHERE 句で IN 演算子を利用した副問い合わせを用いること。

62. 取引テーブルの日付よりも未来の更新日を持つ口座テーブルのデータを抽出する。ただし、WHERE 句で ALL 演算子を利用した副問い合わせを用いること。

63. 次の口座について、入金と出金の両方が発生した日付を抽出する。また、これまでの入金と出金それぞれの最大額もあわせて抽出する。FROM 句で副問い合わせを用いること。
    ・口座番号：3104451

64. 次の口座について解約の申し出があった。副問い合わせを使って口座テーブルから廃止口座テーブルにデータを登録する。また、口座テーブルの該当データを削除する。ただし、データの整合性を保つことについては考慮しなくてよい。
    ・口座番号：2761055

第 8 章　複数テーブルの結合

65. 次の口座について、これまでの取引の記録を取引テーブルから抽出する。抽出する項目は口座番号、日付、取引事由名、取引金額とする。口座番号ごとに取引番号順で表示し、取引事由名については取引事由テーブルから日本語名を取得する。取引金額には、取引に応じて入金額か出金額のいずれか適切なほうを表示すること。
    ・口座番号：0311240、1234161、2750902

66. 次の口座について、口座情報（口座番号、名義、残高）とこれまでの取引情報（日付、入金額、出金額）を一覧として抽出する。一覧は、取引の古い順に表示すること。
    ・口座番号：0887132

67. 2020 年 3 月 1 日に取引のあった口座番号の一覧を取得する。一覧には、口座テーブルより名義と残高も表示すること。ただし、解約された口座については考慮しなくてよい。

68. 問題 67 では、すでに解約された口座については、該当の日付に取引があったにも関わらず抽出されなかった。解約された口座ももれなく一覧に記載されるよう、SQL 文を変更する。なお、解約口座については、名義に「解約済み」、残高に 0 を表示すること。

69. 取引テーブルのデータを抽出する。取引事由は「取引事由 ID：取引事由名」の形式で表示し、これまでに発生しなかった取引事由についても併せて記載されるようにすること。

付録 C

477

70. 取引テーブルと取引事由テーブルから、取引事由の一覧を抽出する。一覧には、取引事由IDと取引事由名を記載する。なお、取引事由テーブルに存在しない事由で取引されている可能性、および取引の実績のない事由が存在する可能性を考慮すること。
71. 問題66について、取引事由名についても一覧に表示するよう、SQL文を変更する。取引事由名は取引情報（日付、取引事由名、入金額、出金額）に表示する。
72. 現在の残高が500万円以上の口座について、2022年以降に1回の取引で100万円以上の金額が入出金された実績を抽出する。抽出する項目は、口座番号、名義、残高、取引の日付、取引事由ID、入金額、出金額とする。ただし副問い合わせは用いないこと。
73. 問題72で作成したSQL文について、結合相手に副問い合わせを利用するようSQL文を変更する。
74. 取引テーブルから、同一の口座で同じ日に3回以上取引された実績のある口座番号とその回数を抽出する。併せて、口座テーブルから名義を表示すること。
75. この銀行では、口座テーブルの名寄せを行うことになった。同じ名義で複数の口座番号を持つ顧客について、次の項目を持つ一覧を取得する。
　・名義、口座番号、種別、残高、更新日
　一覧は名義のアイウエオ順、口座番号の小さい順に並べること。

C.1.2 商店データベース

*QRコードから設問データを確認できます。

「商品」テーブル…販売している商品を管理するテーブル

列名	型	制約	備考
商品コード	CHAR(5)	PKEY	英字1桁＋数字4桁
商品名	VARCHAR(50)	NOT NULL	
単価	INTEGER	NOT NULL	
商品区分	CHAR(1)	NOT NULL	1: 衣類 2: 靴 3: 雑貨 9: 未分類
関連商品コード	CHAR(5)		関連する商品の商品コード

「廃番商品」テーブル…販売を取り止めた商品を管理するテーブル

列名	型	制約	備考
商品コード	CHAR(5)	PKEY	英字1桁＋数字4桁
商品名	VARCHAR(50)	NOT NULL	
単価	INTEGER	NOT NULL	
商品区分	CHAR(1)	NOT NULL	1: 衣類 2: 靴 3: 雑貨 9: 未分類
廃番日	DATE	NOT NULL	
売上個数	INTEGER	NOT NULL	廃番までの売上個数

付録 C 特訓ドリル

「注文」テーブル…注文の内容を登録したテーブル

列名	型	制約	備考
注文日	DATE	PKEY	
注文番号	CHAR(12)	PKEY	日付 8 桁＋連番 4 桁
注文枝番	INTEGER	PKEY	注文の内訳番号
商品コード	CHAR(5)	NOT NULL	英字 1 桁＋数字 4 桁
数量	INTEGER	NOT NULL	
クーポン割引料	INTEGER		割引する金額（ないときは NULL）

第 2 章　基本文法と四大命令

1. 商品テーブルのすべてのデータを「*」を用いずに抽出する。
2. 商品テーブルのすべての商品名を抽出する。
3. 注文テーブルのすべてのデータを「*」を用いて抽出する。
4. 注文テーブルのすべての注文番号、注文枝番、商品コードを抽出する。
5. 商品テーブルに次の 3 つのデータを 1 回の実行ごとに 1 つずつ追加する。

列名	データ 1	データ 2	データ 3
商品コード	W0461	S0331	A0582
商品名	冬のあったかコート	春のさわやかコート	秋のシックなコート
単価	12800	6800	9800
商品区分	1	1	1

第 3 章　操作する行の絞り込み

6. 商品テーブルから、商品コードが「W1252」のデータを抽出する。
7. 商品コードが「S0023」の商品について、商品テーブルの単価を 500 円に変更する。
8. 商品テーブルから、単価が千円以下の商品データを抽出する。
9. 商品テーブルから、単価が 5 万円以上の商品データを抽出する。
10. 注文テーブルから、2022 年以降の注文データを抽出する。
11. 注文テーブルから、2021 年 11 月以前の注文データを抽出する。
12. 商品テーブルから、「衣類」でない商品データを抽出する。
13. 注文テーブルから、クーポン割引を利用していない注文データを抽出する。
14. 商品テーブルから、商品コードが「N」で始まる商品を削除する。
15. 商品テーブルから、商品名に「コート」が含まれる商品について、商品コード、商品名、単価を抽出する。
16. 「靴」または「雑貨」もしくは「未分類」の商品について、商品コード、商品区分を抽出する。ただし、記述する条件式は 1 つであること。

付録 C

479

付録

17. 商品テーブルから、商品コードが「A0100」〜「A0500」に当てはまる商品データを抽出する。記述する条件式は1つであること。

18. 注文テーブルから、商品コードが「N0501」「N1021」「N0223」のいずれかを注文した注文データを抽出する。

19. 商品テーブルから、「雑貨」で商品名に「水玉」が含まれる商品データを抽出する。

20. 商品テーブルから、商品名に「軽い」または「ゆるふわ」のどちらかが含まれる商品データを抽出する。

21. 商品テーブルから、「衣類」で単価が3千円以下、または「雑貨」で単位が1万円以上の商品データを抽出する。

22. 注文テーブルから、2022年3月中に、一度の注文で数量3個以上の注文があった商品コードを抽出する。

23. 注文テーブルから、一度の注文で数量10個以上を注文したか、クーポン割引を利用した注文データを抽出する。

24. 商品テーブルと注文テーブルそれぞれについて、主キーの役割を果たしている列名を日本語で解答する。

第4章　検索結果の加工

25. 商品区分「衣類」の商品について、商品コードの降順に商品コードと商品名の一覧を取得する。

26. 注文テーブルから、主キーの昇順に2022年3月以降の注文一覧を取得する。取得する項目は、注文日、注文番号、注文枝番、商品コード、数量とする。

27. 注文テーブルから、これまでに注文のあった商品コードを抽出する。重複は除外し、商品コードの昇順に抽出すること。

28. 注文テーブルから、注文のあった日付を新しい順に10行抽出する（同一日付が複数回登場してもよい）。

29. 商品テーブルから、単価の低い順に並べて6〜20行目に当たる商品データを抽出する。同一の単価の場合は、商品区分、商品コードの昇順に並ぶように抽出すること。

30. 廃番商品テーブルから、2020年12月に廃番されたものと、売上個数が100を超えるものを併せて抽出する。一覧は、売上個数の多い順に並べること。

31. 商品テーブルから、これまでに注文されたことのない商品コードを昇順に抽出する。

32. 商品テーブルから、これまでに注文された実績のある商品コードを降順に抽出する。

33. 商品区分が「未分類」で、単価が千円以下と1万円を超える商品について、商品コード、商品名、単価を抽出する。単価の低い順に並べ、同額の場合は商品コードの昇順とする。

付録 C　特訓ドリル

第 5 章　式と関数

34. 商品テーブルの商品区分「未分類」の商品について、商品コード、単価、キャンペーン価格の一覧を取得する。キャンペーン価格は単価の 5% 引きであり、1 円未満の端数は考慮しなくてよい。一覧は商品コード順に並べること。

35. 注文日が 2022 年 3 月 12 ～ 14 日で、同じ商品を 2 個以上注文し、すでにクーポン割引を利用している注文について、さらに 300 円を割り引くことになった。該当データのクーポン割引料を更新する。

36. 注文番号「202202250126」について、商品コード「W0156」の注文数を 1 つ減らすよう更新する。

37. 注文テーブルから、注文番号「201110010001」～「201110319999」の注文データを抽出する。注文番号と枝番は、「-」(ハイフン)でつなげて 1 つの項目として抽出する。

38. 商品テーブルから、商品区分の一覧を取得する。見出しは「区分」と「区分名」とし、区分名には日本語名を表記する。

39. 商品テーブルから、商品コード、商品名、単価、販売価格ランク、商品区分を抽出する。販売価格ランクは、3 千円未満を「S」、3 千円以上 1 万円未満を「M」、1 万円以上を「L」とする。また、商品区分はコードと日本語名称を「:」(コロン)で連結して表記する。一覧は、単価の昇順に並べ、同額の場合は商品コードの昇順に並べること。

40. 商品テーブルから、商品名が 10 文字を超過する商品名とその文字数を抽出する。文字数の昇順に並べること。

41. 注文テーブルから、注文日と注文番号の一覧を抽出する。注文番号は日付の部分を取り除き、4 桁の連番部分だけを表記すること。

42. 商品テーブルについて、商品コードの 1 文字目が「M」の商品の商品コードを「E」で始まるよう更新する。

43. 注文番号の連番部分が「1000」～「2000」の注文番号を抽出する。連番部分 4 桁を昇順で抽出すること。

44. 商品コード「S1990」の廃番日を、関数を使って本日の日付に修正する。

45. 1 万円以上の商品の一覧を取得する。ただし、30% 値下げしたときの単価を、商品コード、商品名、現在の単価と併せて取得する。値下げ後の単価の見出しは、「値下げした単価」とし、1 円未満は切り捨てること。

第 6 章　集計とグループ化

46. これまでに注文された数量の合計を求める。

47. 注文日順に、注文日ごとの数量の合計を求める。

48. 商品区分順に、商品区分ごとの単価の最小額と最高額を求める。

49. 商品コードごとに、これまで注文された数量の合計を商品コード順に求める。

50. これまでに最もよく売れた商品を 10 位まで抽出する。商品コードと販売した数量を数

付録

量の多い順に並べ、数量が同じ商品については、商品コードの昇順にすること。

51. これまでに売れた数量が 5 個未満の商品コードとその数量を抽出する。

52. これまでにクーポン割引をした注文件数と、割引額の合計を求める。ただし、WHERE 句による絞り込み条件は指定しないこと。

53. 月ごとの注文件数を求める。抽出する列の名前は「年月」と「注文件数」とし、年月列の内容は「202201」のような形式で、日付の新しい順で抽出すること。なお、1 件の注文には、必ず注文枝番「1」の注文明細が含まれることが保証されている。

54. 注文テーブルから、「Z」から始まる商品コードのうち、これまでに売れた数量が 100 個以上の商品コードを抽出する。

第 7 章　副問い合わせ

55. 商品コード「SO604」の商品について、商品コード、商品名、単価、これまでに販売した数量を抽出する。ただし、抽出には、選択列リストにて注文テーブルを副問い合わせする SELECT 文を用いること。

56. 次の注文について、商品コードを間違って登録したことがわかった。商品テーブルより条件に合致する商品コードを取得し、該当の注文テーブルを更新する。ただし、注文テーブルの更新には、SET 句にて商品テーブルを副問い合わせする UPDATE 文を用いること。
    ・注文日：2022-03-15　注文番号：202203150014　注文枝番：1
    ・正しい商品の条件：商品区分が「靴」で、商品名に「ブーツ」「雨」「安心」を含む。

57. 商品名に「あったか」が含まれる商品が売れた日付とその商品コードを過去の日付順に抽出する。ただし、WHERE 句で IN 演算子を利用した副問い合わせを用いること。

58. 商品ごとにそれぞれ平均販売数量を求め、どの商品の平均販売数量よりも多い数が売れた商品を探し、その商品コードと販売数量を抽出する。ただし、ALL 演算子を利用した副問い合わせを用いること。

59. クーポン割引を利用して販売した商品コード「W0746」の商品について、その販売数量と、商品 1 個あたりの平均割引額を抽出する。列名は「割引による販売数」と「平均割引額」とし、1 円未満は切り捨てる。抽出には FROM 句で副問い合わせを利用すること。

60. 次の注文について、内容を追加したいという依頼があった。追加分の注文を注文テーブルに登録する。使用する注文枝番は、該当の注文番号を副問い合わせにて参照し、1 を加算した番号を採番する。なお、登録の SQL 文は注文ごとに 1 つずつ作成すること。
    ・注文日：2022-03-21、注文番号：202203210080
    　商品コード：S1003、数量：1、クーポン割引：なし
    ・注文日：2022-03-22、注文番号：202203220901
    　商品コード：A0052、数量：2、クーポン割引：500 円

482

付録 C　特訓ドリル

第 8 章　複数テーブルの結合

61. 注文番号「202201130115」について、注文番号、注文枝番、商品コード、商品名、数量の一覧を注文番号および注文枝番の順に抽出する。商品名は商品テーブルより取得すること。

62. 廃番となった商品コード「A0009」について、廃番日より後に注文された注文情報（注文日、注文番号、注文枝番、数量、注文金額）を抽出する。注文金額は単価と数量より算出すること。

63. 商品コード「S0604」について、商品情報（商品コード、商品名、単価）とこれまでの注文情報（注文日、注文番号、数量）、さらに単価と数量から売上金額を求め、一覧として抽出する。一覧は、注文のあった順に表示すること。

64. 2020 年 8 月に注文のあった商品コードの一覧を抽出する。一覧には、商品名も表示する必要がある。すでに廃番となっている商品に関しては特に考慮しなくてよい（一覧に含まれなくてよい）。

65. 問題 64 では、すでに廃番となっている商品は抽出されなかった。廃番となった商品ももれなく一覧に記載されるよう、SQL 文を変更する。なお、廃番商品の商品名には「廃番」と表示すること。

66. 商品区分「雑貨」の商品について、注文日、商品コード、商品名、数量を抽出する。商品については、「商品コード：商品名」の形式で表示する。ただし、注文のなかった「雑貨」商品についてももれなく一覧に記載し、数量は 0 とすること。

67. 問題 66 について、注文のあった「雑貨」商品がすでに廃番になっている可能性も考慮し、一覧を抽出する。廃番になった商品は、「商品コード：（廃番済み）」のように表示する。

68. 注文番号「202104030010」について、注文日、注文番号、注文枝番、商品コード、商品名、単価、数量、注文金額を抽出する。注文金額は単価と数量より算出し、その総額からクーポン割引料を差し引いたものとする。また、商品が廃番になっている場合は、廃番商品テーブルから必要な情報を取得すること。

69. 商品コードが「B」で始まる商品について、商品テーブルから商品コード、商品名、単価を、注文テーブルからこれまでに売り上げた個数をそれぞれ抽出する。併せて、単価と個数からこれまでの総売上金額を計算する（クーポン割引は考慮しなくてよい）。一覧は、商品コード順に表示すること。

70. 現在販売中の商品について、関連している商品のある一覧を抽出する。一覧には、商品コード、商品名、関連商品コード、関連商品名を記載する。

付録C

483

C.1.3 RPG データベース

* QR コードから設問データを確認できます。

「パーティー」テーブル…主人公のパーティーを管理するテーブル

列名	型	制約	備考
ID	CHAR(3)	PKEY	英字 1 桁＋数字 2 桁
名称	VARCHAR(20)	NOT NULL	
職業コード	CHAR(2)	NOT NULL	01: 勇者　10: 戦士　11: 武道家　20: 魔法使い　21: 学者
HP	INTEGER	NOT NULL	
MP	INTEGER	NOT NULL	
状態コード	CHAR(2)	NOT NULL	00: 異常なし　01: 眠り　02: 毒　03: 沈黙　04: 混乱　09: 気絶

「イベントテーブル」…発生イベントを管理するテーブル

列名	型	制約	備考
イベント番号	INTEGER	PKEY	
イベント名称	VARCHAR(50)	NOT NULL	
タイプ	CHAR(1)	NOT NULL	1: 強制　2: フリー　3: 特殊
前提イベント番号	INTEGER		事前にクリアが必要なイベント番号
後続イベント番号	INTEGER		次に発生するイベント番号

「経験イベント」テーブル…経験したイベントを管理するテーブル

※プレイヤーがイベントに参加するとこのテーブルにデータが追加される。

列名	型	制約	備考
イベント番号	INTEGER	PKEY	
クリア区分	CHAR(1)	NOT NULL	0: プレイ中　1: クリア済
クリア結果	CHAR(1)		結果に応じたランク（A、B、C） ※未クリアは NULL
ルート番号	INTEGER		クリアしたイベントの連番 ※未クリアは NULL

第 2 章　基本文法と四大命令

1. 主人公のパーティーにいるキャラクターの全データをパーティーテーブルから「*」を用いずに抽出する。
2. パーティーテーブルから、名称、HP、MP の一覧を取得する。各見出しは次のように表示すること。
   ・なまえ　・現在の HP　・現在の MP

付録 C　特訓ドリル

3.　イベントの全データをイベントテーブルから「*」を用いて抽出する。

4.　イベントテーブルから、イベント番号とイベント名称の一覧を取得する。各見出しは次のように表示すること。

　　・番号　・場面

5.　パーティーテーブルに、次の3つのデータを1回の実行ごとに1つずつ追加する。

列名	データ 1	データ 2	データ 3
ID	A01	A02	A03
名称	スガワラ	オーエ	イズミ
職業コード	21	10	20
HP	131	156	84
MP	232	84	190
状態コード	03	00	00

第3章　操作する行の絞り込み

6.　パーティーテーブルから、ID が「C02」のデータを抽出する。

7.　パーティーテーブルの ID「A01」のデータについて、HP を 120 に更新する。

8.　パーティーテーブルから、HP が 100 未満のデータについて、ID、名称、HP の一覧を抽出する。

9.　パーティーテーブルから、MP が 100 以上のデータについて、ID、名称、MP の一覧を抽出する。

10.　イベントテーブルから、タイプが「特殊」でないデータについて、イベント番号、イベント名称、タイプの一覧を抽出する。

11.　イベントテーブルから、イベント番号が 5 以下のデータについて、イベント番号とイベント名称を抽出する。

12.　イベントテーブルから、イベント番号が 20 を超過しているデータについて、イベント番号とイベント名称を抽出する。

13.　イベントテーブルから、別のイベントのクリアを前提としないイベントについて、イベント番号とイベント名称を抽出する。

14.　イベントテーブルから、次に発生するイベントが決められているイベントについて、イベント番号、イベント名称、後続イベント番号を抽出する。

15.　名称に「ミ」が含まれるパーティーテーブルのデータについて、状態コードを「眠り」に更新する。

16.　HP が 120 〜 160 の範囲にあるパーティーテーブルのデータについて、ID、名称、HP の一覧を抽出する。ただし、記述する条件式は 1 つであること。

17.　職業が「勇者」、「戦士」、「武道家」のいずれかであるパーティーテーブルのデータについて、名称と職業コードを抽出する。ただし、記述する条件式は 1 つであること。

18.　状態コードが「異常なし」と「気絶」のどちらでもないパーティーテーブルのデータにつ

付録 C

485

付録

いて、名称と状態コードを抽出する。ただし、記述する条件式は 1 つであること。

19. パーティーテーブルから、HP と MP がともに 100 を超えているデータを抽出する。

20. パーティーテーブルから、ID が「A」で始まり、職業コードの 1 文字目が「2」であるデータを抽出する。

21. イベントテーブルから、タイプが「強制」で、事前にクリアが必要なイベントかつ次に発生するイベントが設定されているデータを抽出する。

22. パーティーテーブルとイベントテーブルそれぞれについて、主キーの役割を果たしている列名を日本語で解答する。

第 4 章　検索結果の加工

23. パーティーテーブルから、パーティーの現在の状態コード一覧を取得する。重複は除外すること。

24. パーティーテーブルから、ID と名称を ID の昇順に抽出する。

25. パーティーテーブルから、名称と職業コードを名称の降順に抽出する。

26. パーティーテーブルから、名称、HP、状態コードを、状態コードの昇順かつ HP の高い順（降順）に抽出する。

27. イベントテーブルから、タイプ、イベント番号、イベント名称、前提イベント番号、後続イベント番号を、タイプの昇順かつイベント番号の昇順に抽出する。並び替えには列番号を用いること。

28. パーティーテーブルから、HP の高い順に 3 件抽出する。

29. パーティーテーブルから、MP が 3 番目に高いデータを抽出する。

30. イベントテーブルと経験イベントテーブルから、まだ参加していないイベントの番号を抽出する。イベント番号順に表示すること。

31. イベントテーブルと経験イベントテーブルから、すでにクリアされたイベントのうちタイプがフリーのイベント番号を対象とする。抽出には集合演算子を用いること。

第 5 章　式と関数

32. パーティーテーブルから、次の形式の一覧を取得する。
　　・職業区分　・職業コード　・ID　・名称
職業区分は、物理攻撃の得意なもの（職業コードが 1 から始まる）を「S」、魔法攻撃の得意なもの（職業コードが 2 から始まる）を「M」、それ以外を「A」と表示すること。また、一覧は職業コード順とすること。

33. アイテム「勇気の鈴」を装備すると、HP が 50 ポイントアップする。このアイテムを装備したときの各キャラクターの HP を適切な列を用いて次の別名で取得する。ただし、このアイテムは「武道家」と「学者」しか装備できない。
　　・なまえ　・現在の HP　・装備後の HP

486

34. ID「A01」と「A03」のキャラクターがアイテム「知恵の指輪」を装備し、MPが20ポイントアップした。その該当データのMPを更新する。
35. 武道家の技「スッキリパンチ」は、自分のHPを2倍したポイントのダメージを敵に与える。この技を使ったときのダメージを適切な列を用いて次の別名で抽出する。
    ・なまえ　・現在のHP　・予想されるダメージ
36. 現在、主人公のパーティーにいるキャラクターの状況について、適切な列を用いて次の別名で一覧を取得する。
    ・なまえ　・HPとMP　・ステータス
    「HPとMP」はHPとMPを「／」でつなげたものとする。ステータスには状態コードを日本語で置き換えたものを表示するが、ステータスに異常がない場合は、何も表示しなくてよい。
37. イベントテーブルから、次の形式でイベント一覧を取得する。
    ・イベント番号　・イベント名称　・タイプ　・発生時期
    タイプはコードを日本語で置き換えたもの、発生時期は次の条件に応じたものを表示すること。
    ・イベント番号が1〜10なら「序盤」
    ・イベント番号が11〜17なら「中盤」
    ・上記以外なら「終盤」
38. 敵の攻撃「ネームバリュー」は、名前の文字数を10倍したポイントのダメージがある。この攻撃を受けたときの各キャラクターの予想ダメージを適切な列を用いて次の別名で取得する。
    ・なまえ　・現在のHP　・予想ダメージ
39. 敵の攻撃「四苦八苦」を受け、HPまたはMPが4で割り切れるキャラクターは混乱した。該当データの状態コードを更新する。なお、剰余の計算には％演算子かMOD関数を用いる。
40. 町の道具屋で売値が777のアイテム「女神の祝福」を買ったところ、会員証を持っていたため30%割引で購入できた。この際に支払った金額を求める。端数は切り捨て。
41. 戦闘中にアイテム「女神の祝福」を使ったところ、全員のHPとMPがそれまでの値に対して3割ほど回復した。該当するデータを更新する。ただし、端数は四捨五入すること。
42. 戦士の技「Step by Step」は、攻撃の回数に応じて自分のHPをべき乗したポイントのダメージを与える。3回攻撃したときの、各回の攻撃ポイントを適切な列を用いて次の別名で取得する。ただし、1回目は0乗から始まる。
    ・なまえ　・HP　・攻撃1回目　・攻撃2回目　・攻撃3回目
43. 現在、主人公のパーティーにいるキャラクターの状況について、HPと状態コードから、リスクを重み付けした一覧を適切な列を用いて次の別名で取得する。
    ・なまえ　・HP　・状態コード　・リスク値
    リスク値には、次の条件に従った値を算出する。
    ・HPが50以下ならリスク値3

付録

・HP が 51 以上 100 以下ならリスク値 2

・HP が 101 以上 150 以下ならリスク値 1

・HP がそれ以外ならリスク値 0

・状態コードの値をリスク値に加算

リスクの高い順かつ HP の低い順にキャラクターを表示する。

44. イベントテーブルより、イベントの一覧をイベント番号順に次の形式で取得する。

・前提イベント番号　・イベント番号　・後続イベント番号

前提または後続イベントがない場合は、それぞれ「前提なし」「後続なし」と表示すること。

第 6 章　集計とグループ化

45. 主人公のパーティーにいるキャラクターの HP と MP について、最大値、最小値、平均値をそれぞれ求める。

46. イベントテーブルから、タイプ別にイベントの数を取得する。ただし、タイプは日本語で表示すること。

47. 経験イベントテーブルから、クリアの結果別にクリアしたイベントの数を取得する。クリア結果順に表示すること。

48. 攻撃魔法「小さな奇跡」は、パーティー全員の MP によって敵の行動が異なる。次の条件に従って、現在のパーティーがこの魔法を使ったときの敵の行動を表示する。

・パーティー全員の MP が 500 未満なら

　「敵は見とれている！」

・パーティー全員の MP が 500 以上 1000 未満なら

　「敵は呆然としている！」

・パーティー全員の MP が 1000 以上なら

　「敵はひれ伏している！」

49. 経験イベントテーブルから、クリアしたイベント数と参加したもののまだクリアしていないイベントの数を次の形式で表示する。

区分	イベント数
クリアした	
参加したがクリアしていない	

50. 職業タイプごとの HP と MP の最大値、最小値、平均値を抽出する。ただし、職業タイプは職業コードの 1 文字目によって分類すること。

51. ID の 1 文字目によってパーティーを分類し、HP の平均が 100 を超えているデータを抽出する。次の項目を抽出すること。

・ID による分類　・HP の平均　・MP の平均

52. ある洞窟に存在する「力の扉」は、キャラクターの HP によって開けることのできる扉の

付録 C　特訓ドリル

数が決まっている。次の条件によってその数が決まるとき、現在のパーティーで開けることのできる扉の合計数を求める。
- HP が 100 未満のキャラクター　1 枚
- HP が 100 以上 150 未満のキャラクター　2 枚
- HP が 150 以上 200 未満のキャラクター　3 枚
- HP が 200 以上のキャラクター　5 枚

第 7 章　副問い合わせ

53. 勇者の現在の HP が、パーティー全員の HP の何％に当たるかを求めたい。適切な列を用いて次の別名で抽出する。ただし、割合は小数点第 2 位を四捨五入し、小数点第 1 位まで求めること。
    - なまえ　・現在の HP　・パーティーでの割合
54. 魔法使いは回復魔法「みんなからお裾分け」を使って MP を回復した。この魔法は、本人を除くパーティー全員の MP 合計値の 10％をもらうことができる。端数は四捨五入して魔法使いの MP を更新する。なお、魔法使い以外の MP は更新しなくてよいものとする。
55. 経験イベントテーブルから、これまでにクリアしたイベントのうち、タイプが「強制」または「特殊」であるものについて、次の形式で抽出する。
    - イベント番号　・クリア結果
    抽出には、副問い合わせを用いること。
56. パーティーテーブルから、パーティー内で最も高い MP を持つキャラクター名とその MP を抽出する。抽出には、副問い合わせを用いること。
57. これまでに着手していないイベントについて、イベント番号とその名称をイベント番号順に抽出する。抽出には、副問い合わせを用いること。
58. これまでに着手していないイベントの数を抽出する。抽出には、副問い合わせを用いること。
59. 5 番目にクリアしたイベントのイベント番号よりも小さい番号を持つすべてのイベントについて、イベント番号とイベント名称を抽出する。
60. これまでにパーティーがクリアしたイベントを前提としているイベントの一覧を次の形式で抽出する。
    - イベント番号　・イベント名称　・前提イベント番号
61. パーティーは、イベント番号「9」のイベントを結果「B」でクリアし、その次に発生するイベントに参加した。これを経験イベントテーブルに記録する。なお、更新と追加の両方を 2 つの SQL 文で記述すること。

付録 C

489

付録

第8章　複数テーブルの結合

62. すでにクリアしたイベントについて、次の形式の一覧を抽出する。
    ・ルート番号　・イベント番号　・イベント名称　・クリア結果
    一覧は、クリアした順番に表示すること。

63. イベントテーブルから、タイプ「強制」のイベントについて、イベント番号とイベント名称、パーティーのクリア区分を抽出する。ただし、これまでに未着手のイベントは考慮しなくてよい。

64. 問題 63 では、着手していないイベントについては抽出されなかった。未着手のイベントについてももれなく抽出できるよう、SQL 文を変更する。なお、クリアしていないイベントについては、クリア区分に「未クリア」と表示する。

65. 次のようなコードテーブルを新しく作成し、職業コードと状態コードを登録した。

「コード」テーブル…さまざまなコード値を管理するテーブル

列名	型	制約	備考
コード種別	INTEGER	PKEY	コード値を区別する 1：職業コード 2：状態コード 3：イベントタイプ 4：クリア結果 　　：ト
コード値	CHAR(2)	PKEY	コード種別ごとのコード値
コード名称	VARCHAR(100)		コード値の日本語名称

このテーブルを使って、現在のパーティーに参加しているキャラクターの一覧を適切な列を用いて次の別名で、ID 順に抽出する。
・ID　・なまえ　・職業　・状態
なお、職業と状態は日本語名称で表示すること。

66. パーティーテーブルから、現在のパーティーに参加しているキャラクターの一覧を次の形式で抽出する。職業はコードテーブルより日本語で表示する。また、現在のパーティーにいない職業についてももれなく一覧に記載し、名称の項目に「（仲間になっていない！）」と表示すること。
    ・ID　・なまえ　・職業

67. 経験イベントテーブルから、参加済みイベントのクリア結果一覧を次の形式で抽出する。クリア結果は「コード値:コード名称」のように表示し、クリア未済のイベントも記載されるよう考慮する。
    ・イベント番号　・クリア区分　・クリア結果
    また、まだ記録していないクリア結果のすべてのコード値についても一覧に記載する。

付録 C　特訓ドリル

68.　イベントテーブルから、前提イベントが設定されているイベントについて、次の形式の
　　　一覧を抽出する。
　　　・イベント番号　・イベント名称　・前提イベント番号　・前提イベント名称
69.　イベントテーブルから、前提イベントまたは後続イベントが設定されているイベントに
　　　ついて、次の形式の一覧を抽出する。
　　　・イベント番号　・イベント名称　・前提イベント番号　・前提イベント名称　・後続イ
　　　ベント番号　・後続イベント名称
70.　ほかのイベントの前提となっているイベントについて、次の形式の一覧を抽出する。一
　　　覧はイベント番号順とする。
　　　・イベント番号　・イベント名称　・前提イベント数
　　　なお、前提イベント数は、そのイベントを前提としているイベントの数を表す。

付録

C.2 正規化ドリル

このドリルは正規化に関する問題ですから、第 12 章を学び終えたら挑戦してみてください。基礎問題と総合問題の 2 つの部に分かれており、基礎問題では、任意の段階の正規化を繰り返し練習することができます。総合問題では、各題材に提示されたユーザービューをもとに、第 3 正規形まで順に正規化していく練習を行います。

［記法ルール］

このドリルでは、手軽に繰り返し練習しやすくするために、表形式ではなく、次のルールでテーブルや列、キーを表現します。

テーブル ＝ 列 ＋ 列 ＋ 列(FK) ＋ （列 ＋ 列）＊ …

列　　　：主キー　　　　　列 ＋ 列　：連結主キー
列(FK)　：外部キー　　　　（列）＊　：繰り返し項目

この記法を用いる場合、第 12 章の 12.5 節で紹介した正規化の流れのうち、非正規系から第 2 正規形までの変形は以下のように記述します。

非正規形（図 12-17、p.397）
入出金行為 ＝ 入出金行為ID ＋ 日付 ＋ 利用者ID ＋ 利用者名
　　　　　　＋ 内容 ＋ （費目ID ＋ 費目名 ＋ 金額）＊

第 1 正規形（図 12-18 いちばん下の 2 つの表、p.399）
入出金行為 ＝ 入出金行為ID ＋ 日付 ＋ 利用者ID ＋ 利用者名 ＋ 内容
入出金明細 ＝ 入出金行為ID(FK) ＋ 費目ID ＋ 費目名 ＋ 金額

第 2 正規形（図 12-20 いちばん下の 2 つの表、p.403）
入出金行為 ＝ 入出金行為ID ＋ 日付 ＋ 利用者ID ＋ 利用者名 ＋ 内容
入出金明細 ＝ 入出金行為ID(FK) ＋ 費目ID(FK) ＋ 金額
費目 ＝ 費目ID ＋ 費目名

※入出金行為テーブルはすでに第 2 正規形になっているため第 1 正規形と同じ。

付録 C　特訓ドリル

C.2.1　基礎問題

第 2 正規形から第 3 正規形へ

1. 会員　＝　<u>会員 ID</u>　＋　会員名　＋　所属ジム ID　＋　ジム名

2. 医療機関　＝　<u>医療機関コード</u>　＋　医療機関名　＋　系列会 ID　＋　系列会名

3. スマホアプリ　＝　<u>アプリ ID</u>　＋　アプリ名　＋　紹介文　＋　開発者 ID　＋　開発者名

4. 紙幣　＝　<u>紙幣番号</u>　＋　額面　＋　種別 ID　＋　種別名
   ※属性の並び順に惑わされないこと。

5. 機械学習モデル　＝　<u>モデル管理 ID</u>　＋　モデル種別 ID　＋　モデル種別名
   　　　　　　　　　　＋　学習開始日　＋　学習終了日　＋　学習用データセット ID
   　　　　　　　　　　＋　学習用データセット名
   ※テーブルは 2 つに分割されるとは限らない。

第 1 正規形から第 2 正規形へ

6. 給与支払　＝　<u>支払年月</u>　＋　<u>社員 ID</u>　＋　社員名　＋　支払総額

7. チケット　＝　<u>上映作品 ID</u>　＋　<u>上映開始日時</u>　＋　作品名　＋　シアター番号

8. 導入 DBMS　＝　<u>DBMS 製品名</u>　＋　<u>導入バージョン</u>　＋　最新バージョン　＋　製造元

9. フライト　＝　<u>日付</u>　＋　<u>国内定期運行便名</u>　＋　発地空港コード　＋　着地空港コード
   　　　　　　＋　離陸予定時刻
   ※定期運行便とは、原則として毎日定時に 2 空港間を飛行する運航便であり、重複しない符号が用
   　いられる（ANA643 など）。

10. 自治体　＝　<u>都道府県番号</u>　＋　<u>市町村番号</u>　＋　都道府県名　＋　市町村名
    　　　　　＋　知事名　＋　市町村長名

非正規形から第 1 正規形へ

11. 外来予約　＝　<u>予約日時</u>　＋　担当医師名　＋　（診察券番号　＋　患者名）＊

12. 宛先　＝　<u>宛先コード</u>　＋　郵便番号　＋　住所　＋　（宛名　＋　敬称）＊

付録
C

493

付録

13. **ダンジョン** ＝ <u>ダンジョンID</u> ＋ ダンジョン名 ＋ （登場モンスターID
　　　　　　　　＋ 登場モンスター名 ＋ 最大ＨＰ）＊

14. **レシート** ＝ <u>レジ番号</u> ＋ <u>レシート連番</u> ＋ <u>発行日</u> ＋ （商品番号
　　　　　　　＋ 商品名 ＋ 価格）＊

　　※レシート連番は毎日０時にリセットされるものとする。
　　※すでに複合主キーが存在する場合も原則どおりに正規化する。

15. **サブスク契約** ＝ <u>契約番号</u> ＋ 契約者ID ＋ 契約者名 ＋ 契約日
　　　　　　　　＋ （プランID ＋ プラン名 ＋ 月額単価）＊
　　　　　　　　＋ （割引オプションID ＋ 割引オプション名）＊

16. **交換用レンズ** ＝ <u>レンズ型番</u> ＋ レンズ名称 ＋ 焦点距離 ＋ Ｆ値
　　　　　　　　＋ （対応カメラ型番 ＋ 対応カメラ機種名 ＋ （製造工場ID
　　　　　　　　＋ 工場名）＊）＊ ＋ （製造工場ID ＋ 工場名）＊

　　※正規化は１回の作業で完了するとは限らない。

C.2.2　総合問題

　下記の［各題材とユーザービュー］にある６つの題材それぞれについて、次の手順に従って
テーブル設計を行ってください。

ステップ１
　ユーザービューから読み取れる情報を抽出して、まずは非正規形のテーブルを作成してくだ
さい。その際、必要があれば人工キーを導入してください。

ステップ２
　ステップ１で導いた非正規形のテーブルを第１正規形に正規化してください。

ステップ３
　ステップ２で導いた第１正規形のテーブルについて、第２正規形、第３正規形へと順に正
規化してください。

［参考］
　複数の題材をまとめて正規化しようとせず、題材ごとに１ステップずつ着実に実施しましょう。
また、各ステップを終了した時点で、設計に誤りがないか、ほかに検討の余地がないかを確認し
ましょう。
　なお、解答例でも、題材ごとに各ステップ終了時点での設計状態を掲出してあります。

494

付録C 特訓ドリル

[各題材とユーザービュー]
題材（1）書籍リスト

	A	B	C	D	E	F	G	H
1								
2		ISBN	タイトル	定価（円）	発売日	出版社名	著者名	
3		9784295999991	スッキリわかるマンモスの倒し方	1500	2018/01/04	株式会社ミヤビリンク	湊雄輔	
4		9784295999992	スッキリわかるカレーの食べ歩き	1800	2020/03/13	株式会社ミヤビリンク	松田光太	
5		9784295999993	スッキリわかるJava入門 第3版	2600	2019/11/15	株式会社インプレス	中山清喬 国本大悟	
6								

題材（2）タイムライン

495

題材（3）職務経歴書

職務経歴書

2022 年 3 月 20 日現在
立花 いずみ

■要約
株式会社ミヤビリンクに入社後、データ技術本部にてシステム開発に従事し、要件定義から設計、テスト、保守運用を担当。約 5 名規模のプロジェクトリーダーとしてマネジメントを経験。

■職務経歴
・期間：2016 年 04 月～現在

企業名	株式会社ミヤビリンク
事業内容	システム開発・運用管理、コンサルティング

業務内容	
2020 年 01 月～現在	データモデリング用ソフトウェア開発
2018 年 04 月～ 2019 年 12 月	経理支援システム開発
2016 年 04 月～ 2018 年 03 月	契約書管理システム保守

題材（4）不動産物件

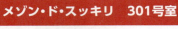

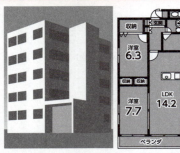

システム
キッチン

タンクレス
トイレ

人気の
高級スーパーが
至近です！

種別	賃貸マンション
間取り	2LDK
賃貸条件	賃料 **180,000**円
	礼金 1ヶ月 敷金 1ヶ月 保証金なし
物件所在地	京都市中京区雅町
交通	地下鉄 市役所前 徒歩8分 市営バス 雅町 徒歩1分
物件名	メゾン・ド・スッキリ 301号室
部屋	洋6.3　洋7.7　LDK14.2
階	3階部分
築年数	2年
占有面積	65.5㎡

題材(5) 路線図

京都市営地下鉄路線図(部分)

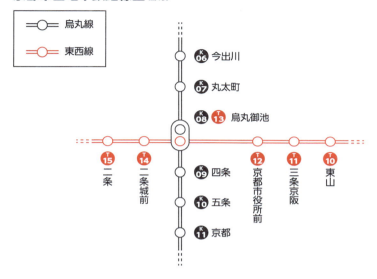

題材(6) 時刻表

烏丸線	K 08	烏丸御池駅	**1**	京都・竹田・近鉄奈良方面		
平日				土曜・休日		
32　54				5	32　54		
9　<u>24</u>　36　49　58				6	9　24　37　<u>48</u>　57		
<u>7</u>　16　<u>22</u>　<u>30</u>　37　44　51　57				7	7　<u>16</u>　25　34　44　53		
:				:	:		
1　11　22　33　44　55				23	1　11　22　33　44　55		

備考
赤字：急行・近鉄奈良行き　　<u>下線</u>：普通・新田辺行き　　黒字：普通・竹田行き

付録

C.3 総合問題

この問題はデータベース設計に関する出題です。データベースの設計は第12章で学ぶ内容ですから、もしまだ読み終えていない場合は、まず第12章に取り組んでみてください。

C.3.1 ヘアサロン予約管理データベースの作成

ヘアサロン・フレアは、5名のスタイリストで営業している会員制の小さなヘアサロンです。このヘアサロンでは、表計算ソフトを使って予約管理を行っています。しかし、繁忙期には手入力によるミスが相次いだため、予約管理をシステム化したいと考えています。データベースを用いて、このお店が抱える課題を解決しましょう。

1．概念の整理

データベースにどのようなテーブルを準備すべきかを検討するために、まずは業務で取り扱っている情報の概念を整理します。次の業務ルールから概念設計を行い、ER図を作成してください。

ヘアサロン・フレアの予約管理業務ルール
1. お客様は、初回の来店時に会員登録を行う。
2. お客様に氏名、電話番号、メールアドレスを会員登録用紙に記入してもらい、氏名を書き写した会員カードをその場で渡す。会員カードには、一意な会員番号があらかじめ印字されている。
3. その日の営業終了後に、新しい会員情報を会員シートに入力する。
4. 予約は、電話または来店時に受け付ける。会員番号、氏名、電話番号、希望の日時、メニュー、担当スタイリストを予約シートに入力する。
5. 会員は、カットとパーマなど、複数のメニューを組み合わせて予約することができる。
6. メニューシートからお客様が希望するメニューの所要時間を合計し、予約シートに入力する。予約状況が手書きされたカレンダーでスタイリストの空き状況を確認し、予約を受け付ける。
7. メニューシートからお客様が希望するメニューの料金を合計し、予約シートに入力する。
8. すべての項目が入力できたら、予約受付シートを印刷し、予約ファイルに綴じておく。
9. メニューには一意なメニューコードが割り当てられ、それぞれの料金が設定されている。料金は、担当するスタイリストによって異なる。

2. ユーザービューからのエンティティ導出

　次に、サロンで業務に利用している表計算ソフトの内容から準備すべきテーブルを検討します。次の4つのシートを見て、エンティティを定義してください。ただし、各エンティティは第3正規形まで正規化を進めるものとし、各エンティティ間のリレーションシップや外部キーを記述する必要はありません。

予約シート

予約番号	1	2	3
受付日時	2022-09-06 16:28	2022-09-26 12:42	2022-09-30 10:30
会員番号	2	4	8
氏名	荒木和子	風間由美子	斉藤美紀
電話番号	0901112216	0901112218	0901112222
初回			
予約日	2022-10-01	2022-10-01	2022-10-01
開始時刻	17:00	10:00	15:00
メニュー	C、R	C	C、P、R
所要時間	90分	30分	150分
担当スタイリスト	秋葉ちか	井上博之	山田雄介
合計金額	21,600	10,000	26,400
備考			

会員シート

会員番号	氏名	電話番号	メールアドレス	入会日
0001	吉田康子	0901112215	yoshida@a1.com	2004-04-10
0002	荒木和子	0901112216	araki@a2.com	2016-08-11
0003	下田正一	0901112217	shimoda@a3.com	2017-04-12
0004	風間由美子	0901112218		2017-06-13
0005	秋山美奈	0901112219	akiyama@a5.com	2019-01-14
0006	木下博之	0901112220	kinoshita@a6.com	2019-04-15
0007	広瀬正隆			2020-09-16
0008	斉藤美紀	0901112222	saitou@a8.com	2022-04-17

付録

メニューシート

メニューコード	C	P	R	T
メニュー名	カット	パーマ	カラー	トリートメント
所要時間	30分	60分	60分	30分
ランク	A	A	A	A
料金	12,000	18,000	9,600	14,400
ランク	B	B	B	B
料金	10,000	15,000	8,000	12,000
ランク	C	C	C	C
料金	8,000	12,000	6,400	9,600

スタイリストシート

スタイリスト番号	氏名	入社日	ランク	肩書
01	秋葉ちか	2002-04-01	A	チーフスタイリスト
02	佐藤茜	2004-06-01	B	トップスタイリスト
03	井上博之	2007-01-08	B	トップスタイリスト
04	小島正	2014-05-02	C	スタイリスト
05	山田雄介	2019-04-01	C	スタイリスト
06	市川紀子	2022-06-10		

3. 論理設計の完成

　業務ルールから導いた概念設計に、表計算ソフトから導いたエンティティの情報を取り込み、論理設計を完成させます。「1. 概念の整理」で作成したER図をベースに、「2. ユーザービューからのエンティティ導出」で定義したエンティティの情報を組み込んで、ER図を完成させてください。

4. 物理設計の完成

　「3. 論理設計の完成」で完成させたER図に基づいて、物理設計を行います。次の図を参考に、各エンティティの定義書を作成してください。

物理設計図

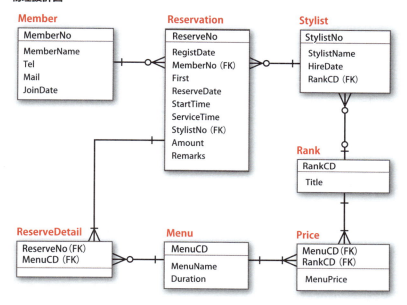

定義書には、次の例のようにエンティティ名（論理および物理名）、属性名（論理および物理名）、制約、データ型、型の長さ、初期値を記載します。

エンティティ定義書の例

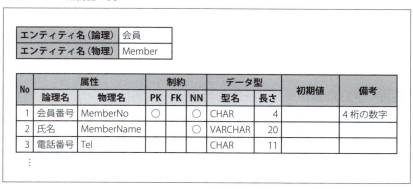

なお、この予約管理データベースで利用する DBMS 製品では、次のようなデータ型や制約、関数を使用することができるものとします。

付録

データ型

種別	型名	説明
数値	INTEGER	4byte の符号あり整数
文字列	CHAR(n)	最大桁数 n の固定長文字列
	VARCHAR(n)	最大桁数 n の可変長文字列
日付と時刻	DATE	日付のみ
	TIME	時刻のみ
	TIMESTAMP	日付と時刻
論理値	BOOLEAN	'0' または '1' のみを格納

制約

表記	制約名
PK	PRIMARY KEY
FK	FOREIGN KEY
NN	NOT NULL

関数

関数名	説明
CURRENT_DATE	現在の日付を取得する
CURRENT_TIMESTAMP	現在の日時を取得する

5. DDL の作成

　「4. 物理設計の完成」で作成したエンティティ定義書に従って、各テーブルを定義する SQL 文を作成してください。

C.3.2　予約管理データベースの利用

　予約管理データベースで利用するテーブルを定義することができました。これまで表計算ソフトで扱っていたデータを、作成したテーブルに登録します。そして、データベースからさまざまな情報を読み取るための SQL 文を準備しましょう。

6. データの登録

　「2. ユーザービューからのエンティティ導出」で参考にした、表計算ソフトの各シートに記録しているデータを適切なテーブルに登録するための SQL 文を作成してください。なお、データを登録するテーブルの順番に注意してください。

付録 C　特訓ドリル

7.　データの利用

次の情報を得るための SQL 文を作成してください。

1. サロンに勤務しているスタイリストの氏名、肩書を取得する。肩書がない場合は「アシスタント」と表示すること。

2. スタイリストごとのメニュー料金を調べたい。出力する項目はスタイリスト名、メニュー名、料金とし、ランク、スタイリスト番号、メニュー名の順に並べること。

3. 現在予約中の予約番号、担当スタイリスト名、メニュー名、各メニューの所要時間および料金を取得する。

4. 上記 3 で作成した SQL 文を副問い合わせとして使用し、予約ごとに、予約番号、担当スタイリスト名、全体での合計時間および合計金額を取得する。予約番号の順に並べること。

5. 次のような新しい予約が入ったので、この予約を**自動コミットせずに**登録する。次の設問に進むまでコミットしないこと。

予約番号	4
受付日時	2022-10-01 10:03
会員番号	6
氏名	木下博之
電話番号	0901112220
初回	
予約日	2022-10-01
開始時刻	11:30
メニュー	C、R
所要時間	90 分
担当スタイリスト	山田雄介
合計金額	13,400
備考	

6. 上記 5 で登録した予約テーブルの所要時間および金額の値が正しいことを確認したい。もし間違っていた場合は、トランザクションを取り消して正しい値を登録し直してからコミットする。

付録
C

503

付録

7. スタイリストの予約状況を調べたい。出力する項目は予約日、担当スタイリスト番号、スタイリスト名、開始時刻、終了時刻とし、予約日、スタイリスト番号の順に並べること。また、予約の入っていないスタイリストについても表示すること。
なお、「`TIME`型 + `CAST(INTEGER`型 `|| 'minutes' AS interval)`」と記述することで、分単位での時間計算が可能であるものとする。

```
/* 現在時刻の 15 分後を求める例 */
SELECT  CURRENT_TIME + CAST(15 || 'minutes' AS interval)
```
現在時刻を求める関数

8. 上記 7 で作成した SQL 文を変更して、開始時刻については、時間の部分のみを表示するよう修正する。たとえば開始時刻が 11 時 30 分の場合は、「11」を表示する。
なお、「`EXTRACT(hour from TIME`型`)`」と記述することで、時間部分の抽出が可能であるものとする。

9. 次のようなレイアウトで予約スケジュール表を作成したい（表の内容は一例）。

予約日	担当者	10 時台	11 時台	12 時台	13 時台	14 時台	15 時台	16 時台	17 時台	18 時台
2022.10.1	秋葉ちか								18:30	
2022.10.1	井上博之			12:30						
	市川紀子									

⋮

・各行タイトルの時刻で予約があれば、その欄に終了時刻を表示する。終了時刻の表示書式は問わない。
・予約のない時間帯は空欄とする。
・予約日、スタイリスト番号の順に並べる。
・1 人のスタイリストに対して 1 日で複数の予約がある場合、出力される行は複数になってよい。
・上記 8 で作成した SQL 文を副問い合わせとして使用して、予約のないスタイリストについても表示する。表示順は予約のあるスタイリストよりも後ろとする。

10. 上記 9 で作成したスケジュール表は 1 人のスタイリストが 1 日で複数の予約を持っている場合、複数行として出力されてしまう。集計関数を使って、1 人のスタイリストに対する同日の予約は 1 つの行に表示されるよう改良する。

C.4 解答例について

C.4.1 解答例を入手する

付録C「特訓ドリル」の解答例は、教育研修現場で利用される可能性を考慮し、本書の紙面やdokoQLには収録していません。解答例は、下記の方法によって入手してください。

解答例の入手方法

解答例は下記の本書Webページからダウンロードしてください。データはPDF形式（印刷可）です。

https://book.impress.co.jp/books/1121101090

※ダウンロードにあたっては、次の点を確認してください。
・ご自身で購入した本書がお手元に必要です。
・読者会員システム「CLUB Impress」への登録が必要です。
・提供期間は、本書発売より5年間です。

dokoQLから解答例を入手することはできないけれど、SQLドリル（p.472）で使うテーブルやデータを確認することは可能です。必要に応じて利用してみてね。

C.4.2 解答例の捉え方

SQLや正規化、テーブル設計に関する問題の正解は、その性質上、ただ1つとは限りません。組み立て方やアプローチによって、適切な解答は複数存在する可能性があります。

自分の頭や手を使って導き出した回答が「正解」と言えるかどうか、解答例と比較して検討したり、同僚や友人とそれぞれの回答を持ち寄って議論したりする過程もまた、SQLやテーブル設計のスキルを磨く1つの機会となるでしょう。

INDEX 索引

記号、数字

--（コメント記号）	46
/* */（コメント記号）	46
'（シングルクォーテーション）	48
=（比較演算子）	83
<（比較演算子）	83
<=（比較演算子）	83
<>（比較演算子）	83
>（比較演算子）	83
>=（比較演算子）	83
%（パターン文字）	87
_（パターン文字）	87
$（エスケープ文字）	88
+（算術演算子）	148
-（算術演算子）	148
*（算術演算子）	148
/（算術演算子）	148
‖（算術演算子）	148
(+)（外部結合記号）	308
2フェーズコミット（2PC）	307
3値論理	86

A

ACID特性	358
ALL演算子	91、220
ALTER TABLE文	318
AND演算子	93
ANSI	27
ANY演算子	91、220
AS句	57、163、265
ASC	116
AVG関数	179

B

BEGIN文	284
BETWEEN演算子	89

C

CASE演算子	149
CAST関数	163
CHAR型	50
CHECK制約	324
COALESCE関数	164
COMMIT	284
CONCAT関数	159
COUNT関数	180
CREATE INDEX文	341
CREATE SEQUENCE文	354
CREATE TABLE文	314
CREATE VIEW文	349
CURRENT_DATE関数	162
CURRENT_TIME関数	162
CURRENT_TIMESTAMP関数	162

D

DATE型	50
DATETIME型	50
DB	→データベース
DBA	→データベース管理者
DBMS	→データベース管理システム
DCL	312
DDL	312
DECIMAL型	50
DEFAULT	316
DELETE文	61
DESC	116
DISTINCT	114
DML	53、312
dokoQL	4、29
DOUBLE型	50
DR	→災害復旧対策
DROP INDEX文	342
DROP SEQUENCE文	354

DROP TABLE 文	317
DROP VIEW 文	349
DUAL	166

E

ELSE	149
END	149
ER 図 (ERD)	383
ESCAPE 句	88
EXCEPT 演算子	129
EXCLUSIVE	296
EXISTS 演算子	229
EXPLAIN 文 (EXPLAIN PLAN 文)	347

F

FALSE	→偽
FLOAT 型	50
FOREIGN KEY 制約	→外部キー制約
FOR UPDATE	294
FROM 句	56
FULL JOIN 句	262

G

GROUP BY 句	189
GRANT 文	313

H

HAVING 句	192

I

IDEF1X	384
IE	384
INSERT 文	63
INTEGER 型	50
INTERSECT 演算子	131
INTO 句	63
IN 演算子	89
IS NOT NULL 演算子	85
IS NULL 演算子	85
ISO	27

J

JOIN 句	251

L

LEFT JOIN 句	261
LEN 関数	156
LENGTH 関数	156
LIKE 演算子	87
LOCK TABLE 文	296
LTRIM 関数	156

M

MAX 関数	179
MIN 関数	179
MINUS 演算子	130
MVCC	293

N

NOT IN 演算子	90
NOT NULL 制約	323
NOT 演算子	94
NOWAIT	295
NULL	83
NUMERIC 型	50

O

OFFSET - FETCH 句	121
ON 句	251
ORDER BY 句	116、129
OR 演算子	93

P

POWER 関数	161
PRIMARY KEY 制約	→主キー制約

R

RDB	→リレーショナルデータベース
RDBMS	27
READ COMMITTED	292
READ UNCOMMITTED	292
REAL 型	50
REDO ログ	362
REPEATABLE READ	292
REPLACE 関数	157
REVOKE 文	313
RIGHT JOIN 句	262
ROLLBACK	284
ROUND 関数	160

ROWNUM ················· 123
RTRIM 関数 ············· 157

S

SELECT 文 ··············· 56
SERIALIZABLE ·········· 292
SET TRANSACTION 文 ·· 292
SET 句 ··················· 59
SHARE ·················· 296
SQL ················ 16、25
SQL 文 ··················· 26
SUBSTR 関数 ············ 158
SUBSTRING 関数 ········ 158
SUM 関数 ················ 179
SYSIBM.SYSDUMMY1 ···· 166

T

TCL ····················· 312
THEN ··················· 149
TIME 型 ·················· 50
TIMESTAMP 型 ··········· 50
TRIM 関数 ··············· 156
TRUE ·················· →真
TRUNC 関数 ············· 161
TRUNCATE TABLE 文 ···· 338
TX ············· →トランザクション

U

UNION 演算子 ············ 126
UNIQUE 制約 ············ 323
UNKNOWN ··············· 86
UPDATE 文 ··············· 59
UUID ··················· 369

V

VALUES 句 ··············· 64
VARCHAR 型 ·············· 50

W

WHEN ··················· 149
WHERE 句 ················ 78

あ行

アーカイブログ ············ 362
依存エンティティ ··········· 448

一意性 ··················· 392
一貫性 ··················· 359
入れ子 ··········· →ネスト構造
インデックス ········ 340、506
　複合〜 ················ 342
永続性 ··················· 359
エスケープ文字 ············ 88
エンティティ ·············· 382
　依存〜 ················ 448
　親〜 ·················· 448
　子〜 ·················· 448
　独立〜 ················ 448
　非依存〜 ·············· 448
　連関〜 ················ 391
オフラインバックアップ ····· 360
親エンティティ ············· 448
オンプレミス ·············· 305
オンラインバックアップ ····· 360

か行

カーディナリティ ······· →多重度
概念設計 ············ 378、382
外部キー ················· 244
　〜制約 ················ 329
外部結合 ················· 263
型 ················· →データ型
可変長 ··················· 51
カラム ··················· →列
関数 ···················· 151
　集計〜 ················ 176
　ユーザー定義〜 ········ 155
関数従属性 ··············· 400
完全一致検索 ············· 343
完全外部結合 ············· 262
関連 ···················· 383
偽 ······················ 80
行 ······················ 25
行値式 ··················· 224
共有ロック ··············· 294
行ロック ················· 294
組 ······················ 426
クラウドデータベース ······ 305
グループ化 ··············· 188
結合 ···················· 250
　外部〜 ················ 263

508

完全外部〜	262	数値型	50
交差〜	465	スカラー	214
自己〜	267	ストアドプロシージャ	155
内部〜	263	正規化	393
左外部〜	261	正規形	395
非等価〜	268	第1〜	398
右外部〜	262	第2〜	401
結合条件	251	第3〜	404
原子性	282、359	制約	321
交差結合	→結合	CHECK〜	324
後方一致検索	343	NOT NULL〜	323
候補キー	102	UNIQUE〜	323
子エンティティ	448	積集合	131
固定長	51	セミコロン	45、280
コミット	282	選択列リスト	142
2フェーズ〜	307	前方一致検索	343
コメント	46	相関副問い合わせ	229
		属性	382

さ行

災害復旧対策	360
再帰結合	→自己結合
採番	352
〜テーブル	352
索引	→インデックス
差集合	129
サブクエリ	→副問い合わせ
算術演算子	148
参照整合性	328
シーケンス	354
自己結合	267
自然キー	100
自動コミットモード	285
集計関数	176
集計テーブル	197
集合演算子	124
主キー	100
〜制約	325
複合〜	101
条件式	80
照合順序	116
初期値	→デフォルト値
真	80
シングルクォーテーション	48
人工キー	101
推移関数従属	404

た行

ダーティーリード	288
第1正規形	→正規形
第2正規形	→正規形
第3正規形	→正規形
代替キー（surrogate key）	101
代替キー（alternative key）	102
多重度	385
タプル	→組
ダミーテーブル	166
単一行副問い合わせ	215
データ型	50
データ構造	214
データベース	16、24
〜オブジェクト	357
〜管理システム	26
〜管理者	313
〜ロック	294
リレーショナル〜	24
テーブル	25
〜設計仕様書	413
集計〜	197
ダミー〜	166
デッドロック	298
デフォルト値	315
独立エンティティ	448

トップダウン・アプローチ ················ 408
トランザクション ···························· 279
    ～制御 ································· 280
    ～分離レベル ························ 292
    ～ログ ······························· 362

な行

内部結合 ······································· 263
ネスト構造 ···································· 210

は行

排他ロック ···································· 294
パターンマッチング ······················· 87
パターン文字列 ······························· 87
バックアップ ································· 359
    オフライン～ ························ 360
    オンライン～ ························ 360
反復不能読み取り ·························· 289
非依存エンティティ ······················ 448
非 NULL 性 ··································· 392
比較演算子 ····································· 82
引数 ·· 151
非正規化 ······································ 415
非正規形 ······································ 396
左外部結合 ···································· 261
非等価結合 ···································· 268
ビュー ··· 348
    マテリアライズド～ ················ 370
表ロック ······································ 294
ファントムリード ·························· 290
フィールド ·································· →列
複合インデックス ·························· 342
複合主キー ························· 101、326
副照会 ····························· →副問い合わせ
複数行副問い合わせ ······················ 218
副問い合わせ ································ 210
    相関～ ······························· 229
    単一行～ ···························· 215
    複数行～ ···························· 218
物理設計 ······················· 378、411
物理名 ·· 412
部分一致検索 ································· 343
部分関数従属 ································· 401
不変性 ·· 392
プラン ·· 347

分離性 ································· 290、359
分離レベル ············ →トランザクション分離レベル
ベクター（ベクトル）······················ 214
別名 ····································· 57、227
ボトムアップ・アプローチ ··············· 408

ま行

マトリックス ································· 214
マテリアライズド・ビュー ··············· 370
右外部結合 ···································· 262
文字列型 ······································· 50
文字列連結 ························ 148、159
戻り値 ·· 151

や行

ユーザー定義関数 ·························· 155
ユーザービュー ····························· 408
要件 ·· 375
予約語 ·· 47

ら行

リテラル ······································· 48
リレーショナルデータベース ······· 24、249
リレーショナルデータモデル ············· 390
リレーション ································· 426
リレーションシップ ······················ 245
列 ··· 25
連関エンティティ ·························· 391
ロールバック ····················· 282、363
ロールフォワード ·························· 363
ロック ·· 290
    ～エスカレーション ················ 297
    行～ ································· 294
    共有～ ······························· 294
    データベース～ ···················· 294
    デッド～ ···························· 298
    排他～ ······························· 294
    表～ ································· 294
論理演算子 ····································· 93
論理設計 ························· 378、390
論理名 ·· 412

わ行

和集合 ·· 126

■著者略歴

中山清喬 (なかやま・きよたか)

株式会社フレアリンク代表取締役。IBM 内の先進技術部隊に所属しシステム構築現場を数多く支援。退職後も研究開発・技術適用支援・教育研修・執筆講演・コンサルティング等を通じ、「技術を味方につける経営」を支援。現役プログラマ。講義スタイルは「ふんわりスパルタ」。

飯田理恵子 (いいだ・りえこ)

経営学部 情報管理学科卒。長年、大手金融グループの基幹系システムの開発と保守に SE として携わる。現在は株式会社フレアリンクにて、ソフトウェア開発、コンテンツ制作、経営企画などを通して技術の伝達を支援中。

■執筆協力

森下泰子 (もりした・やすこ)

■イラストレーター略歴

高田ゲンキ (たかた・げんき)

イラストレーター／漫画家。1976 年生。神奈川県出身、ベルリン在住。一児の父。制作活動の傍ら、フリーランスの働き方を書籍・ブログ・YouTube 等で発信中。

ブログ【Genki Wi-Fi】https://genki-wifi.net

YouTube【Genki Studio】https://www.youtube.com/c/takatagenki

STAFF	
編集	石塚康世
	斎藤治生 （サイトウ企画）
	片元 諭
カバーデザイン	阿部 修 （G-Co.Inc.）
カバーイラスト	高田ゲンキ
本文デザイン、DTP 制作	SeaGrape ／佐藤卓
本文イラスト	高田ゲンキ
カバー制作	高橋結花・鈴木 薫
編集長	玉巻秀雄

本書のご感想をぜひお寄せください

https://book.impress.co.jp/books/1121101090

読者登録サービス CLUB impress

アンケート回答者の中から、抽選で図書カード（1,000円分）などを毎月プレゼント。
当選者の発表は賞品の発送をもって代えさせていただきます。
※プレゼントの賞品は変更になる場合があります。

■商品に関する問い合わせ先

このたびは弊社商品をご購入いただきありがとうございます。本書の内容などに関するお問い合わせは、下記のURLまたはQRコードにある問い合わせフォームからお送りください。

https://book.impress.co.jp/info/

上記フォームがご利用頂けない場合のメールでの問い合わせ先
info@impress.co.jp

※お問い合わせの際は、書名、ISBN、お名前、お電話番号、メールアドレスに加えて、「該当するページ」と「具体的なご質問内容」「お使いの動作環境」を必ずご明記ください。なお、本書の範囲を超えるご質問にはお答えできませんのでご了承ください。

● 電話やFAXでのご質問には対応しておりません。また、封書でのお問い合わせは回答までに日数をいただく場合があります。あらかじめご了承ください。
● インプレスブックスの本書情報ページ https://book.impress.co.jp/books/1121101090 では、本書のサポート情報や正誤表・訂正情報などを提供しています。あわせてご確認ください。
● 本書の奥付に記載されている初版発行日から5年が経過した場合、もしくは本書で紹介している製品やサービスについて提供会社によるサポートが終了した場合はご質問にお答えできない場合があります。

■落丁・乱丁本などの問い合わせ先
FAX 03-6837-5023
service@impress.co.jp
※古書店で購入された商品はお取り替えできません。

スッキリわかるSQL入門 第3版
ドリル256問付き！

2022年 4月 1日 初版発行

著　者　　中山 清喬／飯田 理恵子
監　修　　株式会社フレアリンク
発行人　　小川 亨
編集人　　高橋隆志
発行所　　株式会社インプレス
　　　　　〒101-0051　東京都千代田区神田神保町一丁目105番地
　　　　　ホームページ　https://book.impress.co.jp/

本書は著作権法上の保護を受けています。本書の一部あるいは全部について（ソフトウェア及びプログラムを含む）、株式会社インプレスから文書による許諾を得ずに、いかなる方法においても無断で複写、複製することは禁じられています。

Copyright © 2022 Kiyotaka Nakayama / Rieko Iida. All rights reserved.

印刷所　　日経印刷株式会社

ISBN978-4-295-01339-6 C3055

Printed in Japan